“高等职业教育分析检验技术专业模块化系列教材”编写委员会

高等职业教育分析检验技术专业模块化系列教材

分析检验
基本知识及操作

王 波　路 蕴　主编

马腾文　主审

化学工业出版社

·北京·

内容简介

本书是高等职业教育分析检验技术专业模块化系列教材的一本，包括16个模块，49个学习单元，主要介绍分析检验的基本知识及操作。教材内容主要包括实验室规范与安全管理、化学器皿的洗涤、化学试剂的使用、实验室安全用电及常用仪器的使用、加热操作、玻璃管（棒）的加工、过滤操作、溶解与重结晶操作、蒸馏与回流操作、萃取操作、纯水的制备及检验、分析天平的使用、滴定管的使用及校准、移液管的使用及校准、容量瓶的使用及校准、标准溶液的制备。在每个模块的学习单元中，都安排了一定数量的技能操作单元，供学生练习操作、掌握操作技能之用。

本书既可作为职业院校分析检验技术、环境监测技术等专业的教材，又可作为从事分析检验、环境监测等专业工作的在职初、中、高级技术人员的培训教材，还可作为相关人员自学参考使用。

图书在版编目（CIP）数据

分析检验基本知识及操作 / 王波，路蕴主编．
北京：化学工业出版社，2024．9．-- ISBN 978-7-122-45962-6

Ⅰ．O65

中国国家版本馆 CIP 数据核字第 2024NA9401 号

责任编辑：刘心怡　　文字编辑：苏红梅　师明远
责任校对：李雨晴　　装帧设计：关　飞

出版发行：化学工业出版社
（北京市东城区青年湖南街 13 号　邮政编码 100011）
印　　装：中煤（北京）印务有限公司
787mm × 1092mm　1/16　印张 18¼　字数 384 千字
2025 年 1 月北京第 1 版第 1 次印刷

购书咨询：010-64518888　　售后服务：010-64518899
网　　址：http://www.cip.com.cn
凡购买本书，如有缺损质量问题，本社销售中心负责调换。

定　　价：52.00 元

本书编写人员

主　编：王　波　重庆化工职业学院

路　蕴　重庆化工职业学院

参　编：秦　源　重庆建峰化工股份有限公司

张　荣　重庆化工职业学院

王　波　重庆化工职业学院

赵其燕　重庆化工职业学院

王　芳　重庆化工职业学院

路　蕴　重庆化工职业学院

曹春梅　重庆化工职业学院

韩玉花　重庆化工职业学院

邓冬莉　重庆工业职业技术学院

王丽聪　江阴职业技术学院

龚　锋　重庆工信职业学院

主　审：马腾文　泰山护理职业学院

序

根据《关于推动现代职业教育高质量发展的意见》和《国家职业教育改革实施方案》文件精神，为做好“三教”改革和配套教材的开发，在中国化工教育协会的领导下，全国石油和化工职业教育教学指导委员会分析检验类专业委员会具体组织指导下，由重庆化工职业学院牵头，依据学院二十多年教育教学改革研究与实践，在改革课题“高职工业分析与检验专业实施 MES（模块）教学模式研究”和“高职工业分析与检验专业校企联合人才培养模式改革试点”研究基础上，为建设高水平分析检验检测专业群，组织编写了分析检验技术专业活页式模块化系列教材。

本系列教材为适应职业教育教学改革及科学技术发展的需要，采用国际劳工组织（ILO）开发的模块式技能培训教学模式，依据职业岗位需求标准、工作过程，以系统论、控制论和信息论为理论基础，坚持技术技能为中心的课程改革，将“立德树人、课程思政”有机融合到教材中，将原有课程体系专业人才培养模式，改革为工学结合、校企合作的人才培养模式。

本系列教材分为 124 个模块、553 个学习单元，每个模块包含若干个学习单元，每个学习单元都有明确的“学习目标”和与其紧密对应的“进度检查”。“进度检查”题型多样、形式灵活。进度检查合格，本学习单元的学习目标即可达成。对有技能训练的模块，都有该模块的技能考试内容及评分标准，考试合格，该模块学习任务完成，也就获得了一种或一项技能。分析检验检测专业群中的各专业，可以选择不同学习单元组合成为专业课部分教学内容。

根据课堂教学需要或岗位培训需要，可选择学习单元，进行教学内容设计与安排。每个学习单元旁的编号也便于教学内容顺序安排，具有使用的灵活性。

本系列教材可作为高等职业院校分析检验检测专业群教材使用，也可作为各行业相关分析检验检测技术人员培训教材使用，还可供各行业、企事业单位从事分析检验检测和管理工作的有关人员自学或参考。

本系列教材在编写过程中得到中国化工教育协会、全国石油和化工职业教育教学指导委员会、化学工业出版社的帮助和指导，参加教材编写的教师、研究员、工程师、技师有 103 人，他们来自全国本科院校、职业院校、企事业单位、科研院所等 34 个单位，在此一并表示感谢。

张荣

2022 年 12 月

前言

本书是在中国化工教育协会领导下，全国石油和化工职业教育教学指导委员会高职工业分析与检验专业教学指导委员会具体组织指导下，由重庆化工职业学院牵头，组织全国职业院校教师及科研院所、企业工程技术人员和高级技师等编写。开发专业模块和学习单元，依据模块结构内容分类组合为13本教材。

本分册教材名称为《分析检验基本知识及操作》，由16个模块49个学习单元组成。主要介绍分析检验的基本知识及操作，包括实验室规范与安全管理、化学器皿的洗涤、化学试剂的使用、实验室安全用电及常用仪器的使用、加热操作、玻璃管（棒）的加工、过滤操作、溶解与重结晶操作、蒸馏与回流操作、萃取操作、纯水的制备及检验、分析天平的使用、滴定管的使用及校准、移液管的使用及校准、容量瓶的使用及校准、标准溶液的制备等知识及基本操作。通过学习单元前的学习目标明确学习要求及知识点；进度检查安排在每个学习单元后面，及时进行知识点的巩固，学以致用；素质拓展阅读扩展视野，作为教材的补充和延续，有机融入党的二十大精神。本教材能够帮助学习者掌握色谱分析的基本知识，深度落实产教融合，侧重实际的操作和应用，希望学习者能够将这些知识在实际工作中加以运用。

本书由王波、路蕴主编，马腾文主审。其中，模块1～模块3由赵其燕、龚锋、王丽聪、路蕴编写，模块4及模块12由路蕴、王波编写，模块5～模块8由韩玉花、秦源、路蕴、邓冬莉编写，模块9～模块11由曹春梅、王波、路蕴编写，模块13～模块16由王芳、张荣、路蕴编写，全书由路蕴统稿整理。

本书编写过程中参阅和引用了文献资料和相关著作，在此一并感谢。由于编者水平和实际工作经验等方面的限制，书中难免有不妥之处，敬请读者和同行们批评指正。

编 者

2023年10月

目录

模块 1　实验室规范与安全管理

编号 FJC-01-01

学习单元 1-1　实验室使用规章制度

学习目标： 在完成本单元的学习之后，能够掌握实验室使用制度和实验室安全制度。

职业领域： 化学、石油、环保、医药、冶金、食品等工程。

工作范围： 分析

为保障实验室的合理使用和实验工作的顺利进行，使用实验室要有特定的制度规定。

一、实验室使用制度

一般实验室使用时应注意以下方面。

① 必须穿工作服。禁止穿短裤、拖鞋、长裙等妨碍实验操作的服装。

② 实验进行中操作者不得擅自离开实验室，离开时必须有人代管（具有安全保障和仪器运行可靠的实验可短时间离开）。

③ 实验室内严禁吸烟。

④ 禁止在实验室饮食、做饭。

⑤ 严格按操作规范进行实验，小心使用实验仪器及试剂。

⑥ 烘箱、加热套等加热设备开启后必须在一旁观察等候，出现异常及时处理；加热结束后立即关闭设备。

⑦ 实验过程中出现问题应及时向实验室管理人员反映或呼救。

⑧ 实验结束后，按规定分类收集固废及废液；清洗实验仪器，严格按类别放回原处；未使用完的试剂应及时归还库房；要将实验室桌椅摆放整齐，并打扫实验室卫生，保持长期清洁。

⑨ 严格履行仪器借还手续，如有仪器报废、损坏等要及时填写登记表，并按照规定赔偿。

⑩ 不得使用运行状态不正常（待修）的仪器设备进行实验，控温性能不可靠的电热设备不得在无人值守的情况下运行，因震动大或噪声大而对周围实验室造成干扰的设备不得运行。不得超负荷使用电源和器件（配电箱、插座、插线板、电源线等），

不得使用老化或裸露的电线，不得擅自改接电源线，不得遮挡实验室的电闸箱、天然气阀门和给水阀门。不得擅自在实验室进行电焊或气焊。

⑪ 离开实验室前应清洗双手。

⑫ 最后离开实验室的人员，有责任检查水、电、气及窗户是否关好，锁好门后再离开。

⑬ 实验室使用人员要及时、完整地填写实验室使用记录。

二、实验室安全制度

实验室安全必须坚持安全第一、预防为主的原则。在实验室工作的所有人员都应熟悉实验室有关安全的规章制度。同时，还应掌握消防安全知识、化学危险品安全知识和化学实验的安全操作知识。实验室安全负责人应定期对所有实验室使用人员进行安全教育和检查。

实验室应确保工作人员清楚所从事的工作可能遇到的危险，主要包括以下几项：

① 危险源的种类和性质；

② 工作时用到的材料和设备的危险特性；

③ 可能导致的危害；

④ 应采取的防护措施；

⑤ 紧急情况下的应急措施。

安全方面，实验室制度一般涉及以下方面。

① 进入实验室的所有人员必须参加实验室安全培训，学习相关安全法规知识；清楚实验室安全规定、风险和程序；能够正确使用和维护个体防护装备；能够正确使用安全设备和安全处理危险物品；清楚应急程序，知道如何安全撤离实验室。经过安全教育、培训和考核，合格者方能使用实验室。

② 实验室应根据 GB 13690—2009《化学品分类和危险性公示　通则》制定实验室化学试剂的管理规定并严格执行。实验人员进行易燃易爆品的处理、危险废液的处理、危险品的取样分析等危险性操作时，应穿戴防护用具并有第二人员陪伴，陪伴者应能清晰并完整地观察操作的全过程。

③ 贵重金属、贵重物品、贵重试剂及剧毒试剂应有专人负责保管。

④ 氢气瓶、乙炔瓶等危险钢瓶必须放在钢瓶间，放在室内的钢瓶须用铁链或其他方式进行固定。定期检查钢瓶是否漏气，严格遵守使用钢瓶的操作规程。

⑤ 使用人员应熟悉实验室内的气、水、电的总开关所在位置及使用方法，用完水电气后必须立即关好相应的开关。遇有事故或停水、停电、停气时，使用者必须做好检查并关闭所有开关。

最后，实验室根据功能和使用范围会有所区分，使用人员使用不同功能的实验室之前，应仔细学习该实验室内的安全使用规范后再进行实验操作。

进度检查

一、填空题

1. 实验室使用人员要__________、__________填写实验室使用记录。

2. 最后离开实验室的人员，有责任检查__________、________、__________及__________是否关好，锁好门后再离开。

3. 实验结束后，按规定分类收集______________；清洗____________，严格按类别放回____________；未使用完的试剂应____________；打扫实验室卫生，保持________。

二、判断题（正确的在括号内画“√”，错误的画“×”）

1. 实验仪器要严格按类别摆放，用完后要放回原处。（　　）

2. 实验过程中的废液倒下水道，固废倒生活垃圾桶。（　　）

3. 进行实验工作时，女士的长发可披肩，也可穿着工作服进入食堂等公共场所。（　　）

三、操作题

填写实验室使用记录。

编号 FJC-01-02

学习单元 1-2　实验室仪器设备管理

学习目标： 完成本单元的学习之后，能够了解实验室仪器设备管理制度。

职业领域： 化学、石油、环保、医药、冶金、食品等工程。

工作范围： 分析

一、实验室分析仪器设备管理制度

在实验室分析仪器设备管理中，重点是加强使用期一年以上且非易损的一般仪器设备和大型精密仪器设备的管理，对这些仪器设备，不管它们的来源如何，都应列为固定资产进行专项管理。

1. 仪器设备的采购计划

仪器设备的采购要经历申购、选型、论证、审批、实施流程。

根据实验室检验工作或其他工作的需要，由实验室负责人提出仪器设备申购计划，并按工作上适用、技术上先进、经济上合理的原则做好正确的选型和可行性论证。工作上适用是指选购的仪器设备能满足分析检验任务的需要；技术上先进是指仪器设备的技术性能和精度满足或超过要求且稳定、可靠、耐用；经济上合理是指仪器设备的购置费和日常运行费用比较合理。

一般仪器设备的申购计划经实验室负责人签署意见后，由单位分管负责人审核批准。大型精密仪器设备的申购计划除单位分管负责人审核同意外，还要请有关专家和同行进行可行性论证，提出评审论证意见，由单位负责人审批。

根据批准的仪器设备申购计划，由单位的采购部门制订采购实施计划。如无特殊规定，均需进入市场进行采购。

2. 仪器设备的验收

仪器设备的验收是了解仪器设备状况是否达到技术要求，以及建立原始档案的过程。仪器设备验收工作必须有一套完善的验收程序。

（1）准备工作

验收的准备工作包括人力、技术资料和场地的准备。由于仪器设备属于高科技产品，要求验收人员具有较高的技术水平，通常需要由具有丰富使用经验的工作人员或者是资深工程技术人员，对拟验收的仪器设备进行检查。

仪器设备的验收检查重点在于检测性能和测量精度，因此必须有可以进行试样测试的场地。此外，还要准备有准确已知量值（即具有某量的“约定真值”）的标准试样和实样，以供仪器设备的性能测试和校核。

另外，进口仪器设备的验收，应有指定的法定检验机构派出的专家参加。

（2）核对凭证

核对凭证的目的是检查到货和采购物资与凭证是否相符。以确保购进的仪器设备与拟采购的仪器设备相符（包括生产单位、型号、规格、批号、数量等与采购单据是否一致），同时检查到货物资技术资料所显示的性能与需要物资的技术指标是否一致。

凭证核对完成后才能进行实物的验收。

（3）实物点验

实物点验通常分为以下两步进行。

① 数量点验和外观检查：检查物资的数量以及外观是否完好，一般情况下不允许存在外观上的损伤。数量点验还包括检查配套件是否齐全、完好。

② 内在质量检查：仪器设备的内在质量检查，通常的做法是进行试用。

试用检验包括使用标准试样和实样检验试验，二者的差异在于实样存在“干扰因素”，可以检查仪器设备的“抗干扰能力”。这对于单位生产检验具有重要意义。

大型或者贵重精密仪器设备，通常由生产厂家或供应商派出专家指导安装并进行调试，调试完成后再由采购单位进行实地技术验收。

（4）建账归档

所有验收工作完成后，要对被验收的仪器设备建立专门的账目和档案，移交使用并进行日常运行管理。

（5）仪器设备验收的注意事项

① 物资与采购单不符，应予以退货（换货）；另一种情况是物资与采购单相符，但随货资料不符，应迅速与供货单位联系，物资则暂存待验，待资料齐全后再作正式验收。

② 物资验收不合格，应予以退货。

③ 属于生产厂家或供应商负责调试的物资，如达不到要求，应要求厂家或供应商换货，重新调试，并根据实际情况酌情索赔。

④ 由于其他因素延误物资验收，应根据实际情况迅速向有关方面交涉，并酌情索赔。

仪器设备的验收必须认真、准确、及时。除了另有约定以外，所有验收程序必须在规定的“索赔期”内完成（特别是进口物资），以免造成经济损失。

3. 仪器设备使用管理

（1）精密仪器的管理

安放精密仪器的房间应符合该仪器的要求，以确保仪器的精度及其使用寿命。同时做好仪器的防震、防尘、防腐蚀、稳压等维护工作。

对精密仪器应建立专人管理制度，管理人员应接受相应的技能培训才能上岗操作。

每台精密仪器还应当建立相应的工作档案，主要包括以下内容：

① 仪器设备履历表，包括仪器设备名称、型号或规格、制造商、出厂编号、仪器设备唯一性识别号、购置日期、验收日期、启用日期、放置地点、用途、主要技术指标等；

② 仪器购置申请、说明书原件、产品合格证、保修单；

③ 验收记录；

④ 检定、校验记录及检定证书；

⑤ 校验规程（必要时）；

⑥ 保养维护和运行检查计划；

⑦ 定期归档的使用记录；

⑧ 保养维护记录；

⑨ 运行检查记录；

⑩ 损坏、故障、改装或修理的历史记录。

(2) 一般仪器的管理

放置一般实验仪器的实验室应能基本符合该仪器的工作要求，以确保该仪器的正常使用。一般仪器应根据实际使用情况建立相应的工作档案（可参考精密仪器的相关管理规定）。一般实验仪器也应该有专人定期保养和维护，且管理仪器的人员应具备一定的管理技能。

二、实验室测量仪器的管理

实验室中的测量仪器属于精密仪器设备。对于测量仪器设备的管理工作，除了上述管理要求，还应掌握相关的检定和校准知识。

1. 测量仪器定义及分类

测量仪器是指单独地或连同辅助设备一起用于进行测量的器具，又称为计量器具，是用来测量并能得到被测对象量值的一种技术工具或装置，如电压表、体温计、直尺等可以单独地用于完成某项测量；热电偶、砝码、标准电阻等则需与其他测量仪器及辅助设备一起使用才能完成测量。

测量仪器按其结构特点和计量用途可分为测量用的仪器仪表、实物量具、标准物质及测量系统（或装置）。其中，测量用的仪器仪表有天平、温度计、压力计、电流表等等，判断是否为测量用仪器或仪表，主要依据其是否“用于进行测量”，即主要看其用于测量时，被测量是否在该器具上被“转换”。如天平用于测量时，被测物质质量信号转成可读取的显示值，因此天平属于测量仪器。实物量具是指使用时以固定形态复现或提供给定量的一个或多个已知值的器具。实物量具本身不带指示器，被测量对象本身形成指示器，如测量液体容量用的量器，就是利用液体的上部端面作为指示器。标准物质是指具有一种或多种足够均匀、稳定的良好特性，用于校准测量装置、评价测量方法或给材料赋值的一种材料或物质。测量系统是指组装起来以进行特定测量的全套测量仪器和其他设备。

2. 测量仪器的主要特性

测量仪器除有一般工业产品的性质外，还具有计量学的特性。测量仪器的特性主要是指它的准确度、灵敏度、鉴别率（分辨率）、稳定度和动态特性等。为了获得准确的测量结果，测量仪器的计量特性必须满足一定的准确度要求。计量特性是测量仪器质量和水平的重要指标，也是合理选用测量仪器的重要依据。

（1）测量范围的特性

① 测量仪器的示值是指测量仪器所给出的量值。有些测量仪器，标在标尺上的值不是“给出实际的量值”，需将显示器上读出的值（直接示值）乘以仪器常数才能得到示值。示值可以是被测量、测量信号或用于计算被测量之值的其他量。对实物量具，示值就是它所标出的值。

② 标称值是指测量仪器上表明其特性或指导其使用的量值，该值为修约值或近似值。如标在压力表表盘上的示值、标在标准电阻上的量值、标在单刻度量杯上的量值。标称值为固定的，不随被测量变化而变化。

③ 标称范围是指测量仪器的操纵器件调到特定位置时可得到的示值范围。标称范围通常用它的上限和下限表明，例如 100～200℃。若下限为零，标称范围一般用其上限表明，例如，0～100V 的标称范围可表示为 100V。

④ 测量范围是指测量仪器的误差处在规定极限内的一组被测量的值。它与测量设备的最大允许误差有关，在标称范围内，测量设备的误差处于最大允许误差内的那一部分范围才为测量范围，也就是说只有在这一范围内测量的值，其准确度才符合要求，因此，有时又把测量范围称为工作范围。

⑤ 量程是指标称范围两极限之差。例如，对于－10～＋50℃的标称范围，其量程为 60℃。它强调的是“标称范围”内，而不是“测量范围”内。

（2）工作条件的特性

① 额定操作条件是指测量仪器的规定计量特性处于给定极限内的使用条件。一般规定被测量和影响量的范围或额定值。

② 极限条件是指测量仪器的规定计量特性不受损也不降低，仍可在额定操作条件下运行而能承受的极端条件。极限条件可包括被测量和影响量的极限值。对储存、运输和运行的极限条件可以各不相同。

③ 参考条件是指为测量仪器的性能试验或为测量结果的相互比较而规定的使用条件。参考条件一般包括作用于测量仪器的影响量的参考值或参考范围。

（3）响应方面的特性

① 响应特性是指在确定条件下，激励与对应响应之间的关系。例如，热电偶的

电动势与温度的函数关系。这种关系可以用数学等式、数值表或图来表示。

② 灵敏度是指测量仪器的响应变化除以对应的激励变化。它与激励变化的激励值有关。灵敏度指标是考察仪器的主要指标之一。

③ 鉴别力是指使测量仪器产生未察觉的响应变化的最大激励变化，这种激励变化应缓慢而单调地进行。例如，使天平指针产生可察觉的位移的最小负荷是3mg，则天平的鉴别力是3mg（也称“感量”）。

④ 响应时间是指激励受到规定突变的瞬间，与响应达到并保持其最终稳定值在规定极限内的瞬间，这两者之间的时间间隔。

（4）准确度方面的特性

准确度有测量准确度与测量仪器的准确度之分。测量准确度是指测量结果与被测量真值之间的一致程度。测量仪器的准确度是指测量仪器给出接近于真值的响应能力。准确度是以真值为中心，接近真值的“一致程度”或“响应能力”。在实际应用中，以测量不确定度、准确度等级或最大允许误差来定量表达。

其中，准确度等级是指符合一定的计量要求，使误差保持在规定极限以内的测量仪器的等别或级别。准确度等级综合反映着计量器具基本误差和附加误差的极限值以及其他影响测量准确度的特性值（如稳定度）。准确度等级通常按约定以数字或符号表示，并称为等级指标。等别根据测量不确定度来确定，表明实际值的扩展不确定度的档次；级别根据示值误差来确定，表明示值误差的档次。在技术标准、检定规程或规范等技术文件中，通常会对每个等级的计量器具的各种计量特性做出详细规定，以全面反映该等级计量器具的准确度水平。

（5）性能方面的特性

① 漂移是指测量仪器的计量特性随时间的变化。在规定的条件下，对于一个恒定的激励在规定的时间内的响应变化，称为点漂。标称范围最低值为零时的点漂称为零点漂移，简称零漂；当最低值不为零时，通常称为始点漂移。

② 稳定性是指测量仪器保持其计量特性随时间恒定的能力。通常稳定性是对时间而言，当对其他量（如电源电压波动、环境气压波动等）考虑稳定性时，则应明确说明。一般在正常使用条件下，测量仪器越稳定越好、漂移越小越好。

③ 重复性是指测量仪器在相同测量条件下，重复测量同一个被测物，测量仪器提供相近示值的能力。重复性可用测量结果的分散性定量表示。相同测量条件指相同的测量程序、相同的观察者在相同条件下使用相同的测量设备在相同的地点、在短时间内重复测量。

④ 可靠性是指测量仪器在规定条件下和规定时间内，完成规定功能的能力。表示测量仪器可靠性的定量指标可以采用在其极限工作条件下的平均无故障工作时间（mean time between failures，MTBF）来表示。这个指标越高，说明可靠性越好。

3. 计量器具管理

为了加强对计量器具的管理，国务院计量行政部门制定了《中华人民共和国依法管理的计量器具目录》(以下简称《依法管理目录》)。在该目录中列举了计量基准、计量标准和工作计量器具的具体名称。当然，判定是否属于计量器具，可按计量器具的定义和计量器具的基本特征来进行科学分析。

(1) 计量器具管理范围

计量器具是实现全国计量单位制的统一和保证量值准确可靠的重要物质基础，因而也是计量立法的重点内容。凡列入《依法管理目录》的计量器具，必须严格按照《中华人民共和国计量法》(以下简称《计量法》)及其实施细则和有关管理办法的规定进行管理，对违反有关规定的，必须追究相应的法律责任。

依法管理的计量器具包括计量基准、计量标准和工作计量器具以及属于计量基准、计量标准和工作计量器具的新产品等三方面的计量器具。在《依法管理目录》中规定：

① 依法管理的计量基准的项目名称由国家另行公布。

② 依法管理的计量标准和工作计量器具共分12大类，其中公布通用计量器具484种，专用计量器具的具体项目名称由国务院有关部门计量机构拟定，报国务院计量行政部门审核后公布。

③ 凡符合计量器具定义的计量器具新产品，也属于依法管理的范围。

(2) 计量器具许可证标志和编号

经许可证考核合格的单位，准予许可证编号和标志制作在批准项目的产品上或铭牌上。另外，在合格证、说明书和外包装上可使用许可证标志和编号。制造计量器具许可证编号应与标志在一起使用，编号标注在标志的下侧或右侧。

① 许可证标志为CMC，其含义是“中华人民共和国制造、修理计量器具许可证”，为China metrology certification的缩写。其图案为。

② 许可证编号式样为：(××××) A制字第××××××××号。

“(××××)”为发证年份，如2021年发证即填写为“2021”；“A”表示国家或省、自治区、直辖市，如“国家”以“国”表示、“福建省”以简称“闽”表示；编号中1～4位填写国家标准GB/T 2260—2007规定的地、市、县行政区代码，5～8位填写制造计量器具许可证的顺序号。

应注意的是，未取得制造计量器具许可证的产品不得使用上述标志和编号。许可证标志和编号一律不得转让。

进度检查

一、填空题

1. 仪器设备的采购要经历________、______、______、_______、________流程。

2. 工作上适用是指选购的仪器设备能满足______________________________；

技术上先进是指仪器设备的____________满足或超过要求且______________；经济上合理是指仪器设备的购置费和______________比较合理。

3. 除了另有约定以外，所有验收程序必须在规定的“___________________”内完成（特别是进口物资），以免造成经济损失。

二、不定项选择题（将正确答案的序号填入括号内）

1. 计量器具性能方面的特性包括（　　）。

A. 稳定性　　B. 重复性　　C. 灵敏度

2. 计量器具许可证标志为（　　）。

A. CMC　　B. HMC　　C. NMC

三、判断题（正确的在括号内画“√”，错误的画“×”）

1. 仪器工作范围、工作条件、响应值、准确度和性能是仪器主要性能指标。（　　）

2. 计量仪器应贴有计量器具许可证标志及编号。（　　）

3. 计量仪器的确定是可以由企业、事业单位自己决定的。（　　）

4. 温度计、砝码和电压表是测量仪器。（　　）

四、操作题

翻阅仪器档案，填写仪器使用记录。

编号 FJC-01-03

学习单元 1-3 化学试剂管理规定

学习目标：完成本单元的学习之后，能够掌握实验室化学试剂管理相关的安全法律法规。

职业领域：化学、石油、环保、医药、冶金、食品等工程。

工作范围：分析

一、安全法律法规

1990 年 6 月 6 日在日内瓦举行第 77 届国际劳工组织（ILO）会议，通过了《作业场所安全使用化学品公约》（170 公约）和《作业场所安全使用化学品建议书》（177 号建议书）。中国是国际劳工组织的成员国，于 1994 年 10 月 22 日由第八届全国人民代表大会常务委员会第十次会议审议通过，承认并实施 170 号公约和 177 号建议书。

我国非常重视化学品的安全管理法制建设工作。目前，已建立以《中华人民共和国安全生产法》（简称《安全生产法》）为核心的危险化学品管理法律法规和标准体系，先后批准通过了《危险化学品安全管理条例》《使用有毒物品作业场所劳动保护条例》《危险化学品登记管理办法》《危险化学品经营许可证管理办法》《危险货物分类和品名编号》《中国严格限制的有毒化学品名录》《危险化学品目录（2015 年版）》《危险化学品仓库储存通则》等一系列法律法规和标准。另外，我国还颁布实施了《易制毒化学品管理条例》和环境保护方面的《中华人民共和国固体废物污染环境防治法》。

1.《中华人民共和国安全生产法》

《中华人民共和国安全生产法》于 2021 年 6 月 10 日中华人民共和国第十三届全国人民代表大会常务委员会第二十九次会议通过第三次修正，自 2021 年 9 月 1 日施行。共有七章 119 条，主要对“生产经营单位的安全生产保障”“从业人员的安全生产权利义务”“安全生产的监督管理”“生产安全事故的应急救援与调查处理”“法律责任”做出了基本的法律规定。

安全生产工作应当以人为本，坚持安全发展，坚持“安全第一、预防为主、综合治理”的方针，强化和落实生产经营单位的主体责任，建立生产经营单位负责、职工参与、政府监管、行业自律和社会监督的机制。

2.《危险化学品安全管理条例》

《危险化学品安全管理条例》（简称《条例》）于 2011 年 2 月 16 日国务院第 144 次常务会议修订通过（国务院令第 591 号），并根据 2013 年 12 月 7 日《国务院关于修改部分行政法规的决定》修订，共有八章 102 条。目的是加强危险化学品的安全管理，预防和减少危险化学品事故，保障人民群众生命财产安全，保护环境。

危险化学品安全管理，应当坚持“安全第一、预防为主、综合治理”的方针，强化和落实单位的主体责任。生产、储存、使用、经营、运输危险化学品的单位的主要负责人对本单位的危险化学品安全管理工作全面负责。

使用或生产危险化学品的单位应当具备法律、行政法规规定和国家标准、行业标准要求的安全条件，建立、健全安全管理规章制度和岗位安全责任制度，对从业人员进行安全教育、法治教育和岗位技术培训。从业人员应当接受教育和培训，考核合格后上岗作业；对有资格要求的岗位，应当配备依法取得相应资格的人员。

3.《使用有毒物品作业场所劳动保护条例》

2002 年 4 月 30 日，国务院第 57 次常务会议通过《使用有毒物品作业场所劳动保护条例》，并以国务院令第 352 号公布、施行。本条例共有 8 章 71 条，部分规定如下：

① 条例制定的目的是保证作业场所安全使用有毒物品，预防、控制和消除职业中毒危害，保护劳动者的生命安全、身体健康及其相关权益。

② 用人单位应当对劳动者进行上岗前的职业卫生培训和在岗期间的定期职业卫生培训，普及有关职业卫生知识，督促劳动者遵守有关法律、法规和操作规程，指导劳动者正确使用职业中毒危害防护设备和个人使用的职业中毒危害防护用品。劳动者经培训考核合格，方可上岗作业。

③ 用人单位应当为从事使用有毒物品作业的劳动者提供符合国家职业卫生标准的防护用品，并确保劳动者正确使用。

④ 用人单位应当组织从事使用有毒物品作业的劳动者进行上岗前职业健康检查。用人单位不得安排未经上岗前职业健康检查的劳动者从事使用有毒物品的作业，不得安排有职业禁忌的劳动者从事其所禁忌的作业。

⑤ 用人单位应当对从事使用有毒物品作业的劳动者进行定期职业健康检查。用人单位发现有职业禁忌或者有与所从事职业相关的健康损害的劳动者，应当将其及时调离原工作岗位，并妥善安置。用人单位对需要复查和医学观察的劳动者，应当按照体检机构的要求安排其复查和医学观察。

⑥ 用人单位对受到或者可能受到急性职业中毒危害的劳动者，应当及时组织进行健康检查和医学观察。

⑦ 从事使用有毒物品作业的劳动者在存在威胁生命安全或者身体健康危险的情况下，有权通知用人单位并从使用有毒物品造成的危险现场撤离。

⑧ 劳动者应当学习和掌握相关职业卫生知识，遵守有关劳动保护的法律、法规和操作规程，正确使用和维护职业中毒危害防护设施及其用品；发现职业中毒事故隐患时，应当及时报告。作业场所出现使用有毒物品产生的危险时，劳动者应当采取必要措施，按照规定正确使用防护设施，将危险加以消除或者减少到最低限度。

4.《危险化学品登记管理办法》

新修订的《危险化学品登记管理办法》（以下简称《办法》）经2012年5月21日国家安全监管总局局长办公会议审议通过，并于7月1日以国家安全监管总局令第53号公布，自2012年8月1日起施行。

本办法分7章，共34条。包括总则、登记机构、登记的时间内容和程序、登记单位的职责、监督管理、法律责任、附则。总体看，《办法》在《安全生产法》《条例》等相关法律法规框架要求下，针对危险化学品登记的特点，规范了登记机构的条件，登记的时间、内容和程序，并且明确了危险化学品登记的主体，登记单位的职责，安全生产监督管理部门、登记机构、登记单位等相关各方的责任和义务。

5.《危险化学品经营许可证管理办法》

《危险化学品经营许可证管理办法》经2012年5月21日国家安全生产监督管理总局局长办公会议审议通过，2012年7月17日国家安全生产监督管理总局令第55号公布。该办法共六章40条，分别是总则、申请经营许可证的条件、经营许可证的申请与颁发、经营许可证的监督管理、法律责任和附则，自2012年9月1日起施行。本办法的制订与颁布实施将进一步规范危险化学品经营许可证的颁发管理及监督管理工作，有利于从源头上消除安全监管漏洞，落实属地管理责任，防范危险化学品经营单位生产安全事故的发生。

6.《危险货物分类和品名编号》

危险货物是指具有爆炸、易燃、毒害、感染、腐蚀、放射性等危险特性，在运输、储存、生产、经营、使用和处置中，容易造成人身伤亡、财产损毁或环境污染而需要特别防护的物质和物品。

《危险货物分类和品名编号》是国家标准化管理委员会2012年发布的标准。本标准规定了危险货物的分类和编号，适用于危险货物运输、储存、生产、经营、使用和处置。

7.《易制毒化学品管理条例》

《易制毒化学品管理条例》于2005年8月17日国务院第102次常务会通过，并于2005年11月1日起施行，共有八章45条。其目的是加强易制毒化学品管理，规范易制毒化学品的生产、经营、购买、运输和进口、出口行为，防止易制毒化学品被用于制造毒品，维护经济和社会秩序。国家对易制毒化学品生产、经营、购买、运输和进出口实行分类管理和许可制度。

易制毒化学品分为三类，第一类是可以用于制毒的主要原料，第二类、第三类是可以用于制毒的化学配剂。

8.《中华人民共和国固体废物污染环境防治法》

《中华人民共和国固体废物污染环境防治法》已由中华人民共和国第十三届全国人民代表大会常务委员会第十七次会议于2020年4月29日修订通过，修订后的《中华人民共和国固体废物污染环境防治法》有9章126条，自2020年9月1日起施行。其立法的目的是防治固体废物环境污染，保障人体健康，维护生态安全，促进经济社会可持续发展。

9.《作业场所安全使用化学品公约》(第170号国际公约)

1990年，第77届国际劳工大会通过《作业场所安全使用化学品公约》（第170号国际公约)。我国于1994年10月22日由第八届全国人民代表大会常务委员会第十次会议审议通过该公约。

170号国际公约分为七个部分共27条，第一部分为范围和定义；第二部分为总则；第三部分为分类和有关措施；第四部分为雇主的责任；第五部分为工人的义务；第六部分为工人及其代表的权利；第七部分为出口国的责任。该公约明确了政府主管当局的责任，供货人的责任，雇主的责任，工人的义务和权利，出口国的责任。

二、危险化学品管理

危险化学品是指具有毒害、腐蚀、爆炸、燃烧、助燃等性质，对人体、设施、环境具有危害的剧毒化学品和其他化学品。《危险化学品目录》由国务院安全生产监督管理部门会同相关部门，根据化学品危险特性的鉴别和分类标准确定、公布，并适时调整。

1. 危险化学品的采购及运输

危险化学品的采购按照国家相关要求规定，由物资公司向相应机关（机构）申请办理采购证。使用单位根据使用要求及用量提出书面申请，由安全监察部和保卫部审批后，物资公司派专人向经营部门购买，并向危险化学品经营商或生产厂家索取相关的《危险化学品安全技术说明书》(MSDS)。

危险化学品必须按包装箱的标记和有关规定进行提运、装卸，做好防护措施，严防震动、撞击、摩擦、重压和倾倒、性质相互抵触，易引起燃烧、爆炸和剧毒危险化学品必须分批或专车提运。危险化学品的运输应委托有资质的运输单位进行，运输人员必须掌握危险化学品安全知识，并经过所在地的设区的市级人民政府交通部门考核合格，取得上岗资格。

2. 危险化学品的储存管理

① 危险化学品应当储存在专用仓库、专用场地或者专用储存室内，并由专人负责管理。根据危险化学品的种类和危险特性，在作业场所设置相应的监测、监控、通风、防晒、调温、防火、灭火、防爆、泄压、防毒、中和、防潮、防雷、防静电、防腐、防泄漏以及防护围堤或者隔离操作等安全设施和设备，并按照国家标准或者有关规定对安全设施设备进行经常性维护及保养，保证安全设施设备的正常使用。其作业场所和安全设施设备上应当设置明显的安全警示标志。

② 危险化学品入库时，必须进行严格检查、验收、建卡、立账。凡库存的危险化学品，必须有明显的标签（名称、规格、数量和质量），无标签的危险化学品一律禁止存放和使用。

③ 危险化学品的储存必须按规定分类储存。性质互相抵触或灭火方法不同的物品不可混放，不得超量储存。遇水燃烧、怕冻、怕晒的危险化学品，不许在露天、低温或高温处存放。

④ 危险化学品区域，禁止无关人员入内，因领料及其他原因必须进入时，其着装必须符合要求，并在管理人员的陪同下方可进入。

⑤ 剧毒品的保管，严格实行“三双”“六对头”管理制度。即：双人保管、双把锁、双人发放；购进、库存、领用、发出、退回、销毁与账目要对应。

⑥ 各使用单位必须建立危险化学品管理的台账。对剧毒化学品的流向、储存量和用途如实记录，并采取必要的安保措施，防止剧毒化学品被盗、丢失、误用；发现剧毒化学品被盗、丢失或者误发、误用时，必须立即向保卫中心报告。

⑦ 危险化学品仓库，应加强保卫，严格出入库制度。库内严禁烟火，杜绝一切可能产生火花的因素。

⑧ 严禁在存放危险化学品仓库、检修间内或露天堆垛附近休息和从事其他可能引起火灾的操作。

⑨ 性质不稳定容易分解和变质，以及混有杂质而容易引起燃烧爆炸的危险化学品，应定期进行测温及检验，防止自燃或爆炸。

⑩ 危险化学品的储存装置（含油管、油罐、压缩空气、储氢、制氧厂、乙炔厂等生产储存装置）应定期进行一次安全评价，并对存在的问题提出整改方案，限期整改。安全评价中发现生产、储存装置存在危险，应立即停止使用，予以更换或修复，并采取相应的安全措施。

3. 危险化学品的领发和使用

① 各单位领用危险化学品时，应根据实际使用领取。

② 对使用危险化学品的人员，应加强安全教育和安全操作方法培训，确保操作人员能熟练掌握 MSDS 中的个人防护、应急处理等相关内容。

③ 剧毒化学品领用时必须控制领取数量，并写明用途，填写“剧毒物品领用申请表”，详细记载使用毒品名称、时间、地点、发放人、使用人等，经部门主管、生技工程部、安全监察部、保卫部签字同意后方可领用。剧毒化学品应由申请使用人领取，严禁代领。

④ 剧毒化学品领用必须有两人同时在场进行，坚持随领随用，用后余量及时清退的原则。所领数量一般不得超过当月用量。无存放条件的单位使用后，应将剩余剧毒化学品退回物资公司库房进行保存，严禁私带、私存、转借、变卖。

⑤ 放射源一律不准外借，任何人不得私自将放射源拿出室外。使用时必须按规程操作，使用完毕后立即放回柜中，上锁存放。

⑥ 危险化学品储存容器的类别要清楚，在使用前后，必须进行检查，彻底清理，以防引起爆炸或中毒。对遗留、洒落或垫仓板上的危险化学品，必须及时清除处理。

4. 危险化学品的搬运

① 搬运前，操作人员应先熟悉搬运危险化学品的特性，做好相应的防护措施和应急预案。

② 爆炸、剧毒和放射性物品搬运时，搬运人员不得少于 2 人。搬运中轻拿轻放，严防震动、撞击、摩擦、重压和倾倒。

③ 采用机动车运输易燃、易爆物品，机动车排气管应装阻火器，并悬挂“危险品”标志。

5. 危险化学品的销毁

危险化学品必须实行定期检查，防止变质、自燃或爆炸事故。对变质、过期不能使用需要销毁的物品，根据《中华人民共和国固体废物污染环境防治法》处置固体废物。

6. 危险化学品的安全培训

各单位从事危险化学品作业人员，必须接受有关法律、法规、规章和安全知识、专业技术、职业健康安全防护和应急救援知识的培训，并经考核合格，方可上岗作业。

三、易制毒化学品管理

国家对易制毒化学品的生产、经营、购买、运输和进口、出口实行分类管理和许可制度。根据《易制毒化学品管理条例》，易制毒化学品分为三类。第一类是可以用于制毒的主要原料，第二类、第三类是可以用于制毒的化学配剂，见表 1-1。

表 1-1　易制毒化学品的分类和品种目录

第一类	第二类	第三类
1. 1-苯基-2-丙酮	1. 苯乙酸	1. 甲苯
2. 3,4-亚甲基二氧苯基-2-丙酮	2. 醋酸酐	2. 丙酮
3. 胡椒醛	3. 三氯甲烷	3. 甲基乙基酮
4. 黄樟素	4. 乙醚	4. 高锰酸钾
5. 黄樟油	5. 哌啶	5. 硫酸
6. 异黄樟素		6. 盐酸
7. *N*-乙酰邻氨基苯酸		
8. 邻氨基苯甲酸		
9. 麦角酸		
10. 麦角胺		
11. 麦角新碱		
12. 麻黄素、伪麻黄素、消旋麻黄素、去甲麻黄素、甲基麻黄素、麻黄浸膏、麻黄浸膏粉等麻黄素类物质		

注：第一类当中的 9～12 项化学品为药品类易制毒化学品。

1. 易制毒化学品的购买规定

禁止使用现金或者实物进行易制毒化学品交易。但是，个人合法购买第一类中的药品类易制毒化学品药品制剂和第三类易制毒化学品的除外。

申请购买第一类易制毒化学品，应取得购买许可证，由所在地的省、自治区、直辖市人民政府食品药品监督管理部门审批；申请购买第一类中的非药品类易制毒化学品的，由所在地的省、自治区、直辖市人民政府公安机关审批。个人不得购买第一类及第二类易制毒化学品。

购买第二类、第三类易制毒化学品的单位，应当在购买前将所需购买的品种及数量，向所在地的县级人民政府公安机关备案。个人自用购买少量高锰酸钾的，无须备案。

2. 易制毒化学品的贮存

易制毒化学品使用单位依法购入易制毒化学品后要按时入库，制订仓库保管制度，不得擅自出售、转让和调剂。

易制毒化学品使用单位应按照有关规定建立专用仓库，设置明显标志，实行专人专锁保管，分类定置保存。

易制毒化学品出入库和回库要及时建立登记台账制度，做到账物相符、账卡相符、账账相符。仓库保管员对需入库的易制毒化学品必须经过严格验收和核对后方可入库，同时做好登记签字工作。对出库的易制毒化学品应严格审批，根据领料单等有关单证经审核后进行发放并签名，单证上必须注明易制毒化学品的名称、数量、规格、流向等。对回库的易制毒化学品要及时检验核对并进行登记，规范入库。仓库保管员定期做好易制毒化学品入库数、出库数和库存数的核查清算工作，如实进行登记做好原始台账并报公安机关主管部门备案，有关台账保存两年备查。

要加强本单位的易制毒化学品安全防护和巡查工作，建立报告制度，防止易制毒化学品事故和盗失现象的发生。

易制毒化学品的仓库保管员，应接受相应的安全知识培训，合格后方可上岗。

3. 易制毒化学品的使用

易制毒化学品的使用实行专人管理、专人监督、定向使用制度，严禁将易制毒化学品进行调剂、赠送或非法买卖，防止易制毒化学品流入非法渠道。

易制毒化学品使用单位的部门负责人要作为第一责任人，负责易制毒化学品在使用过程中的正常使用和安全监督工作，并在使用各个环节中要做好复核签字记录。

易制毒化学品的领取、消耗应当建立签字领取和使用登记制度，制作日使用量登记表，详细记录。

在使用过程中，若遇特殊情况，致使易制毒化学品无法正常损耗的，必须做好登记工作并说明原因，每月底报当地公安机关主管部门备查。

易制毒化学品发生丢失、被盗或被抢，发案单位应当立即向当地公安机关报告，并同时报告当地的县级人民政府食品药品监督管理部门、安全生产监督管理部门、商务主管部门或者卫生主管部门。

4. 易制毒化学品的废料处理

易制毒化学品的废料处理应当建立严格审批制度，不得私自买卖、回收、销毁或丢弃。

易制毒化学品使用单位对在使用过程中所产生的废料，本单位可自行回收再利用的，要及时对易制毒化学品废料再利用进行登记说明，并报当地公安机关主管部门审批备查。本单位不能自行回收再利用的，必须出售给具有回收易制毒化学品资格的单位进行处理，并附同公安机关主管部门开具的易制毒化学品购用证明的复印件。

在库存或使用中，易制毒化学品因其他因素导致变质不具有利用价值的，按环保部门的要求到指定地点进行销毁；有其他利用价值而作废料处理的，应及时报告公安机关主管部门，经审批后由相关部门按易制毒化学品废料回收制度的有关规定统一进行处理。

易制毒化学品使用单位按要求定期对单位产出相关废料与易制毒化学品废料收购凭证回执单进行核查校对，做到数据准确无误，并做好统计结算台账报公安主管部门备查。

进度检查

一、单项选择题

1. 我国《安全生产法》是何时实施的？（　　）

A. 2021 年 9 月 1 日　　　B. 2002 年 10 月 1 日　　　C. 2014 年 12 月 1 日

2.《安全生产法》规定的安全生产方针是（　　）。

A. 安全第一、预防为主、综合治理

B. 安全为了生产，生产必须安全

C. 安全生产人人有责

3. 生产、储存、使用、经营、运输危险化学品的单位的（　　）对本单位的危险化学品安全管理工作全面负责。

A. 操作人员　　　B. 主要负责人　　　C. 安全员

4. 目前，我国对易制毒化学品管理分为三类（　　）种进行管理。

A. 10　　　B. 18　　　C. 21　　　D. 23

5. 易制毒化学品的品种目录中，（　　）属于第二类易制毒化学品的物质。

A. 1-苯基-2-丙酮　　B. 苯乙酸　　　C. 丙酮　　　D. 高锰酸钾

二、判断题（正确的在括号内画“√”，错误的画“×”）

1. 我国对危险化学品的经营实行许可证制度。（　　）

2. 从事使用有毒物品作业的劳动者在存在威胁生命安全或者身体健康危险的情况下，有权通知用人单位并从使用有毒物品造成的危险现场撤离。（　　）

3. 易制毒化学品的使用实行专人管理、专人监督、定向使用制度。（　　）

4. 危险化学品从业人员应当接受教育和培训，考核合格后上岗作业；对有资格要求的岗位，应当配备依法取得相应资格的人员。（　　）

5. 购买第二类、第三类易制毒化学品的，应当在购买前将所需购买的品种、数量，向所在地的县级人民政府公安机关备案。（　　）

三、简答题

1. 危险化学品的储存管理主要有哪些要求？

2. 易制毒化学品第三类包括哪些物质？

3. 剧毒试剂的“三双”及“六对头”管理制度包含哪些内容？

四、操作题

参观实验室危险化学品库房，记录各类试剂的存放位置。

编号 FJC-01-04

学习单元 1-4 实验室布局规划

学习目标：完成本单元的学习之后，能够了解实验室功能介绍、分布及布局。

职业领域：化学、石油、环保、医药、冶金、食品等工程。

工作范围：分析

分析实验室按单位性质不同分为学校实验室、企业实验室及科研所实验室。学校的实验室是为学生进行分析化学等实验的教学场所，或是为学校科研服务的带有科研性质的研究室；企业实验室则负责生产中成品、半成品、原料的分析、溶液的配制标定或负责分析方法的研究改进；科研所实验室主要为科学研究进行测试任务或对化学分析进行研究工作。

一、实验室设计原则

实验室应有足够的场所满足各项实验的需要。每一类分析操作均应有单独的、适宜的区域，各区域间最好具有物理分割。实验室的布局及仪器的购置应符合实际的检验任务。实验室按要求应远离灰尘、烟雾、噪声和有震动源的环境，并保证室内的通风、采光、温度、湿度、清洁度等均能够达到实验室的环境要求。实验室不应建在交通要道、锅炉房、机房及生产车间附近。实验室应耐火，建筑材料应不易燃烧，窗户应具备防尘能力，室内采光要好，门窗应向外开。

① 实验室内功能区应设置分明，布局合理，操作安全、方便并能避免污染，能够满足工作需要，保证检验结果不受干扰。如理化实验室与理化仪器室靠近，微生物培养与检验室及其所使用的仪器设备靠近，并设置独立的蒸馏水室（避免所制作的蒸馏水受污染）、更衣室及储藏室（储藏室用于存放少量近期不用的非过期试剂。要具备防明火、防潮、防高温、防日光直射等功能。储藏室应朝北，干燥和通风均应良好，门窗应坚固，窗为高窗，门窗有设遮阳板，且门窗应朝外开）。

② 实验室所有实验台、边台、器皿柜、试剂柜、通风柜应由专业的实验室规划设计研究所外加工，成套制作并现场安装，均应符合各种技术指标的要求。这样才能使实验室更加规范和整洁，使用更加安全和方便。

③ 实验室应设立单独的给排水系统，避免受到污染或者污染周围环境。实验室的排气尽可能集中后向高空或者向下水道（适当处理后）排放，减少对周围环境的污染。

④ 实验室的环境及使用的装修材料应符合环保和实验室的环境要求，确保不影响人体健康和实验结果。

⑤ 实验室通风设施一般有3种，分为全室通风、局部排气罩和通风柜。全室通风采用排气扇或者通风井，换气次数为5次/h。局部排气罩一般安装在大型仪器产生有害气体的上方。通风柜是一种局部排风设备，内有加热源、气源、水源、照明等装置。通风柜一般放置在空气流动较小的地方，不宜靠近门窗。

⑥ 实验室使用的装修材料，应使用环保材料（根据具体情况进行必要的检测），避免可能由于材料选择不当带来环境污染而干扰了实验结果。

⑦ 所有实验用的台面采用先进材料制作，保证耐酸、耐碱、耐腐蚀，同时做到防火、防水、易于清洁。

二、实验室布局

1. 分析实验室平面布置

分析实验室的布局根据单位性质有所不同而有差异，但分析实验室用房大致分为三类，精密仪器实验室、化学分析实验室及辅助室。一般根据实验室工作的特性，分为办公区域与实验区域，即非受控区域和受控区域。如图1-1就是一个小型分析实验室的平面布局图。

（1）实验室非受控区域

① 办公室：供科室人员在工作之余，学习和探讨工作中出现的问题。

② 档案室（报告编制室）：用于报告的编制及打印，科室资料的储藏及查阅。

③ 收样室：独立的样品存储室，存储柜功能区间应划分清楚，标明未检样品、在检样品和已检样品。样品室必须干燥、通风、防尘、防鼠。

（2）实验室受控区域

① 化学分析及样品前处理室：该实验室必须有排风设施、独立排气柜，有机、无机前处理应分开；墙、地板、实验台、试剂柜等要绝缘、耐热、耐酸碱和耐有机溶剂腐蚀；地面应有地漏，防倒流。设置中央实验台的实验室应设供实验台用的上下水装置、电源插头。

② 大型仪器室：大型仪器室的电压、电流、温湿度应符合要求，并需要防静电地板，温度控制在15～25℃，相对湿度为60%～70%。互相有干扰的仪器设备不要放在同一室，检测无机物质仪器要有排气斗；检测有机物质仪器有可调排风罩。实验室应设供实验台用的上下水装置及电源插头。

③ 天平室：天平室应有双层玻璃和窗帘，有恒温恒湿系统，天平台必须防震，天平台放置必须离开墙壁1cm，可购置防震型天平台或砖砌大理石台面天平台。

④ 小型仪器室：小型仪器室应有足够的电源插座，最好安装稳压装置，配备水池，并具有良好的温湿度、通风、干燥的实验条件。

⑤ 标准溶液室：标准溶液室主要是用于制备、标定和存放各类标准溶液。

⑥ 加热室：加热室应有足够的电功率，并用防火材料做隔断。

⑦ 洗涤室：洗涤室要有专门清洗玻璃器皿区域，有机分析用的器皿与无机分析用的器皿分开，用于检测有毒物品的器皿要专用。

⑧ 实验用水制备室：制水室要有防尘设施，工作台面应坚固耐热，配设有能满足制水设备功率要求的电源线路。供水水龙头应有隔渣网。

⑨ 暗房：暗房用于荧光物质、霉菌毒素及避光物质的检测，既要避光又要通风，最好安装毒气柜。

⑩ 试剂库：试剂库内部分为无机试剂室和有机试剂室。储存备用化学试剂，要求避免阳光直射，阴凉、干燥、通风。对剧毒、易燃、易爆化学品按相关规定保存。

暗房	加热室	化学分析及无机前处理室	天平室	标准溶液室	大型仪器室（光谱实验室）	气瓶室	收样及样品储藏室	档案及报告编制室	办公室
受控区域							非受控区域		
无机试剂储存室	有机试剂储存室	化学分析及有机前处理室	小型仪器室	洗涤及纯水制备室	大型仪器室（色谱实验室）				会议室

图 1-1　实验室平面布局

2. 分析实验室的室内布置

分析实验室内常见的基础设施有：实验台与洗涤池、通风柜与管道检修井、带试剂架的工作台或辅助工作台、试剂橱以及仪器设备等。

（1）实验台的布置方式

分析实验室一般采用岛式、半岛式实验台。

岛式实验台，实验人员可以在四周自由行动，在使用中是比较理想的一种布置形式。其缺点是占地面积比半岛式实验台大，另外实验台上配管的引入比较麻烦。

半岛式实验台主要为靠墙设计。半岛式实验台的配管可直接从管道检修井或从靠墙立管直接引入，这样不但节省了占地面积，又方便配管的引入。为了在工作发生危险时易于疏散，半岛式实验台的走道应全部通向走廊。

因此，在实验台的布置方式中，常将岛式和半岛式实验台综合使用。这样既能发挥两者的优势，又能在安全的基础上增加实验室的可用面积。

（2）化学实验台的设计

化学实验台主要由台面和台下的支座或器皿构成。为了实验的操作方便，在台上往往设有试剂架、管线盒或洗涤池等装置。

化学实验台分为两种，单面实验台和双面实验台，在分析检验中双面实验台的应用比较广泛。

化学实验台的尺度一般有如下要求：

① 长度。化验人员所需用的实验台长度，由于实验性质的不同，其差别很大，一般据实际需要选择合适的尺寸。

② 台面高度。一般选取 850mm 高。

③ 宽度。实验台的每面净宽一般考虑 650mm，最小不应少于 600mm，台上如有复杂的实验装置也可取 700mm，台面上试剂架部分可考虑宽 200～300mm，一般双面实验台采用 1500mm，单面实验台为 650～850mm。

进度检查

一、判断题（正确的在括号内画“√”，错误的画“×”）

1. 实验室按要求应远离灰尘、烟雾、噪声和有震动源的环境。（　　）

2. 实验室内通风、采光、温度、湿度、清洁度等均应达到实验室的环境要求，实验室应给人留下整洁、美观、舒畅的观感。（　　）

3. 化学试验台应满足一定的尺寸要求。（　　）

4. 实验台间的走道不一定要通向走廊。（　　）

二、绘图题

绘制一个小型分析实验室的室内布置平面图。

编号 FJC-01-05

学习单元 1-5　实验室安全预防与处理

学习目标： 完成本单元的学习之后，能够掌握实验室火灾和中毒的预防与处理操作。

职业领域： 化学、石油、环保、医药、冶金、食品等工程。

工作范围： 分析

一、实验室的火灾与爆炸的预防和处理

1. 实验室火灾与爆炸的原理

易燃性物质达到着火温度或遇到明火即会燃烧引起火灾。爆炸是由于器皿内和大气之间的压力差逐渐加大，器壁承受不住气体压力而发生的。有时，化学试剂发生剧烈放热反应，骤然放出大量气体或细粒状物，也会产生爆炸。

易燃性物质包括易燃气体、易燃液体、易燃固体。可燃性气体在空气中都有一定的爆炸极限，当它们在空气中的浓度达到爆炸极限范围之内时，遇到明火就会立即发生爆炸。

易燃性液体容易挥发，它们的蒸气遇明火甚至电火花即会发生燃烧或爆炸。易燃性固体如磷、木炭、硫等，当温度达到其着火点或遇明火时，即发生燃烧或爆炸。

实验室产生火灾与爆炸的原因主要有以下几种：

① 易燃、易爆危险品贮存、使用或处理不当。如贮存易燃性物质时，贮温升高到燃点；银氨溶液在受光、热等外界条件的作用下，易分解放热而引起爆炸；使用乙炔银、三硝基甲苯等易爆炸品时，若操作不慎，使其受到摩擦、碰撞或震动；将遇水能发生燃烧和爆炸的钾、钠等存放在潮湿的地方或不慎与水接触；贮存白磷的瓶口封闭不严密，长久放置，水分蒸发而使白磷外露等都可能引起燃烧和爆炸。

② 加热、蒸馏、制气等分析装置安装不正确、不稳妥、不严密，产生蒸气泄漏，或由于操作不规范产生迸溅现象，遇到加热的火源极易发生燃烧与爆炸。如用油浴加热蒸馏或回流有机化合物时，常常由于橡胶管在冷凝管的侧管上套得不紧密、冷凝水流速过猛，把橡胶管冲出来，冷凝水溅入热的油浴中，将油外溅到热源上引起火灾。

③ 对实验室火源管理不严，违反操作规则。火源主要是明火，如未熄灭的火柴梗、电器设备因接触不良而引起的电火花等。在使用煤气、液化气、酒精灯、酒精喷

灯、煤气喷灯、电炉等加热设备时违反操作规则，如使用煤气、液化气时用明火试漏，气源离炉具太近；酒精或煤油燃剂加得过多等都易引起燃烧或爆炸。

④ 强氧化剂与有机物或还原剂接触混合。如高氯酸及其盐、硝酸、硝酸钴或亚硝酸与有机物混合，磷与硝酸混合，活性炭与硝酸铵混合，抹布与浓硫酸接触，木材或织物等与浓硝酸接触，铝与有机氯化物混合，液氧与有机物混合等都极易引起火灾或爆炸。

⑤ 电器设备使用不当。如使用电器功率过大；电线接头外露；电线老化；随意更换保险丝；随意加大负荷，烧坏仪器引起火灾。

⑥ 易燃性气体或液体的蒸气在空气中达到了爆炸极限范围，与明火接触时，易发生燃烧和爆炸。

实验室发生火灾的原因尽管很多，但火源是引起燃烧、导致火灾的重要条件之一，所以必须对火源严加控制、科学管理，有效地预防火灾的发生。

2. 实验室防火、防爆主要措施

实验室防火、防爆的措施主要有以下几种：

① 实验室内易燃、易爆品应妥善保存，放在通风、阴凉和远离火源、电源及热源的位置，并且贮存量不宜过大。易燃性物质应保存在小口试剂瓶内，盖紧瓶塞（保存有机溶剂的瓶塞不能用橡胶塞），切勿放置在敞口容器内。

② 蒸馏或回流易燃、低沸点液体时，应注意如下几点：

a. 加热前应在烧瓶内放数粒沸石或一端封口的毛细管，以防液体因过热暴沸冲出。

b. 严禁用明火直接加热烧瓶，应根据加热液体沸点的高低选用石棉网、水浴、油浴或砂浴等加热设备。

c. 蒸馏烧瓶内的液量，不能超过烧瓶容量的 1/3，加热时温度不宜升高太快，以免因局部过热而引起蒸馏液暴沸冲出。

d. 蒸馏前应先开冷凝水，然后再加热，而且冷凝水要始终保持畅通。

e. 安装蒸馏或回流的装置应稳妥正确，不能漏气，在加热中如发现漏气，应立即停止加热，认真检查漏气原因；若因塞子被腐蚀而发生漏气则应待液体冷却后才能换掉塞子（若漏气不严重时，可用石膏封口，但绝不能用蜡涂抹封口，因为蜡受热时易熔化，不仅不能起到密封作用，还会溶解于有机物中引起火灾）；从蒸馏装置接受器出来的尾气应远离火源，最后用导气管引到实验室外或通风橱内。

f. 蒸馏或回流有机溶剂时，应远离火源，并移开酒精、高氯酸钾等易燃、易爆危险品。

③ 在处理大量的可燃性液体时，应在通风橱或指定地方进行，室内应无火源。因为易燃性的有机溶剂，特别是沸点较低的有机物，在室温条件下易挥发，当它们的蒸气在空气中达到爆炸极限的浓度范围内时，遇明火即发生爆炸。通常有机溶剂的蒸气密度大于空气密度，一般都会沉聚在地面或低洼处，因此，不能将有机溶剂倒在废

液缸或下水道中，更不得在实验室内将燃着或有火星的木条、纸条等乱抛乱扔，也不得丢入废液中，否则很容易发生火灾爆炸事故。

④ 加热易燃性有机溶剂时，不能将有机溶剂放在广口容器（如烧杯）内直接加热；加热必须在水浴中进行，切勿使容器密闭，否则会造成爆炸。当附近有露置的易燃物质时，应先将其移开，再点火加热。

⑤ 制取或使用易燃、易爆气体（如氢气、乙炔等）时，要保持室内空气畅通，严禁明火，防止一切火星、火花的产生。检查气体纯度时，应取少量远离制气装置方可点燃，否则若气体纯度较差时，遇明火会发生燃烧或爆炸事故。

⑥ 强氧化剂（如氯酸钾、过氧化物、浓硝酸、高氯酸钾等）不能与有机物、还原剂等接触。沾有氧化剂的工作服应立即洗净。

⑦ 对具有爆炸性的危险品，如干燥的重氮盐、硝酸酯、金属炔化物、三硝基甲苯等，使用时必须严格遵守操作规则，不能使其受到高热、重压、碰撞或震动，以免引起严重的爆炸事故。

⑧ 白磷应保存在水中；金属钾、金属钠等应保存在煤油中；过氧化钠保存在封盖的铁盒里，且不要沾水。

⑨ 使用乙醚时，必须检查有无过氧化物存在，如果发现有过氧化物存在，应用还原剂（如硫酸亚铁等）还原除去后才能使用。蒸馏醚时，切勿蒸干，否则会发生爆炸或燃烧事故。

⑩ 银氨溶液久置后极易爆炸，所以不能长期保存。各种化学试剂不能任意混合，特别是某些强氧化剂如氯酸盐、高锰酸盐、硝酸盐、高氯酸盐等绝不能混在一起研磨，否则将会引起爆炸。

⑪ 进行可能发生燃烧或爆炸的试验时，应在专设的防爆现场进行。同时必须采取安全措施，如穿防护服、戴防护眼镜和防护面罩等。使用可能发生爆炸的化学试剂时，必须在防爆玻璃的通风橱中进行操作，并设法减少试剂的用量或降低试液浓度进行小量试验。对未知物料进行试验时，必须先了解清楚再进行试验，切不可大意。

⑫ 马弗炉、定碳炉、烘箱应放在水泥台上，电炉、电水浴等低温加热器可放在实验台上，但下面须铺有石棉板。实验室内的电器设备应装有地线和保险开关。

总之，应根据具体的分析项目、分析方法、分析条件及各种化学危险品的物理、化学性质，采取相应的防火及防爆措施。

二、灭火器材及火灾现场处理

1. 灭火器材的类型及适用范围

实验室火灾因起火原因及着火物质性质不同，所使用的灭火器材和方法也就不同。实验室常用灭火器材的类型及适用范围见表 1-2。

表 1-2 实验室常用灭火器材的类型及适用范围

类型	药液成分	适用范围
四氯化碳灭火器	液体 CCl_4	电器设备着火
泡沫灭火器	$Al_2(SO_4)_3$、$NaHCO_3$	油类着火
二氧化碳灭火器	液体 CO_2	电器着火、精密仪器着火
干粉灭火器	粉末主要成分为 $NaHCO_3$ 等盐类物质，加入适量润滑剂、防潮剂	油类、可燃气体、电器设备、精密仪器、文件记录和遇水燃烧物品等的着火
1211 灭火器	CF_2ClBr	油类、有机溶剂、高压电器设备、精密仪器等着火
砂箱、砂袋	清洁干燥的砂子	各种火灾

另外，水是常用的灭火剂，CS_2 及易溶于水的物质燃烧时，都可用水灭火。但在扑救实验室发生的火灾时应十分慎重，对不溶于水的易燃物（如汽油、苯等）或与水作用会加剧燃烧的物质（如过氧化钠）切记不要用水，而要用砂、石棉布或灭火器等去灭火。

2. 灭火器材的结构及使用方法

(1) 泡沫灭火器的结构及使用方法

① 结构。泡沫灭火器主要由筒身、筒盖、喷嘴、瓶胆、瓶胆盖、螺母等构成。其外形结构见图 1-2。

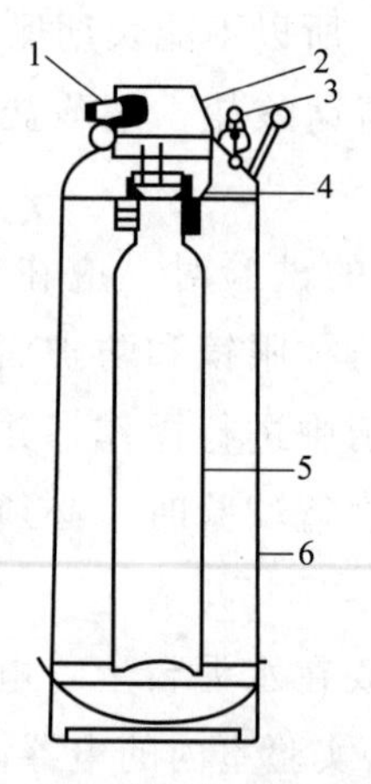

图 1-2 泡沫灭火器基本结构

1—喷嘴；2—筒盖；3—螺母；4—瓶胆盖；5—瓶胆；6—筒身

泡沫灭火器是用薄钢板卷焊成的圆筒，筒内壁镀锡并涂有防锈漆，筒中央吊挂着盛有硫酸铝溶液的聚乙烯塑料瓶，瓶胆口用瓶胆盖封闭，瓶胆与筒壁之间充装着加有少量发泡剂和泡沫稳定剂的碳酸氢钠饱和溶液，筒盖是用钢板或塑料压制成的，内装滤网、垫圈、喷嘴，筒盖与筒身之间有密封垫圈，筒盖借助垫圈和螺母紧固在筒身上。

② 灭火原理。泡沫灭火器筒内硫酸铝和碳酸氢钠饱和溶液互相混合，迅速发生化学反应，生成氢氧化铝和二氧化碳泡沫。这种化学泡沫具有黏性，能附着在燃烧物

的表面，使燃烧物与空气隔绝而熄灭火焰。

③ 使用方法。使用时，左手握住提环，右手抓住筒体底部，喷嘴对准火源，迅速将灭火器颠倒过来，轻轻抖动几下，灭火筒内压强迅速增大，大量的泡沫从喷嘴喷出，将火焰扑灭。

提取泡沫灭火器时不能肩扛或倾斜，以防止两种溶液混合。

（2）二氧化碳灭火器的结构及使用方法

① 结构。二氧化碳灭火器按开关方式的不同分为手轮式和鸭嘴式两种，它们主要由钢瓶、保险装置、虹吸管、喷筒等构成，其结构见图 1-3。

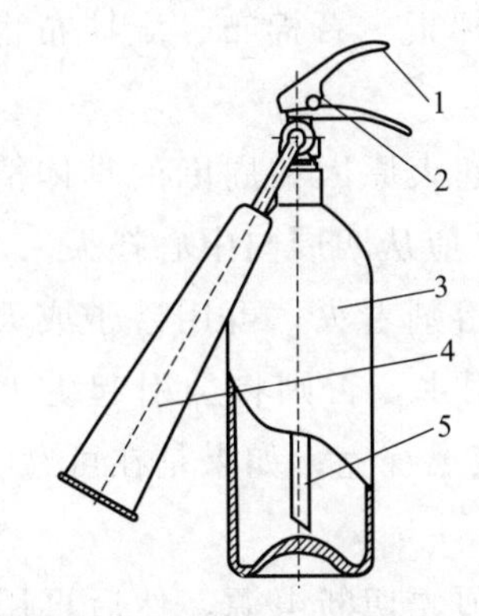

图 1-3　二氧化碳灭火器基本结构

1—器头总成；2—保险装置；3—钢瓶；4—喷筒总成；5—虹吸管

② 灭火原理。二氧化碳灭火器开始喷出的是雪花状的干冰，因吸收燃烧区空气中的热量很快变成二氧化碳气体，从而使燃烧区的温度大幅度降低，起到了冷却作用。同时大量的二氧化碳气体笼罩着燃烧物，使其与空气隔绝。当燃烧区空气中二氧化碳的体积分数达到 36%～38%时，火焰很快被熄灭。

③ 使用方法。使用时，一手握着喇叭形喷筒的把手将其对准火源，另一手打开开关即可喷出二氧化碳。

如果是鸭嘴式开关，右手拔出保险销，紧握喇叭形喷筒木柄；左手将上面的鸭嘴向下压，二氧化碳即从喷嘴喷出。

如果是手轮开关，向左旋转，即可喷出二氧化碳将火焰扑灭。

（3）干粉灭火器的结构及使用方法

① 结构。干粉灭火器是以高压二氧化碳作为动力喷射固体干粉的新型灭火器材。主要由进气管、出粉管、二氧化碳钢瓶、喷嘴（或喷枪）、干粉筒、提柄（把）等构成。按二氧化碳钢瓶安装的位置可分为外装式和内装式两种。

干粉筒是用优质钢板制成的，耐压强度高，内装固体碳酸氢钠等钠盐或钾盐，并有适量的润滑剂和防潮剂。二氧化碳钢瓶内装有的高压二氧化碳气体作为喷射干粉的动力。

② 使用方法。使用时，将干粉灭火器上下颠倒几次，在距离着火处 3～4m 处，撕去灭火器上的封记，拔出保险销，一手握住喷嘴并对准火源，另一手的大拇指将压把按下，干粉即可喷出。迅速摇摆喷嘴，使粉雾横扫整个火区，即可将火扑灭。

3. 火灾现场处理

实验室一旦发生火灾，应首先向消防部门报告，并组织在场的所有人员积极有序参加灭火。灭火时要根据起火原因和火场周围的实际情况，立即采取相应的措施对火灾现场进行处理。

（1）火灾现场处理的措施

火灾现场处理的主要措施如下：

① 首先应切断电源，立即熄灭附近所有火源，并移开附近的易燃物品。

② 室内局部小火，可用石棉板、石棉布、湿抹布将着火物盖起来，使之隔绝空气而熄灭，绝对不能用嘴吹。

③ 如果火势较大，应根据起火原因和周围的具体情况，立即选用相应的灭火器材灭火。使用灭火器材灭火时，应从四周向中心扑灭。

④ 大量的油类物质或有机溶剂着火，可用砂子或灭火器扑灭，也可洒上干燥的碳酸氢钠粉末扑灭；但绝不能用水，否则将会引起更大的火灾。少量的有机溶剂着火，只要不向四周蔓延，可任其燃烧完；如果是在可燃实验台上着火，应立即用灭火毡、湿抹布、砂子等盖熄。

⑤ 如果电器设备着火，必须先切断电源，然后再用二氧化碳灭火器和干粉灭火器等灭火。禁止用水灭火，因为水能导电，造成人员触电或电器设备短路烧毁。

⑥ 如在灭火时不慎衣服着火，切勿慌乱奔跑。若火势较大，应立即在地上打滚，或躺在地上用防火毯紧紧包住身体，使火焰熄灭。也可使用附近的自来水或淋浴将火浇灭或淋熄。

由于实验室的许多化学试剂易与水反应，所以在灭火时，一般不能用水或含有水的物质灭火，否则会引起更大的火灾。如金属钠、钾、钙等遇水发生剧烈反应，产生火球及爆炸，增大火势。浓硫酸遇水会急剧放热而使强酸迸溅，甚至发生爆炸。

（2）使用灭火器进行火场扑救时应注意的问题

使用灭火器进行火场扑救时应注意的问题如下：

① 使用灭火器灭火时，灭火器的筒底和筒盖不能对着人，以防喷嘴堵塞导致机体爆破，使灭火人员遭受伤害。泡沫灭火器不能和水一起灭火，因为水能破坏泡沫，使其失去覆盖燃烧物的作用。

② 使用二氧化碳灭火器时，手一定要握在喇叭形喷筒的把手上。因为喷出的二氧化碳压力突然下降，温度也骤降，手若握在喇叭形喷筒上易被冻伤。

③ 使用灭火器时，一定要注意安全。如使用四氯化碳灭火器时，因蒸气有毒，火灾现场若通风不良，会使在场人员中毒；使用二氧化碳灭火器时，当空气中二氧化碳的含量高达20％～30％时，会使人精神不振、呼吸衰弱，严重时会因窒息而死亡。

④ 灭火时，应迅速、果断，不遗留残火，以防复燃。扑灭容器内液体的燃烧时，不要直接冲击液面，以防燃烧的液体溅出或流散出容器使火势扩大。用灭火器灭火的具体操作见图 1-4。

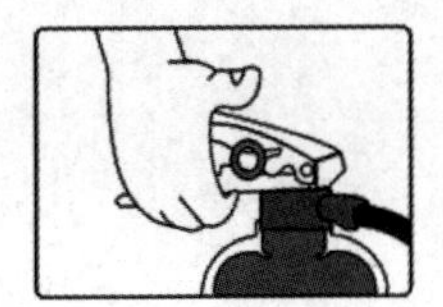 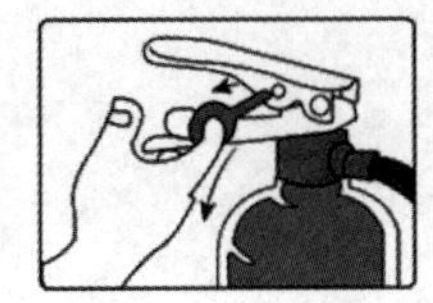 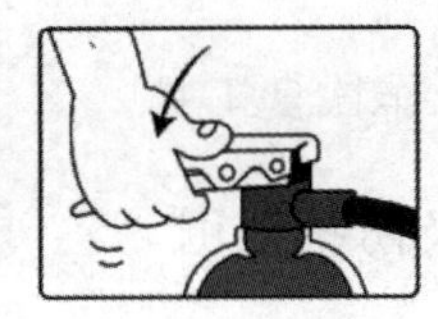 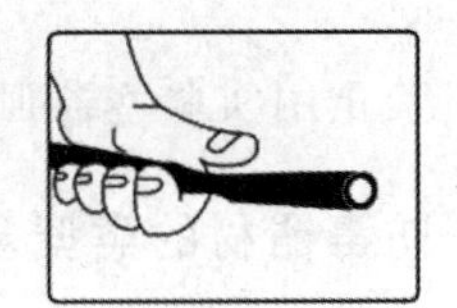

图 1-4　灭火器的基本使用步骤

三、中毒的预防和处理

毒物是指凡能侵入人体，使人的正常生理机能受到损伤或功能障碍的物质。毒物按照存在的状态不同分为三类，即有毒气体、有毒液体和有毒固体。

1. 实验室预防中毒的措施

① 使用有毒气体或能产生有毒气体的实验操作，都应在通风橱中进行，操作人员应正确佩戴口罩。如发现有大量毒气逸至室内，应立即关闭气体发生器，打开门窗使空气畅通，并停止一切实验，停水、停电离开现场。

② 汞在常温下易挥发，其蒸气毒性很强。实验中使用水银温度计测量加热容器中的试剂温度时，必须在通风橱中进行，防止错误操作或温度过高导致温度计破裂，而使得汞洒落在实验台面或地板上，一旦洒落，立即收集，并用硫黄粉盖在洒落的地方，使其转化为不挥发的硫化汞。

③ 使用煤气的实验室，应注意检查管道、开关是否漏气，用完后要立即关闭，以免煤气散入室内而引起中毒。检查漏气的方法是用肥皂水涂在可疑处，如有气泡就说明漏气。

④ 使用和贮存剧毒化学品时，应注意的事项如下：

a. 剧毒化学品应指定专人负责收发与保管，密封保存，并建立严格的领用与保管制度；

b. 取用剧毒化学品必须做好安全防护工作。穿防护工作服、戴防护眼镜和橡胶手套，切勿让毒物沾及五官或伤口；

c. 剧毒化学品的使用应严格遵守操作规则；

d. 使用过剧毒化学品的仪器、台面均应用水清洗干净，手和脸更应仔细洗净，污染了的工作服也必须及时换洗；

e. 对有毒化学品的残渣必须作善后处理。如含有氰化物的残渣可用亚铁盐在碱性介质中销毁，不许乱丢乱放，不准随意倒入废液缸水槽或下水道中。

⑤ 使用强酸、强碱等具有强腐蚀性的试剂时，应注意的事项如下：

a. 取用时正确佩戴防护眼镜和防护手套，配制酸碱溶液必须在烧杯中进行，不能在小口瓶或量筒中进行，以防骤热破裂或液体外溅发生事故；

b. 移取酸或碱液时，必须用移液管或滴管吸取或用量筒量取，绝不能用口吸取；

c. 开启氨水瓶时，应先用自来水冷却，然后在通风橱内慢慢旋开瓶盖，瓶口不要对准人。

⑥ 禁止用实验室器皿作饮食工具。

2. 防毒器材的类型及防护范围

防毒器材主要包括防毒面具和防毒口罩。防毒面具根据防毒原理分为隔离式防毒面具和过滤式（滤毒式）防毒面具，其种类如图 1-5 所示。

隔离式防毒面具根据供氧方式的不同分为氧呼吸器和生氧器。氧呼吸器是由氧气瓶提供氧气；而生氧器则是靠人呼出的二氧化碳和水，与生氧剂发生化学反应产生氧气，供人体呼吸。其共同特点是供氧系统与现场空气隔离，可以在含毒浓度很高或缺氧的环境中使用，生氧器还可以在高温场所或火灾现场使用。

过滤式（滤毒式）防毒面具的防护范围随滤毒罐内所装吸附剂的种类、作用以及预防对象的不同而不同，一般是根据滤毒罐外涂有的不同颜色来识别的。所以，防护人员必须根据防护的对象正确选择防毒面具。

防毒口罩的防毒原理及采用的吸收剂和过滤式防毒面具基本相同，只是结构形式、使用范围和大小有所不同。防酸口罩采用碱性吸收剂，防碱口罩采用酸性吸收剂，其他防毒口罩采用能与预防对象迅速发生有效反应的物质作吸收剂。

防毒口罩的型号随着吸收剂的种类、防护范围的不同而不同。使用时，一定要注意防毒口罩的型号和预防的毒气相一致，同时，务必注意毒气与氧的浓度以及使用的时间，即将到达使用限制时间之前应立即离开毒区，更换吸收剂或使用新的防毒口罩。

(a) 过滤式防毒面具

(b) 化学生氧式防毒面具

(c) 氧呼吸式防毒面具

图 1-5　防毒面具

3. 中毒急救

中毒是指毒物侵入人体引起局部刺激或整个机体功能障碍的疾病。中毒由毒物引起，而毒物又是相对的，某些毒物只有在一定的条件下达到一定的量时才能发挥毒效引起中毒。

人在中毒后常常出现一定的症状，如头痛、头晕、恶心、呕吐、呼吸困难、流泪、抽搐、精神紊乱、昏迷、四肢无力、皮肤出现异样等明显症状。也有些毒物引起的中毒不易被察觉，如一氧化碳等，所以在制取和使用这类物质时应特别注意。

（1）中毒的分类

根据中毒者显示的症状及中毒时间，中毒可分为急性中毒、亚急性中毒和慢性中毒三类。

① 急性中毒。指大量的毒物突然进入人体内，迅速中毒。其特征是毒物量多，作用时间短，反应剧烈，很快引起全身症状甚至造成死亡。如氰化物、一氧化碳中毒等。

② 亚急性中毒。指毒物进入人体后，发作症状不如急性中毒明显，且在短时间内会逐渐出现中毒症状的中毒现象。如有机酚类的中毒等。

③ 慢性中毒（积累性中毒）。长期受毒物的作用，日积月累，毒物逐渐侵入人体而引起的中毒现象。长期接触少量毒物，不仅能引起慢性中毒，而且能降低人体抵抗力，感染其他疾病。如重金属及其盐类（如汞、铅及其盐等）的中毒。

影响中毒的因素很多，主要与毒物的物理化学性质、侵入人体的数量、作用时间及侵入人体的部位等有关。同时与受害人本身的生理状况也有密切关系。

（2）毒物侵入人体的主要途径

① 通过呼吸系统侵入人体。呼吸系统是气体毒物进入人体的主要途径。有毒气体随人的呼吸进入人的肺部，通过肺部的毛细血管被人体吸收，随血液分布到全身各个器官而造成中毒。这类毒物如各种挥发性有机溶剂，各种有毒气体、蒸气、烟雾及粉尘等。

② 通过消化系统侵入人体。消化系统一般是固体毒物和液体毒物侵入人体的主要途径。除误食毒物外，使用、贮存或处理剧毒化学品时，不遵守安全操作规则，不戴防护手套，手上沾染了毒物，工作结束后没认真洗手便饮食，使毒物侵入人体内而中毒。用被毒物污染的器皿作为饮水、进食的餐具而引起中毒。这类毒物如汞盐、氰化物、砷化物、有机磷等。

③ 通过皮肤及黏膜吸收侵入人体。毒物沾染在皮肤或黏膜上，易被皮肤及黏膜表面的汗水所溶解并由毛细孔进入人体，随毛细血管流向人体的各器官，引起中毒；或毒物溶解皮肤脂肪层，经皮脂腺渗入人体。被损伤的皮肤是毒物侵入人体的主要途径，各类毒物只要触及患处，都可以侵入人体。这类毒物如二硫化碳、汞、苯胺、硝基苯等。

毒物无论以何种途径进入人体，都是随血液流入人体的各器官而中毒。一般毒物通过呼吸和消化系统侵入人体引起的中毒症状明显、发作较快；而由皮肤及黏膜侵入人体而引起的中毒症状时间较长、发作较慢。

毒物在人体内经过各种物理、化学等复杂变化并经过肝脏的解毒作用后，大部分通过肾脏随尿排出体外；挥发性气体可由呼吸道排出；有些毒物还随皮肤汗腺、皮脂腺、唾液、乳汁等排出。没有或不能及时排出的毒物，在人体内会造成不同程度的中毒症状，甚至导致死亡。

（3）中毒后急救措施

① 经呼吸系统急性中毒。应迅速离开现场，将中毒者转移到通风良好的环境中，呼吸新鲜空气或直接吸氧；若出现休克、虚脱或心脏机能不全等症状，必须先作抗休

克处理，如进行人工呼吸、给予氧气、喝兴奋剂等措施并立即就医。

② 经口服而中毒。立即用3%～5%小苏打（碳酸氢钠）溶液或1∶5000的高锰酸钾溶液洗胃。洗胃时要一边喝，一边呕吐。最简单的呕吐办法是用手指或筷子压住舌根或服用少量催吐剂（1%的硫酸铜或硫酸锌溶液15～25mL），使之迅速将毒物吐出；若中毒量大则需要洗胃，要反复多次进行，直至吐出物中基本无毒物为止；最后服用解毒剂，常用的解毒剂有鸡蛋清、牛奶、淀粉糊、橘子汁等，还有些解毒剂专用于某种中毒，如氰化物中毒时用硫代硫酸钠，磷中毒时用硫酸铜，钡中毒时用硫酸钠等。

③ 皮肤、眼睛、鼻、咽喉受毒物侵害时，应立即用大量的自来水冲洗，然后送医院急救。

四、化学灼伤的预防与处理

腐蚀性化学品是指对人体的皮肤、黏膜、眼睛、呼吸器官等有腐蚀性的物质，一般为液体或固体。如硫酸、硝酸、盐酸、磷酸、氢氟酸、苯酚（俗名石炭酸）、甲酸、氢氧化钠、氢氧化钾、硫化钠、碳酸钠、无水氯化铝、苯及其同系物、氰化物、磷化物、溴、钾、钠、磷、重金属化合物等。

腐蚀性化学品对人体的主要危害是引起化学灼伤。化学灼伤是由化学试剂对人体引起的损伤。因为不同物质的性质和腐蚀性不同，所以灼伤时引起的症状和腐蚀机理也就不同。部分常见腐蚀性化学品灼伤的机理及症状见表1-3。

表1-3 常见腐蚀性化学品灼伤的机理及症状

腐蚀性化学品名称	灼伤的机理及症状
硫酸、盐酸、硝酸、磷酸、甲酸、乙酸、草酸	主要是对皮肤、黏膜的刺激与腐蚀。轻者出现红斑、黄斑、红肿等，重者会出现水泡、皮肤糜烂、脱皮等，有时会伤及骨骼
有机物	一般是通过皮肤、黏膜渗透到皮下组织，引起发红或起泡。起初症状疼痛不显著，皮肤慢慢变红，随后疼痛加剧，皮肤组织深部溃烂，同时伴有肌肉痉挛等
氢氟酸及氟化物	主要由皮肤、黏膜侵入人体，作用于骨骼，使骨骼疏松、变脆、变黑。主要症状为起初疼痛不显著，数小时后剧痛，透入组织形成深部溃烂
氢氰酸及氰化物	刺激皮肤、黏膜，并由皮肤的汗腺及毛细孔渗入，被皮肤吸收，使细胞坏死，造成皮肤溃烂和灼伤
溴	直接侵入皮肤、黏膜并渗入皮下，产生剧痛，使皮肤或黏膜红肿，继而脱皮、溃烂
磷及含磷化合物	直接接触皮肤黏膜时，渗入并溶于皮下组织，使皮肤变红、起水泡，有灼热疼痛，并引起深部糜烂
苯酚	作用于皮肤、黏膜时，能与皮肤及皮下组织中的蛋白质作用，使蛋白质变性，从而破坏皮肤的结构组成，使细胞急剧坏死，造成皮肤溃烂

1. 化学灼伤的预防与急救

(1) 化学灼伤的预防措施

实验室中造成化学灼伤事故的原因很多，所以实验人员在进行前要认真做好准备，严格按照实验操作规程，防止灼伤事故的发生。为防止化学灼伤事故的发生，对实验室内的化学试剂在贮存和使用过程中应严格遵守有关规定及操作规范。

① 实验室内人员应穿工作服，取用化学试剂应戴防护手套，用药匙或镊子，切忌用手去拿。取强腐蚀性类化学品时，除戴防护手套外，还应戴防护眼镜、口罩等。

② 打开氨水、盐酸、硝酸、乙醚等药瓶封口时，应先盖上湿布，用冷水冷却后，再开动瓶塞，以防溅出引发灼伤事故。

③ 无标签的溶液不能使用，否则可能造成灼伤事故。

④ 稀释浓硫酸时，应将浓硫酸缓慢倒入水中同时搅拌。切忌将水倒入浓硫酸中，以免溶液骤热使酸溅出伤害皮肤和眼睛。

⑤ 使用过氧化钠或氢氧化钠进行熔融时，注意使坩埚口朝向无人的方向，而且不得把坩埚钳放在潮湿的地方，以免黏附的水珠滴入坩埚内发生爆炸和溅出引起灼伤，桌上要垫石棉板。

⑥ 在进行蒸馏等加热操作时，应将蒸馏等加热装置安装牢固，酸、碱及其他试剂的量应严格按要求加入，且要规范操作。

⑦ 实验用过的废液应专门处理，特别是能对人体发生危害的废液，更不能任意乱倒。

（2）化学灼伤的急救

化学灼伤的急救应根据灼伤的不同原因，分别进行处理。发生化学灼伤时，首先应迅速解开衣服，清除皮肤上的化学试剂，用大量的水冲洗，再以适合于消除这种化学试剂的特种试剂、溶剂或药剂仔细处理伤处。实验室化学灼伤的一般急救方法见表 1-4。

表 1-4 实验室化学灼伤的一般急救方法

化学试剂名称	化学灼伤后的急救方法
硫酸、盐酸、硝酸、磷酸、甲酸、乙酸、草酸	先用大量水冲洗患处，然后用 2%～5% 的碳酸氢钠溶液洗涤，最后再用水冲洗，拭干后消毒，涂上烫伤油膏，用消毒纱布包扎好
氢氧化钠、氢氧化钾、氨、氧化钙、碳酸钠、碳酸钾	立即用大量水冲洗，然后用 1%～3% 乙酸冲洗或撒以硼酸粉，最后再用水冲洗，拭干、消毒后，涂上烫伤油膏，再用消毒纱布包扎好。氧化钙灼伤时，可用任一种植物油洗涤伤处
碱金属、氢氰酸、氰化物	立即用大量水冲洗，再用高锰酸钾溶液洗，之后用硫化铵溶液漂洗
氢氟酸	先用大量冷水冲洗或将伤处浸入 3% 氨水或 10% 碳酸铵溶液中，再以 2∶1 甘油及氧化镁悬乳剂涂抹，或用冰冷的饱和硫酸镁溶液洗
溴	先用水冲洗，再用 1∶1∶10 的浓氨水＋松节油＋95% 乙醇的混合液处理。也可用酒精擦至无溴存在为止，再涂上甘油或烫伤油膏
磷	不可将创面暴露于空气或用油质类涂抹，应先以 10g/L 硫酸铜溶液洗净残余的磷，再用 0.1% 高锰酸钾溶液湿敷，外涂以保护剂，用绷带包扎
苯酚	先用大量水洗，再用 4∶1 的 70% 乙醇＋27% 氯化铁的混合液清洗，用消毒纱布包扎（或用 10% 硫代硫酸钠注射，内服和注射大量维生素 C）
氯化锌、硝酸银	先用大量水洗，再用 50g/L 碳酸氢钠溶液漂洗，涂油膏及磺胺粉

在实验室内如果灼伤眼睛，急救应分秒必争。眼睛若被溶于水的化学试剂灼伤，应立即用水冲洗，冲洗时应避免水流直射眼球，也不要揉搓眼睛。先用细细的流水冲洗大约 15min，然后根据化学试剂的灼伤特性用不同的方法处理。若酸灼伤，用水冲

洗后再用1%～3%的碳酸氢钠溶液淋洗；若碱灼伤，用水冲洗后再用1%～2%的硼酸溶液淋洗。如果眼睛受到溴蒸气的刺激，暂时不能睁开时，可对着盛有氯仿或酒精的瓶内注视片刻；若是溴水灼伤眼睛，也可用1%的碳酸氢钠溶液淋洗。

2. 实验室其他伤害的急救

(1) 烧伤的急救

实验室一旦发生烧伤事故，要立即进行救治，并根据伤势轻重分别进行处理，以减轻患者痛苦，并使之免受感染。烧伤包括烫伤和火伤，它是由灼热的气体、液体、固体、电热等对人体引起的损伤。烧伤按程度不同分为三度。急救方法见表1-5。

表1-5 一般烧伤的急救方法

烧伤程度	急救方法
一度烧伤	立即用冷水浸烧伤处，减轻疼痛，最后用1∶1000新洁尔灭水溶液消毒，保持创面不受感染
二度烧伤	先用清水或生理盐水，再用1∶1000新洁尔灭水溶液消毒。不要将水泡挑破以免感染。也可以用浸过碳酸氢钠溶液(0.29～0.36mol/L)的纱布覆盖在烧伤处，再用绷带轻轻地包扎。如果皮肤表面完好，则可用冰或冷水镇静
三度烧伤	在送医院前主要防止感染和休克，可用消毒纱布轻轻扎好，给伤者保暖和供氧气。若患者清醒，可令其口服烧伤饮料和盐水，防止失水休克。应注意防寒、防暑、防颠，必要时输液

(2) 创伤的急救

割伤(如玻璃割伤)是实验室最常见的创伤，受伤后要仔细观察伤口有无异物(如玻璃碎粒等)。若伤势不重，用消毒镊子取出伤口中的异物后，伤口先用蒸馏水清洗，再用硼酸水或双氧水淋洗，擦上3%～5%的碘酒，最后用消毒药棉、纱布及绷带包扎。

若伤势较重、伤口很深、流血不止，可在伤口上、下约10cm处用纱布扎紧，减慢流血。不论是毛细血管出血、静脉出血(暗红色、流出慢)，还是动脉出血(鲜红、喷射状、出血多)，都要立即用手指压迫止血，或在四肢伤口的上方扎止血带，并用消毒纱布或洁净的手帕等覆盖在伤口上，迅速将患者送医院救治。

(3) 炸伤的急救

实验室内人员炸伤，其急救方法与烧伤基本相同。一般处理方法是先用消毒镊子或消毒纱布把伤口清理干净，并将3%～5%的碘酒涂在伤口四周。对于较轻的毛细管出血，伤口消毒后即可撒止血粉；但炸伤后伤口往往大量出血，这时应立即将伤口上方扎紧，防止流血过多。如发现昏迷、休克等症状，应立即进行人工呼吸，供给氧气，并送医院抢救。

(4) 电击伤的急救

电击伤是电流通过人体而造成的损伤，严重时能引起休克、呼吸停止甚至死亡。急救时首先使触电者与电源立即脱离，即救护者立即拉下电闸或用绝缘性良好的工具切断电线或将触电者从电源上拨开。救护时救护者必须穿上绝缘鞋，戴绝缘手套。断开电源后，迅速将伤者转移到空气新鲜处，进行人工呼吸。心脏停止跳动者要同时进行心肺复苏，皮肤因高热或电火花烧伤者要防止感染，并迅速送医院抢救。

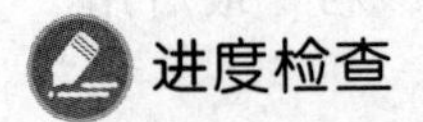

进度检查

一、填空题

1. 可燃性气体在空气中都有一定的__________________，当它们在空气中的浓度达到________________范围之内时，遇到__________________就会立即发生爆炸。

2. 对火灾现场进行处理时，首先应立即熄灭附近所有的_____________，切断_____________并移开附近的___________，关闭煤气、液化气等。

3. 对于大量油类物质或有机溶剂着火，要用砂或_____________灭火器扑灭；也可撒上干燥的_________粉末扑灭。

4. 电器设备着火，必须先__________，然后再用__________或四氯化碳灭火器扑救。

5. 使用灭火器材灭火时，应从_____扑灭，或从火势蔓延的方向开始向_____扑灭。

6. 常见腐蚀性化学品是指对人体的___________、___________、__________、___________等有腐蚀性的物质。

7. 化学灼伤是由化学试剂对人体引起的损伤，主要包括________、________、部分盐及单质灼伤等。

8. 发生化学灼伤时，首先应迅速解开衣服，清除皮肤上的_______，用大量的_______冲洗，再以适合于消除这种_________的特种试剂、溶剂或药剂处理伤处。

9. 实验室若发生割伤且伤势不重，救治时用镊子取出________中的异物后，伤口先用_____清洗，再用________或_______淋洗，擦上__________，最后用_______、_________、_______包扎好。

二、判断题（正确的在括号内画"√"，错误的画"×"）

1. CS_2 的燃烧可用水、砂等扑救。（　）
2. 电器着火可用水和泡沫灭火器扑救。（　）
3. 油类着火可用干粉灭火器扑救。（　）
4. 泡沫灭火器喷出的化学泡沫具有黏性，能附着在燃烧物表面，使燃烧物与空气隔绝而使火焰熄灭。（　）
5. 实验室内发生的局部小火，可直接用嘴吹灭。（　）
6. 灭火时如果不慎衣服着火，火势较小时，可用湿布裹住着火部位，使火熄灭。（　）
7. 如果少量有机溶剂着火，只要不向四周蔓延，可任其燃烧完。（　）
8. 三度烧伤指损伤表皮和真皮层，皮肤起水泡，疼痛，水肿明显。（　）
9. 一度烧伤后应立即用冷水浸烧伤处，再用0.1%新洁尔灭消毒，以保护创伤面不受感染。（　）
10. 稀释浓硫酸时，为避免化学灼伤应将水慢慢倒入硫酸中，同时不断搅拌。（　）

11. 酸灼伤后先用大量水冲洗患处，然后用2%乙酸冲洗或撒上硼酸粉，最后用消毒纱布包扎。 （ ）

三、问答题

1. 实验室引起火灾和爆炸的原因主要有哪些？
2. 使用灭火器进行火场扑救时，应注意哪些问题？
3. 如何预防实验室火灾（或爆炸）的发生？
4. 毒物是怎样通过消化系统侵入人体的？
5. 实验室应如何预防化学灼伤？

四、操作题

1. 用二氧化碳灭火器扑灭火场（模拟）。
2. 用干粉灭火器扑灭油类火灾（模拟）。
3. 酸灼伤的急救。
4. 碱灼伤的急救。

评分标准

化学灼伤的预防与处理技能考试内容及评分标准

一、考试内容：酸碱灼伤的急救

分清酸、碱灼伤的原因和部位，根据伤势轻重迅速进行处理，减轻患者的痛苦，并使之免受感染。

二、评分标准

（一）酸灼伤的急救（50分）

（1）迅速解开衣服，清除皮肤上的化学试剂。（10分）

（2）用水冲洗患处。（5分）

（3）用2%～5%的碳酸氢钠溶液洗涤患处。（5分）

（4）患处的拭干和消毒。（10分）

（5）涂烫伤油膏。（10分）

（6）用消毒纱布包扎好。（10分）

（二）碱灼伤的急救（50分）

（1）迅速解开衣服，清除皮肤上的化学试剂。（10分）

（2）用水冲洗患处。（5分）

（3）用2%的乙酸冲洗患处。（5分）

（4）患处的拭干和消毒。（10分）

（5）涂烫伤油膏。（10分）

（6）用消毒纱布包扎好。（10分）

素质拓展阅读

安全规范

“无规不成圆，无矩不成方”。实验室规范与安全管理制度保证了实验室的正常使用。列车只有在钢轨的引导下，才能奔驰到理想的车站；骏马只有在缰绳的束缚下，才不会让放纵的自由毁灭了自己并危及他人。

实验室安全应严格遵循实验室的管理制度，强化大学生以实验室安全素质意识为中心的安全教育理念，为推广、建立和强化大学生在实验与实践中的安全意识、从源头上避免实验室等安全事故的发生、培养适应信息社会要求的创新人才以及加速实现教育现代化的系统工程提供重要保障。

1. 制定和完善实验室安全制度体系

要树立“事事要求安全，人人需要安全”的安全理念，坚持“预防为主，安全第一”的原则，建立和完善实验室安全管理的各项规章制度。结合学科、专业和实验室的实际情况，在学校、院系和实验室三个层面分别制定和完善相应的实验室安全管理制度，用制度来规范实验室各项管理工作和操作规程，强化制度约束，用科学完善的安全管理制度来规范师生和管理人员的实验室安全行为。

2. 建立实验室安全运行保障机制

建立实验室安全运行保障机制，首先，要定期检查实验室安全状况，分析每个实验室所承担实验项目的内容，并对危险性较高的实验项目做出相应调整和更新；补充完善和更新存在安全隐患的实验室设施设备和器材。其次，要在健全制度、实行实验室安全责任制的基础上，实行实验室安全值班制。建立实验室每日安全值班的报告制度，即各实验室的安全值班人员每日必须承担起所在实验室的安全检查和监督的责任，每日下班后，值班人员要仔细检查实验室安全状况，并及时向所在院系分管领导报告当日的安全情况，并做好安全值班日志。通过建立安全值班报告制度，真正把实验室的安全落到实处。

3. 建立实验室安全应急机制

建立实验室安全应急机制，首先，要制定切实可行的实验室安全事故应急预案，并定期对预案进行演练。其次，要定期检修和完善实验室安全设施，保持安全设施、安全通道完好、畅通。再次，要在各实验室配备必要的灭火器、救急药箱、洗眼器和喷淋器等紧急处置设施，保证实验室一旦发生安全事故后，师生能在第一时间进行自救处置，力争把安全危害降到最小的程度。最后，要熟悉使用报警电话，一旦发生安全隐患，师生能在第一时间及时报警。

4. 努力营造安全、舒适和人性化的实验室环境是搞好实验室安全工作的最终目标

实验室作为实施实验教学的重要场所和有效保证，要把确保师生安全放在一切工作的首位，必须努力为师生营造一个安全、舒适和人性化的实验环境。首先，要

做好安全、舒适、人性化的实验室环境建设规划。从实验室的整体布局到各实验室的通风、采光和安全通道，从有利于学生的沟通交流到整个实验室区的人文氛围和学术氛围的营造，都要在实验室环境建设规划中充分体现。其次，要加大对实验室环境建设的投入，除了保证实验室的安全消防设施、通风设施以及安全逃生通道设施的硬环境投入和完好外，更重要的是努力创建一个开放的、适合进行实验教学、科学研究的优雅和谐的内外部环境。再次，搞好实验室环境卫生，保证实验室财产的安全。对实验室内部的环境卫生而言，应坚持“整洁、有序、安全”的方针，落实到人，检查到位。以上，通过抓规划、促建设、促卫生、保安全，让师生一进入实验室就能感受到一种浓厚的学术氛围和和谐的人文环境。

综上所述，实验室作为教学、科研的重要基地和社会服务的重要窗口，实验室安全问题不仅直接关系到千家万户的幸福，还关系到校园的安全和社会的稳定。因此，必须依靠先进的管理方法和严格的管理制度才能杜绝事故的发生。

模块 2　化学器皿的洗涤

编号 FJC-02-01

学习单元 2-1　化学器皿的分类与规格

学习目标：完成本单元的学习之后，能够正确认识常用化学器皿的种类及规格。

职业领域：化学、石油、环保、医药、冶金、食品等工程。

工作范围：分析

所需仪器、试剂和设备：

序号	名称及说明	数量	序号	名称及说明	数量
1	常用玻璃器皿	若干	3	常用塑料器皿	若干
2	常用瓷器皿	若干	4	常用金属器皿	若干

分析室所用化学器皿按材质不同一般分为玻璃器皿、瓷器皿、塑料器皿、金属器皿等。

一、玻璃器皿的分类及规格

玻璃器皿是实验室最常见、最常用的分析仪器之一。它是以玻璃为原料加工而成，具有化学稳定性和热稳定性、良好绝缘性能和较高透明度、一定机械强度等特点的器皿。

玻璃的化学成分主要是 SiO_2、CaO、Na_2O、K_2O，并根据需要引入 B_2O_3、Al_2O_3、ZnO、BaO 等物质，以使玻璃具有不同的性质和用途。

首先，根据玻璃的材质不同，可分为硬质玻璃、软质玻璃及特种玻璃三种。

① 硬质玻璃：硬质玻璃 SiO_2 和 B_2O_3 的含量较高，均属于高硼硅酸盐玻璃一类，这类玻璃可制作烧器。

② 软质玻璃：一般仪器玻璃和量器玻璃常为软质玻璃，其热稳定性及耐腐蚀性稍差。

③ 特种玻璃：石英玻璃就属于特种仪器玻璃，它具有极其优良的化学稳定性和热稳定性，但价格较贵。由于石英玻璃能透过紫外线，在分析仪器中常用来制作紫外光范围应用的光学零件。

其次，根据器皿的用途可分为烧器、量器、容器等。

① 烧器：烧器是可用于加热化学物质的玻璃仪器。一般采用硬质玻璃或高硅硼玻璃，其特点是薄而均匀，耐骤冷骤热性好。如烧瓶、锥形瓶、碘量瓶、烧杯、试管等。

② 量器：量器是刻有较精密刻度、用来度量容量的玻璃制品。如量筒、量杯、

容量瓶、移液管、滴定管等。

③ 容器：容器是用于盛放化学物质的玻璃制品。一般采用软质钠碱化学玻璃为原料，其特点是器壁较厚。容器一般是指各种细口瓶、广口瓶、下口瓶、滴瓶以及各种玻璃槽等。

分析实验室常用玻璃器皿及规格见表2-1。

表2-1 常用玻璃器皿及规格

序号	名称及图示	规格	序号	名称及图示	规格
1	烧杯	容量(mL)：10、50、100、200、250、300、400、500、1000、2000、3000、5000	8	下口瓶	容量(mL)：30、60、125、250、500、1000、2000、10000、20000 无色、棕色
2	碘量瓶(碘瓶)	容量(mL)：50、100、250、500	9	洗瓶	容量(mL)：250、500、1000
3	锥形瓶(三角烧瓶)	容量(mL)：50、100、250、500、1000	10	滴瓶	容量(mL)：30、60、100、125 无色、棕色
4	烧瓶	容量(mL)：250、500、1000 凯氏烧瓶容量(mL)：50、100、300、500	11	试管	容量(mL)： 试管 10、20， 离心试管 5、10、15 带刻度、不带刻度
5	支管蒸馏烧瓶	容量(mL)：30、60、125、250、500、1000	12	漏斗	长颈： 口径 50mm、60mm、75mm 管长 150mm 短颈： 口径 50mm、60mm 管长 90mm 锥体均为60°
6	称量瓶	扁形(瓶高×直径/mm)：25×35、25×40、30×50 高形(瓶高×直径/mm)：40×25、50×30	13	细口瓶	容量(mL)：30、60、125、250、500、1000、2000、10000、20000 无色、棕色
7	凯式烧瓶(克氏烧瓶)、三口烧瓶	容量(mL)：30、60、125、250、500、1000			

续表

序号	名称及图示	规格
14	广口瓶 	容量(mL):30、60、125、250、500、1000、2000、10000、20000 无色、棕色
15	玻璃砂芯漏斗 玻璃砂芯坩埚 	容量(mL):35、60、140、500 容量(mL):10、15、30 滤板:1#～4#
16	分液漏斗 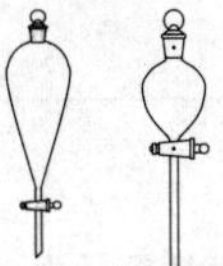	容量(mL):35、50、100、250、500、1000 配套玻璃活塞或聚四氟乙烯活塞
17	表面皿 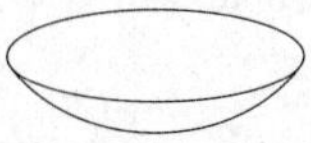	直径(mm):45、60、75、90、100、120
18	抽滤瓶 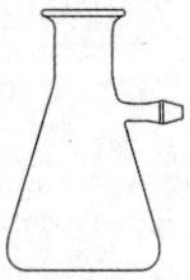	容量(mL):250、500、1000、2000
19	冷凝管 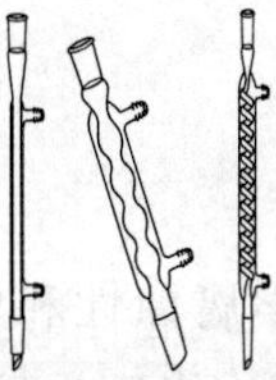	全长(mm):320、370、420 分为直形、球形、蛇形,还有空气冷凝管等
20	抽气管(抽气泵) 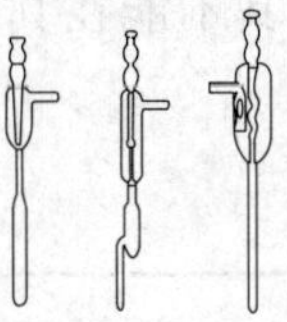	分为伽氏、爱氏、改良式等
21	标准磨口组合仪器 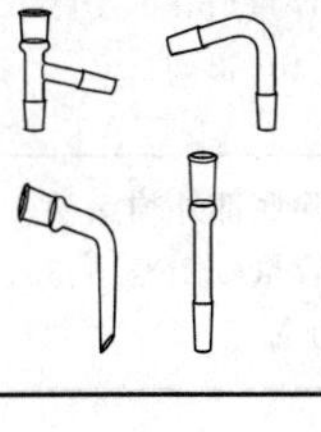	磨口表示方法:上口内径/磨面长度,单位为mm 长颈系列:ϕ10/19、ϕ14.5/23、ϕ19/26、ϕ24/29、ϕ29/32
22	干燥器 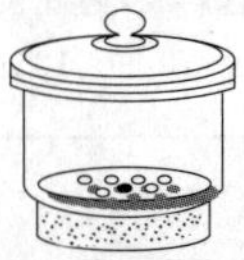	直径(mm):150、180、210 无色、棕色
23	U形管 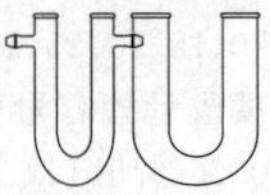	分为具塞和不具塞、支管和无支管等
24	真空干燥器 	直径(mm):150、180、210 无色、棕色
25	吸收管 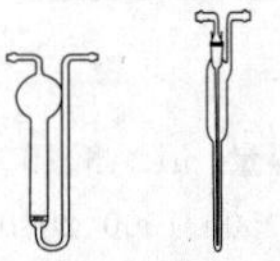 波氏 多孔滤板式	波氏吸收管全长(mm):173、233 多孔滤板吸收管长185mm,1#滤片
26	洗气瓶 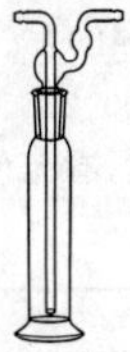	有大、小之分,可根据需要选择
27	滴定管 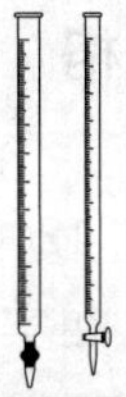	容量(mL):5、10、25、50、100 有无色、棕色、蓝线滴定管之分 有酸式、碱式及聚四氟乙烯滴定管之分
28	启普发生器 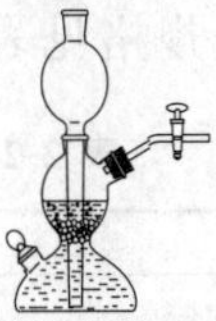	有大、小之分,可根据需要选择
29	微量滴定管 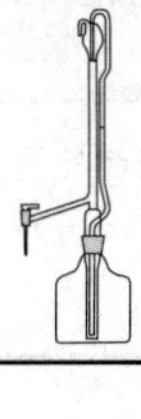	容量(mL):1、2、5、10 量出式

续表

序号	名称及图示	规格	序号	名称及图示	规格
30	玻璃研钵	厚料制成，内底及杆均匀磨砂 直径：70、90、105mm	35	密度瓶	容量(mL)：25、50 有不带温度计和带温度计之分
31	吸量管	单标线吸量管容量(mL)：1、2、5、10、15、20、25、50、100 分度吸量管容量(mL)：0.1、0.2、0.25、0.5、1、2、5、10、25、50 有完全流出式、不完全流出式	36	比色管	容量(mL)：10、25、50、100 有带刻度、不带刻度，具塞、不具塞之分
32	酒精灯	有大、小之分	37	自动调零滴定管	储液瓶容量为 1000mL，滴定管容量为 25mL 量出式
33	量筒/量杯	容量(mL)：5、10、25、50、100、250、500、1000、2000			
34	容量瓶	容量(mL)：5、10、25、50 100、200、250、500、1000、2000 量入式，有无色、棕色两种			

二、瓷器皿的分类及规格

瓷器皿能耐高温，可在 1200℃的温度下使用。其耐酸碱的化学腐蚀性和坚固性均优于玻璃，且价格便宜，在实验室中经常使用。涂有釉的瓷坩埚灼烧后失重甚微，可在重量分析中使用。瓷制器皿均不耐苛性碱和碳酸钠的腐蚀，尤其不能在其中进行熔融操作。常用瓷器皿及规格见表 2-2。

表 2-2　常用瓷器皿的名称及规格

序号	名称及图示	规格	序号	名称及图示	规格
1	蒸发皿	涂釉 容量(mL)：15、30、60、100、250 等	3	坩埚	容量(mL)：10、15、20、25、30、40、50 等
2	研钵	除研磨面外均上釉 直径(mm)：60、100、150、200 等	4	古氏坩埚及滤板	除底部外均涂釉 容量(mL)：15、30、60、100、250 等

续表

序号	名称及图示	规格	序号	名称及图示	规格
5	瓷管(燃烧管)	不涂釉 一般有直管式和缩管式两种 内径(mm):18～20 长度(mm):600、760	7	瓷舟	有上釉和不上涂釉两类 1＃瓷舟长67mm、宽7mm、高8mm 2＃瓷舟长72mm、宽9mm、高9mm
6	点滴板	除底部外均涂釉 有白色、黑色两种	8	布氏漏斗	上釉 直径(mm):51、67、85、106

三、金属及其他一些非金属器皿的分类和规格

1. 金属器皿

实验室常用的金属器皿一般是指由铂、金、银、铁、镍等材料制成的器皿，如铂坩埚、金坩埚、银坩埚、铁坩埚，这些坩埚常用的容积大约在20～30mL，还有铂蒸发皿（规格有60mm×30mm、90mm×40mm、120mm×45mm）、铁研钵（规格有75mm×40mm、90mm×50mm、120mm×60mm）等。

2. 其他非金属器皿

除以上器皿外，实验室还常用到其他一些非金属器皿，如玛瑙研钵、玛瑙坩埚、石英坩埚、石英蒸发皿、刚玉坩埚、二氧化锆坩埚、高温裂解石墨炉坩埚等。

四、塑料器皿的分类及规格

塑料是一种具有独特物理化学性质的高分子材料。塑料器皿在实验室中可以作为金属、木材、玻璃等的代用品。某些塑料耐酸碱腐蚀性较好，其适用范围更广。

1. 聚乙烯和聚丙烯制品

聚乙烯可分为低密度、中密度和高密度聚乙烯，其软化点为105～125℃。聚乙烯的最高使用温度为70℃，能耐一般酸碱腐蚀，可被氧化性酸慢慢侵蚀。常温下不溶于一般的有机溶剂，但长时间接触与脂肪烃、芳香烃和卤代烃会发生溶胀现象。

聚丙烯制品可在107～121℃连续使用。除强氧化剂外，聚丙烯制品与大多数介质均不起作用。由于聚乙烯及聚丙烯耐碱及氢氟酸的腐蚀，常用来代替玻璃试剂瓶储存氢氟酸、浓氢氧化钠溶液及一些呈碱性的盐类（如硫化物、硅酸钠等）。但要注意的是，浓硫酸、硝酸、溴、高氯酸等试剂可与聚乙烯和聚丙烯作用。

检验工作中使用的塑料制品主要有聚乙烯烧杯、漏斗、量杯、细口瓶、洗瓶、实验室用纯水储存桶等。由于塑料材质吸附杂质的能力较强，且各种试剂对其有一定的渗透性，因而不易洗净。同时，为了避免交叉污染，在使用塑料器皿储存各类溶液时，最好实行专桶专用。

2. 聚四氟乙烯制品

聚四氟乙烯也是有蜡状感的热塑性塑料，色泽白，耐热性好，最高工作温度为250℃。除熔融态钠及液态氟以外，能耐一切浓酸、浓碱、强氧化剂的腐蚀，在王水中煮沸也不起变化，在耐腐方面可为塑料之“王”。聚四氟乙烯的电绝缘性好，且能切削加工。聚四氟乙烯材质的烧杯和坩埚可用作氢氟酸处理样品的容器。需要注意的是，聚四氟乙烯制品使用温度不能超过250℃，超过此温度即分解，并在415℃以上急骤分解放出极毒的全氟异丁烯气体。

五、其他器皿

实验室还需要一些配合玻璃仪器使用的夹持器械、台架等工具。因为这些用品与玻璃仪器有较紧密的联系，一般和玻璃仪器一起购置配备。其名称及规格见表2-3。

表 2-3 用于分析操作的常用用品

序号	名称及图示	规格	序号	名称及图示	规格
1	铁架台	铁圈内径(mm):50、70、100	7	石棉网	长(mm)×宽(mm):100×100、150×150、200×200
2	坩埚钳	有长、中、短3种规格 分为一般镀铬和包有铂尖的两种	8	镊子	有镀铬、不锈钢、塑料、骨质尖等不同材质
3	铁叉	可根据高温炉的大小自制	9	试管架	有木质、塑料或金属等不同材质,孔径有大小之分
4	三脚架	有大小之分,可自制	10	泥三角	由铁丝弯成,套有瓷管或陶土管
5	烧杯夹	镀镍、铬的钢制品,头部可缠石棉绳,也可用竹片自制	11	漏斗架	有木质和塑料两种 分2孔、4孔、12孔
6	试管夹	由木、竹和钢丝制成			

续表

序号	名称及图示	规格	序号	名称及图示	规格
12	滴定管架（含滴定管夹）	中央板面有白瓷板、大理石或乳白玻璃等不同材质 滴定管夹有铝质及塑料两种	15	移液管架	材质有木质和塑料两种 样式分为横置型和竖置型
13	比色管架	分6孔、12孔 孔径有大小之分	16	滤纸	分为定性和定量两种
14	pH试纸	分广范pH试纸和精密pH试纸	17	石蕊试纸	分为红和蓝两种型号

进度检查

一、填空题（请在下列化学器皿中选择正确项填写在相应空格处，每空列举3个）

烧杯、锥形瓶、试管、称量瓶、洗瓶、滴瓶、蒸发皿、漏斗、坩埚、干燥器、抽滤瓶、研钵、量筒（杯）、碘量瓶、细口瓶、广口瓶、下口瓶、滴定管、移液管、容量瓶、试管夹、镊子、坩埚钳、烧杯夹、滴定管架（含滴定管夹）、铁架台（含铁夹）

1. 容器与反应器中，

能直接加热的有：____________________；

垫石棉网加热的有：____________________；

不能加热的有：____________________。

2. 能够长期存放试剂的仪器是：____________________。

3. 属于计量仪器的是：____________________。

4. 能够用于夹持器皿的仪器有：____________________。

二、操作题

找出实验室各类器皿，并说出它们的名称及规格。

编号 FJC-02-02

学习单元 2-2 化学器皿的存放

学习目标： 在完成本单元的学习之后，能够掌握实验室化学器皿存放的原则和注意事项。

职业领域： 化学、石油、环保、医药、冶金、食品等工程。

工作范围： 分析

在分析实验室，只有对化学器皿进行科学合理的管理与存放，才能保证器皿的完好性，使分析检测工作得以顺利进行。

一、化学器皿的管理

化学器皿种类繁多，用途各异，分类整理和存放的管理工作主要有以下几个方面：

① 实验室应设专门人员管理化学器皿，同时建立化学器皿的出入库制度及破损登记制度，贵重金属器皿（如铂器皿）要严格登记，由专人负责，存放在专用保险柜内。

② 实验室的化学器皿要实行计划管理，定期由负责人统计器皿的破损以及需添置器皿的种类、规格及数量，由管理人员汇总形成购买计划并报实验室负责人审批后再采购添置。

③ 化学器皿的采购应在满足分析检验需要的前提下尽量节约，对损坏和丢失器皿的人员视情节给予必要的经济处罚。

④ 实验室应储备少量的常用化学器皿，以供急需时使用。不常用的化学器皿应存放在储存室的专用架上，由专人负责保存。

⑤ 实验室内的计量器具应由专人管理，同时还应负责计量器具的登记并按规定送计量检定机构检定。

⑥ 实验室使用的计量器具（如容量瓶、移液管、滴定管等）经计量检定合格后，要登记建卡并将检定卡片妥善保管。

二、化学器皿的存放

① 常用的化学器皿存放前要洗净并干燥，然后置于干净的器皿橱内，橱内可设带孔的隔板，以便插放不规则器皿，器皿橱的隔板上应衬垫干净的定性滤纸或洁净的

白纸。器皿上覆盖清洁的纱布，以防止落尘。

② 杯、皿等容器应倒置存放，避免落尘，常用小型器皿可用小玻璃罩盖好。

③ 比色皿存放时，应在小瓷盘或培养皿中垫上滤纸，将洗净的比色皿倒置在滤纸上，控干水后收入比色皿专用盒内。

④ 滴定管存放时应先洗净，再倒置在滴定管架上控干。滴定管长期不用时，酸式滴定管拨出活塞，擦净，在活塞与活塞套中间夹纸，套上橡胶圈保存；碱式滴定管长期不用时，应先用稀酸稍洗一下，再用自来水冲洗干净，拔下胶管，在管端涂些滑石粉保存。

⑤ 长期不用的具塞化学器皿，如容量瓶、比色管、碘量瓶等，存放时应在瓶口处垫上干净的滤纸，以防黏结。

⑥ 存放移液管应先洗净并控干水，再用滤纸包好两头，然后置于专用架上或托盘中。

⑦ 石英玻璃器皿外表与一般化学器皿相似，无色透明，所以存放时应与一般化学器皿分开，妥善保存，以免混淆。

⑧ 专用组合仪器，如气体分析仪、定氮组合装置及蒸馏设备等，用完洗净后，如连续使用，不必拆卸存放，可安装在原处，加防尘罩即可；如较长时间不用，应拆卸后放在专用盒内存放。此时应在各磨口处垫纸，防止磨口塞黏结。

⑨ 玻璃器皿的存放要注意防尘、防潮、防震、防腐、防强光等，并根据其材质、形状、用途进行合理存放。

另外，瓷器皿、塑料器皿及其他非金属器皿的存放与玻璃器皿相似，可按照其存放原则和要求分类存放。

三、金属器皿的存放

实验室常用的金属器皿主要指由铂、金、银、镍、铁等制成的器皿，存放时应注意以下几方面：

① 防尘、防潮，特别应防止酸等物质对金属器皿的腐蚀。

② 金属器皿存放前应先洗净并干燥后，再按要求存放在器皿架、盒或柜内。

③ 铂坩埚等贵金属器皿存放时，必须用铂钳或头上包有铂的铁钳及镍钳夹取。

进度检查

一、填空题

1. 化学器皿存放前要________和________，然后置于干净的器皿橱内，橱内可设________的隔板，以便插放仪器，器皿橱的隔板上应衬垫干净的________或洁净的白纸。器皿上覆盖清洁的__________，以防止落尘。

2. 杯、皿等容器存放时应倒置，其目的是______________，常用小型器皿可用______盖好。

3. 存放移液管应先洗净并干燥，再用________包好两头，然后置于________上。

4. 石英玻璃器皿外表与一般玻璃器皿相似，所以存放时应____________________________________，以免混淆。

5. 化学器皿的存放要注意______、________、________、________、防强光等，根据其材质、__________、________进行合理存放。

二、问答题

1. 长期不使用的滴定管应如何存放？

2. 专用组合仪器如何存放？

3. 金属器皿存放时应注意哪些问题？

三、操作题

1. 容量瓶、碘量瓶、滴定管、移液管的存放。

2. 比色皿与石英比色皿的存放。

编号 FJC-02-03

学习单元 2-3　一般化学器皿的洗涤与使用

学习目标： 完成本单元的学习之后，能够配制常用的化学洗液并正确进行化学器皿的洗涤。

职业领域： 化学、石油、环保、医药、冶金、食品等工程。

工作范围： 分析

洗涤化学器皿的方法有很多，比如机械法、化学法、物理化学法、超声波法、蒸汽法等，这些方法可交替使用或者结合使用。实验室针对化学器皿污染物的不同性质，采用不同洗涤试剂，通过化学或物理作用有效地洗净实验器皿。

一、一般化学器皿的洗涤

1. 洗净标准

在分析工作中，洗净化学器皿不仅是实验前必做的准备工作，也是一个技术性的工作。器皿洗涤是否符合要求，对检验工作的准确度和精密度均有影响。

化学器皿洗净的标准是：仪器倒置，水流出后，器皿内壁被水均匀地润湿，无任何条纹和水珠的存在。其洗净标准见图 2-1 所示。

(a) 洗净：水均匀分布，不挂水珠

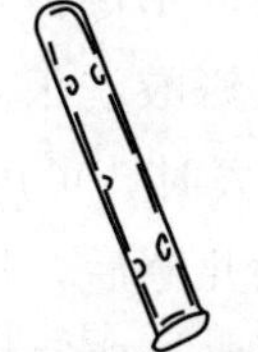

(b) 未洗净：器壁附着水迹

图 2-1　化学器皿的洗涤标准

2. 洗涤方法的选择

化学器皿用洗涤液洗涤后，先用自来水冲洗干净至不挂水珠，再用少量纯水润洗器皿 3～5 次以除去自来水带来的微量水溶性杂质，洗净的化学器皿烘干后即可使用。要注意的是，纯水的润洗操作应采取“少量多次”原则，这样既能够洗净化学器皿，又不会造成纯水的浪费。

实验室化学器皿的洗涤方法很多，在洗涤时，应根据实验需求、污物的性质及沾污的程度来选择适合的洗涤方法。

① 水荡洗。若器皿上附着的污物为可溶性物质，可注入少量水，稍用力振荡后把水倒掉，如此反复洗涤数次至干净为止。

② 毛刷刷洗。器皿内壁附有尘土和不溶性物质，可用毛刷刷洗，但动作一定要轻柔，以免损伤器皿内壁。如图 2-2 所示。

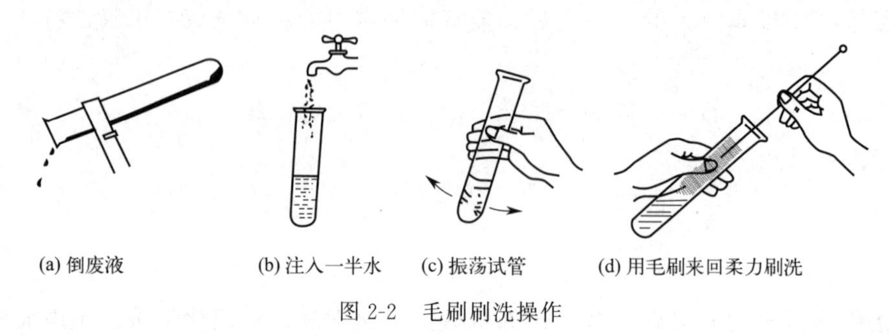

图 2-2　毛刷刷洗操作

③ 洗涤剂刷洗。常用的洗涤剂有去污粉、肥皂和合成洗涤剂。使用时，首先把器皿用水湿润（水不能多），加入少许洗涤剂，然后用毛刷刷洗。待器皿的内外壁都经过仔细的刷洗后，用自来水冲去器皿内外的洗涤剂残液，最后用纯水润洗 3～5 次即可。

④ 化学洗液浸洗。精确的定量实验对仪器的洁净程度要求较高，或者所用仪器容积精确且形状特殊，不能进行刷洗，或有些杂质附着在器壁上，用上述方法很难洗净，这时就要选用适当的化学洗液进行清洗。

沾有油污的玻璃量器，如滴定管、移液管、容量瓶等，可用铬酸洗液洗涤，洗涤步骤如下：

a. 使用铬酸洗液前，应先用水荡洗器皿，尽量除去其中的污物。

b. 尽量把器皿内残留的水倒掉，以免残水稀释铬酸洗液。

c. 在器皿内加入少量铬酸洗液，并慢慢倾斜转动器皿，使其内壁全部被洗液浸润。若污物较多或较难除去时，可用洗液浸泡一段时间后再进行洗涤。

d. 器皿边浸润边转动几圈后，将铬酸洗液倒回洗液瓶中（尽量倒干净）。

e. 再用自来水冲洗器壁上残留的少量洗液至洁净，并用纯水润洗 3～5 次。

f. 铬酸洗液的残液因含有六价铬而具有毒性，因此清洗器皿上残留的铬酸洗液时，第一遍的洗涤水不要直接倒入下水道，应统一处理后再进行排放。

⑤ 超声波洗涤。沾有蛋白质污物的化学器皿可在超声波清洗机液槽中超声清洗数分钟，洗涤效果极佳。

二、常用洗涤剂

分析实验室常用的洗涤剂及洗涤液一般有去污粉、肥皂、碳酸氢钠、合成洗涤剂及其他化学洗涤剂。

去污粉、肥皂、碳酸氢钠等碱性去污物质可除去多种污垢，但去污能力不强并有损玻璃器皿，所以比色皿及玻璃量器（如滴定管等）不能用此类洗涤剂洗涤。

合成洗涤剂是目前发展较快的一种洗涤剂，它品种多、数量大、去污能力强，而且无毒无腐蚀作用，所以应用范围较广。

三、化学洗液的制备

若化学器皿上沾有普通洗涤剂无法去除的特殊污物，可采用针对性的化学洗液。根据所沾染污物性质的不同，可采用不同性质的洗液洗涤，会达到最佳的洗涤效果。这类用化学试剂配制而成的洗涤液称为化学洗液。常用的化学洗液的配方和用法见表2-4。

表2-4　常见化学洗液的配方及用法

洗液名称及其配方	使用方法及注意事项
①铬酸洗液(洗涤效果好) 研细的重铬酸钾20g溶于40mL水中，慢慢加入360mL浓硫酸，贮于细口瓶中	用于去除器壁残留油污，器皿用少量洗液润洗或浸泡一段时间，洗液可重复使用。 配制和使用时应注意安全，洗涤废液经解毒处理可排放
②工业盐酸 浓盐酸或(1∶1)盐酸溶液	用于洗去碱性物质及大多数无机物残渣。 配制和使用时应注意安全
③纯酸洗液 (1∶1)或1∶2的盐酸或硝酸溶液	用于除去微量的离子(Hg、Pb等重金属杂质)。 常将要洗净的仪器浸泡于纯酸洗液中24h
④碱性洗液 10%氢氧化钠水溶液或乙醇溶液	水溶液可加热(可煮沸)使用，其去油效果较好。 因会腐蚀玻璃，所以不可用于玻璃量器的洗涤
⑤碱性高锰酸钾洗液 4g高锰酸钾溶于水中，加入10g氢氧化钠，用水稀释至100mL	清洗油污或其他有机物质，洗后容器沾污处有褐色二氧化锰析出，再用草酸洗液或硫酸亚铁、亚硫酸钠等还原性洗液除去
⑥酸性草酸或盐酸羟胺洗液 称取10g草酸或1g盐酸羟胺，溶于100mL(1∶4)盐酸溶液中	洗涤氧化性物质如洗涤高锰酸钾洗液洗后产生的二氧化锰，必要时加热使用
⑦硝酸-氢氟酸洗液 50mL氢氟酸、100mL HNO_3、350mL水混合，储存于塑料瓶中并盖紧瓶塞	利用氢氟酸对玻璃的腐蚀作用有效地去除玻璃、石英器皿表面的金属离子。 不可用于洗涤量器、玻璃砂芯滤器、比色皿等光学玻璃零件。 使用时特别注意安全，必须戴防护手套等做好安全防护
⑧碘-碘化钾溶液 1g碘和2g碘化钾溶于水中，用水稀释至100mL	洗涤长时间使用硝酸银溶液后的黑褐色沾污物，也可用于擦洗沾过硝酸银的白瓷水槽
⑨有机溶剂 汽油、苯、乙醚、丙酮、氯仿、二氯乙烷、石油醚等	可洗去油污或可溶于该溶剂的有机物质。比如用乙醇配制的指示剂溶液的洗涤，可用盐酸-乙醇(1∶2)洗液洗涤。 用时要注意其毒性及可燃性
⑩乙醇-浓硝酸(70%) (不可事先混合!)	用一般方法很难洗净的少量残留有机物可用此法。于容器内依次加入不多于2mL乙醇和10mL浓硝酸，静置后立即发生激烈反应，放出大量热及二氧化氮，反应停止后再用水冲洗。 操作应在通风柜中进行，不可塞住容器，必须作好安全防护工作

需要注意的是，在使用各种性质不同的洗液时，一定要把前一种洗液去除干净

后，再用另一种洗液洗涤，以免相互发生化学反应，生成新的污物。

四、化学器皿的干燥

实验过程经常要使用干燥的化学器皿，因此在每次实验后马上把化学器皿洗净并干燥，以便下次实验时使用。干燥化学器皿的方法有下列几种，如图 2-3 所示。

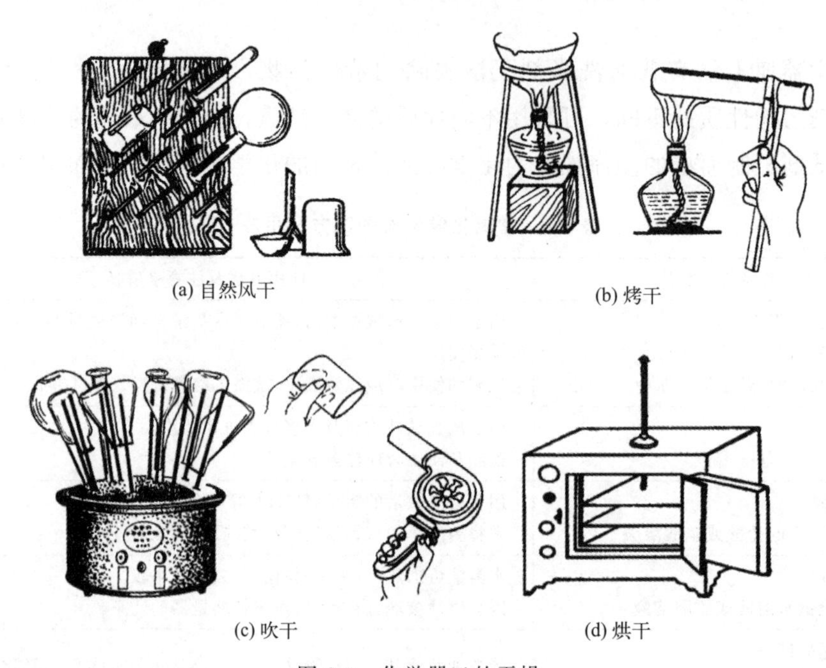

(a) 自然风干　(b) 烤干　(c) 吹干　(d) 烘干

图 2-3　化学器皿的干燥

1. 自然风干

已洗净而又不急用的化学器皿，可以倒置在滤纸上或仪器架上，让其水分自然风干。这是实验室最常用的干燥方法。

2. 吹干

用压缩空气、电吹风或气流烘干器把洗净的化学器皿吹干。

3. 加热烘干

洗净的化学器皿可以放在烘箱内烘干。烧杯、蒸发器皿可置于石棉网上用小火烤干。试管可以直接用火烤干，但必须把试管管口向下倾斜以免水珠倒流炸裂试管，并不断来回移动使试管均匀受热，最后将管口朝上，赶尽水汽。

4. 有机溶剂快速干燥

对于不易晾干或吹干，也不能用加热的方法进行干燥的化学器皿，可以加入一些易挥发的有机溶剂（最常用的是丙酮，或者用体积 1∶1 的酒精和丙酮的混合物）淋洗化学器皿，使器壁上的水快速蒸发至干。

需要注意的是，切勿用布或纸擦拭化学器皿的内外壁，否则会将纤维附着在器壁上污染已洗净的器皿。

进度检查

一、填空题

1. 分析实验室常用的洗涤剂及洗涤液一般有________、________、________、________及其他化学洗涤剂。

2. 化学器皿洗净的标准：器皿内壁被水均匀地润湿，____________________。

3. 化学器皿的干燥方法有________、________、________、________。

二、选择题

1. 关于铬酸洗液，下列陈述正确的是（　　）。

A. 铬酸洗液是用于浸泡各类器皿的

B. 铬酸洗液浸泡化学器皿时，可以将手直接插入洗液缸里取放器皿

C. 浸泡过后的铬酸洗液应立即弃去，直接排入下水道

D. 应避免铬酸洗液滴落在器皿以外

2. 处理失效后的铬酸洗液时，可将其浓缩冷却后加入（　　）氧化，然后用砂芯漏斗过滤后再用。

A. MnO_2　　B. $KMnO_4$　　C. NaClO　　D. $K_2Cr_2O_7$

3. 铬酸洗液呈（　　）颜色时，表明氧化能力降低至不能使用。

A. 黄绿色　　B. 暗红色　　C. 无色　　D. 蓝色

三、操作题

1. 配制重铬酸钾洗液。

2. 洗涤各类实验室化学器皿。

评分标准

化学器皿的洗涤技能考试内容及评分标准

一、考试内容：配制 500mL 铬酸洗液；洗涤沾有油污的量筒

（一）配制 500mL 铬酸洗液

（1）仪器洗涤。

（2）用托盘天平称取 25g 研细的重铬酸钾。

（3）加入 50mL 水。

(4) 加热溶解。

(5) 冷至室温后将溶有重铬酸钾的烧杯放在冷水浴中。

(6) 缓缓加入 450mL 浓硫酸，搅拌均匀。

(7) 装入试剂瓶中。

(二) 洗涤沾有油污的量筒

(1) 用自来水冲洗。

(2) 把量筒内的水倒净，用洗液洗涤。

(3) 洗液倒回原瓶中。

(4) 用自来水冲洗。

(5) 用蒸馏水润洗 3～5 次。

(6) 善后工作。

二、评分标准

(一) 配制铬酸洗液 (60 分)

(1) 仪器洗涤。(9 分)

包括烧杯、量筒、玻璃棒等。

(2) 称取重铬酸钾。(16 分)

检查托盘天平、调零、称取、天平回零。

(3) 用量筒加入 50mL 水。(4 分)

(4) 加热溶解。(16 分)

加热装置安装、点燃酒精灯、搅拌、熄灭酒精灯。

(5) 将重铬酸钾放入冷水浴中。(4 分)

(6) 量取 450mL 浓 H_2SO_4，加入 H_2SO_4 操作。(8 分)

(7) 善后处理。(3 分)

(二) 洗涤量筒 (40 分)

(1) 自来水冲洗。(5 分)

(2) 洗液洗涤量筒。(7 分)

(3) 洗液倒回原瓶中。(6 分)

(4) 用自来水冲洗。(5 分)

(5) 蒸馏水润洗 3～5 次。(8 分)

(6) 自然干燥。(5 分)

(7) 整理及善后工作 (4 分)。

模块3 化学试剂的使用

编号 FJC-03-01

学习单元3-1 化学试剂基本知识

学习目标： 完成本单元的学习之后，能够根据化学试剂性质和用途对其进行分类贮存与安全管理。

职业领域： 化学、石油、环保、医药、冶金、食品等工程。

工作范围： 分析

化学试剂按照性质、用途、危险性及等级有多种分类方法，试剂的分类便于查找和安全管理。因此，化学试剂是分类存放在化学品库房中的，使用化学试剂时，还要根据实验要求，选用合适的等级，以免浪费。

一、化学试剂的分类

1. 按性质分类

化学试剂按性质分类可分为无机化学试剂、有机化学试剂、指示剂等，详见表3-1。

表3-1 化学试剂的类型

化学试剂类型	无机化学试剂	有机化学试剂	指示剂
化学试剂名称	酸：盐酸、硝酸、硫酸等 碱：氢氧化钠、氢氧化钾、氨水等 盐：氯化钠、硫酸钾、硝酸铵等 氧化物：氧化钠，氧化钙等	烃：环己烷、苯、甲苯等 卤化烃：三氯甲烷、四氯化碳、氯苯等 醇：甲醇、乙醇、乙二醇、丙三醇等 酚：苯酚、对苯二酚等 醚：甲醚、乙醚、环氧乙烷等 醛：甲醛、乙醛、苯甲醛等 酮：丙酮、环己酮等 羧酸：甲酸、乙酸、苯甲酸等 胺：丁胺、己二胺等 脂：乙酸乙酯、乙酸戊酯等 硝基化合物：硝基苯等 糖类：葡萄糖、蔗糖等	酸碱指示剂：酚酞、甲基红、甲基橙、百里酚酞等 氧化还原指示剂：二苯胺磺酸钠、邻苯氨基苯甲酸 配位滴定指示剂：铬黑T、二甲酚橙、钙指示剂等 沉淀滴定指示剂：铬酸钾、铁铵矾、荧光黄等

2. 按危险性分类

具有易燃、易爆、毒害、放射性等危险特性，在生产、储存、运输、使用、废弃处置过程中容易造成人身伤亡、财产毁损、环境污染等的化学品均属危险化学品。

目前，我国危险化学品根据《化学品分类和危险性公示 通则》（GB 13690—2009）分类，该标准按照联合国《化学品分类及标记全球协调制度》（GHS）的要求对化学品危险性进行分类、对公示进行了规定，其规定的危险化学品分类见表 3-2。

表 3-2　危险化学品的分类

危险化学品类型		特性
理化危险	爆炸物	本身能够通过化学反应产生气体，而产生气体的温度、压力和速度能对周围环境造成破坏，也包括发火物质。发火物质指能够发生非爆炸自持放热化学反应产生的热、光、声、气体、烟或组合产生效应的物质
	易燃气体	20℃和 101.3kPa 标准压力下，与空气有易燃范围的气体
	易燃气溶胶	容器内装强制压缩、液化或溶解的气体，可以使所装物质喷射出来，形成在气体中悬浮的固态或液态微粒或形成泡沫、膏剂或粉末或处于液态或气态的，易燃的物质
	氧化性气体	比空气更能导致或促使其他物质燃烧的任何气体
	压力下气体	高压气体在压力等于或大于 200kPa（表压）下装入储器的气体，或是液化气体或冷冻液化气体
	易燃液体	闪电不高于 93℃的液体
	易燃固体	容易燃烧或通过摩擦可能引燃或助燃的固体
	自反应物质	即使没有氧气（空气）也容易发生激烈发热分解的热不稳定液态或固态混合物
	自热物质	发火液体或固体以外，与空气反应不需要能源供应就能够自己发热的固体或液体或混合物
	自燃液体	即使数量小也能在与空气接触后 5min 之内引燃的液体
	自燃固体	即使数量小也能在与空气接触后 5min 之内引燃的固体
	遇水放出易燃气体的物质	通过与水作用，容易具有自燃性或放出危险数量的易燃气体的固态或液态物质或混合物
	金属腐蚀物	腐蚀金属的物质或混合物
	氧化性液体	本身未必燃烧，但通常因放出氧气可能引起或促使其他物质燃烧的液体
	氧化性固体	本身未必燃烧，但通常因放出氧气可能引起或促使其他物质燃烧的固体
	有机过氧化物	含有二价—O—O—结构的液态或固态有机物。有机过氧化物是热不稳定物质或混合物，容易放热自加速分解
健康危险	急性毒性	24h 内多剂量口服或皮肤接触一种物质，或吸入接触 4h 之后出现的有害效应
	皮肤腐蚀/刺激	皮肤腐蚀指施用 4h 后，可观察到表皮和真皮坏死；皮肤刺激是施用 4h 后对皮肤造成可逆损伤
	严重眼睛损伤/眼睛刺激性	严重眼损伤指在眼前部表面施用试验物质后，对眼部造成 21d 内并不完全可逆的组织损伤或严重的视觉物理衰退；眼睛刺激指在眼前部表面施用试验物质后，在眼部产生 21d 内完全可逆的变化
	呼吸或皮肤过敏	呼吸过敏物是吸入后会导致气管超过敏反应的物质；皮肤过敏物是皮肤接触后会导致过敏反应的物质
	生殖细胞突变性	可能导致人类生殖细胞发生可传播给后代的突变的化学品
	致癌性	导致癌症或增加癌症发生率的化学物质或混合物

续表

危险化学品类型		特性
健康危险	生殖毒性	对成年雄性或雌性性功能和生育能力的有害影响，以及在后代中的发育毒性
	特异性靶器官系统毒性一次接触	由于单词接触而产生的特异性、非致命性靶器官/毒性的物质。所有可能损害技能的，可逆和不可逆的，及时和/或延迟的显著健康影响都包括在内
	特异性靶器官系统毒性反复接触	由于反复接触而产生特定性靶器官/毒性的物质。所有可能损害技能的，可逆和不可逆的，及时和/或延迟的显著健康影响都包括在内
	对水环境的危害	包括急性水生毒性、潜在或实际的生物积累、有机化学品的讲解和慢性水生毒性

3. 按纯度及用途分类

化工产品种类繁多，有化工原料、食品添加剂、药品中间体等，而化学试剂是具有一定纯度标准的单质或化合物，是符合一定质量标准的精细化工产品，其纯度一般比工业品高。在化学实验、化学分析及其他研究中，要根据实验具体要求选用不同纯度的化学试剂。

在我国，化学试剂通常分为四个质量级别，详见表 3-3。

表 3-3　化学试剂的等级规格

级别	一级品	二级品	三级品	四级品
纯度	优级纯	分析纯	化学纯	实验试剂
标签颜色	绿色	红色	蓝色	黄色
代号	GR	AR	CP	LR
使用范围	精密分析及科研	一般分析	一般实验	实验辅助试剂

此外，还有专用的化学试剂，例如基准试剂、色谱纯试剂、光谱纯试剂、指示剂等。

基准试剂具有纯度高、杂质少、稳定性好、化学组分恒定等优点，并根据工作性质分为容量分析、pH 测定、热值测定等分类。每一分类中又分为第一基准和工作基准。凡第一基准都必须由国家计量科学院检定，生产单位则以第一基准为测定标准来生产工作基准产品。商业经营的基准试剂主要是指容量分析类中的容量分析工作基准（物质质量分数范围为 99.95%～100.05%），一般常用于标定滴定液。

色谱纯试剂是指用于气相色谱、液相色谱、薄层色谱、柱色谱等分析法中的试剂和材料，有固定液、载体、溶剂等不同分类。

光谱纯试剂通常是指经发射光谱法分析过的、纯度较高的试剂。光谱纯试剂是以光谱分析时出现的干扰谱线的数目及强度来衡量的，即其杂质含量用光谱分析法已测不出或杂质含量低于某一限度标准。

化学试剂瓶的标签上应标示试剂的名称、化学式、摩尔质量、级别、技术规格、产品标准号、生产许可证号、生产批号、厂名等，危险品和剧毒品还应标出相应的标志。

由于化学试剂性质和级别相差较大，在价格上也会相差极大。因此在使用化学试剂时，必须根据实验要求，选用合适的试剂级别，以免浪费。

二、化学试剂的包装

1. 盛装化学试剂的容器材质

化学试剂所采用的包装容器是根据试剂的性质和纯度来确定的。盛装化学试剂的器具一般用玻璃瓶、塑料瓶或金属罐等制品。对盛装容器的基本要求是容器不能与被盛装的试剂发生化学反应。

玻璃容器可以盛装各种化学试剂，包括可燃性的高纯度的试剂。而塑料和金属容器虽不适宜于盛装大多数化学试剂，但相比玻璃容器来说具有不易破裂的优点。

2. 化学试剂的包装单位

是化学试剂在一定包装容器中所盛装试剂的净质量或净容积。其包装单位是根据化学试剂的性质、纯度、用途及其价值而确定的。一般情况下，固体试剂是以500g/瓶，液体试剂是500mL/瓶为包装单位。

国产化学试剂规定为以下五类包装：

第一类为稀有元素，是超纯金属等贵重试剂，由于价值昂贵，包装单位分为0.1、0.25、0.5、1、5（g或mL）等五种；

第二类为指示剂、生物试剂及供分析标准用的贵重金属元素，由于价值较贵，包装单位分为5、10、25（g或mL）三种；

第三类为基准试剂或较贵重的固体或液体试剂，包装单位分为25、50、100（g或mL）三种；

第四类为实验室中常用的各类化学试剂，一般为固体或有机液体的化学试剂，包装单位分为250、500（g或mL）两种；

第五类为酸类试剂及纯度较差的实验试剂，包装单位为0.5kg、1kg、2.5kg、5kg四种。

三、化学试剂的贮存

化学试剂的贮存首先应该要防止化学试剂的损失和变质，并在方便查找的实验需求前提下，将化学试剂分类贮存，同时注意预防意外事故发生。

无机物按盐类、氧化物（均按元素周期表分类）、碱类、酸类等类别分别存放；有机物按官能团，如烃、醇、酚、酮等分类存放；指示剂按酸碱指示剂、氧化还原指示剂、其他指示剂、染色剂等分类存放。

在大多数情况下，化学试剂的变质往往是由于贮藏过程中，外界环境条件的影响造成的。比如，空气中原有的O_2、CO_2、H_2O、微生物，还有扩散到空气中的NO_2、

Br_2、H_2S、SO_3、HCl、有机尘埃，以及环境的温度和酸度、光照等可使化学试剂发生潮解、稀释、渗漏、析晶、风化、变色、燃爆等变化，具体变质因素详见表 3-4。

表 3-4　部分化学试剂的变质因素

变质因素	易变质和损失的化学试剂
挥发	液溴、盐酸、硝酸、氨水以及低碳数（戊烷、二硫化碳、乙醚）的各类有机物质
升华	碘
潮解	NaOH、As_2O_5、CrO_3、Na_2S、$FeCl_3 \cdot 6H_2O$、硝酸铜、硫氰酸盐
稀释	H_2SO_4、H_3PO_4
风化	$Na_2CO_3 \cdot 10H_2O$、$ZnSO_4 \cdot 7H_2O$、$MnSO_4 \cdot 4H_2O$、$Na_2S_2O_3 \cdot 5H_2O$、$Na_2SO_4 \cdot 10H_2O$
浓缩和析晶	各种试剂溶液
水解	强酸弱碱盐，强碱弱酸盐以及有机酰基化合物（如酯、酰卤、酰胺等），过渡元素卤化物如 $TiCl_4$、$FeCl_3$，非过渡元素卤化物如 $BeCl_2$、$SnCl_2$、$BiCl_3$
氧化	硫酸亚铁、亚硫酸钠，活泼金属如 Na、K、Ca、Mg，活泼非金属如 P，以及强还原性有机试剂
燃烧和爆炸	黄磷（白磷）、碳化钙、金属钾和金属钠、气体
分解	硝酸盐、氯酸盐和高锰酸盐，银、高汞和亚汞的化合物，树脂类试剂
聚合和缩合	甲醛、氰化钾、钼酸铵溶液
光化学反应	联苯胺、邻苯二酚、α-萘酚、苯甲醛
失活	酶试剂
发霉	碳水化合物（如淀粉）、酶类和蛋白质

为防止化学试剂变质，应遵守以下 6 点贮存条件。

① 密闭。盛装试剂的容器与能使之变质的环境尽可能隔断，即采用密封的容器。密闭贮藏适用于具有挥发、升华、潮解、风化、析晶、水解、氧化、还原、霉变等性质的试剂，是贮藏试剂最常用的方法。试剂瓶视密闭程度和试剂腐蚀性不同用磨口玻璃塞（适用于硝酸、盐酸、硫酸和液溴等）或具有塑料衬垫的螺旋帽盖。对于易分解产生气体的试剂，绝对不能密封，否则易发生爆炸，如过氧化氢、碳酸铵等。能与空气作用的活泼金属或非金属应封存于对试剂相对稳定的液体或惰性气体中，如钠、钾可浸入煤油中，白磷可浸在水中。

② 避光。为了避免试剂受到光的辐射，应采用棕色玻璃瓶贮存试剂，瓶外用黑纸包裹，并贮存于暗室或遮光的试剂橱中。避光贮存适用于能进行光化学反应的试剂，如胺类、酚类、醛类等试剂。

③ 低温。低温能使试剂保持足够低的温度，即采用冰箱贮藏。低温贮藏适用于容易失活的生化试剂和容易分解的物质。例如标准血清应贮藏于±4℃的冰箱中。一般普通试剂应贮存于温度较低的阴凉处。

④ 通风。即使试剂容器密闭封口，也难免有意外的跑冒漏泄现象，为使贮藏中不致形成爆炸性混合气体或积贮有毒蒸气，可燃性液体和有毒液态试剂的贮藏室应安装排风装置，保持贮藏室内空气流通。

⑤ 隔离。指试剂分类分库贮藏，以免漏泄、失火时相互作用造成更大的安全

事故。

⑥ 防火。为避免试剂的燃烧和爆炸事故的发生，易燃易爆的试剂应有防火贮存措施。除了要做到前述的通风和分库贮存外，防火贮存还需达到如下条件：第一，易燃、易爆化学试剂贮存建筑应采用轻质非可燃防火建筑材料及钢架结构；第二，建筑物的墙体应采用空心防火墙，并须有3～4h的抗火能力；第三，建筑物的地板和天花板均应具有抗火能力；第四，建筑的室温不许超过30℃，且门窗应向外开启；第五，有多层（楼）的贮存建筑物，可燃性液体最好贮藏于最下层的贮藏室，而且地板不得漏水，并需有排水装置；第六，由于地下室难以排水或通风，因此地下室不宜作为可燃性液体的贮藏室。

危险化学品和易制毒化学品应遵循有关规定，预防安全事故的发生。易燃易爆品、剧毒品、强氧化性物品、强腐蚀性物品、放射性物品的贮存方法如下。

① 易燃易爆品的贮存。对于易燃、易爆的试剂应分开贮存，存放处要阴凉通风，贮存温度不能高于30℃，并用防爆料架存放，并且要和其他可燃物和易发生火花的器物隔离放置。

② 剧毒品的贮存。剧毒品（如KCN、As_2O_3等）的贮存要由专人负责，存放处要求阴凉、干燥，与酸类隔离放置，并应专柜加锁，且应建立发放使用记录。

③ 强氧化性物品的贮存。强氧化性物品的存放处要阴凉、通风，要与酸类、木屑、炭粉、糖类等易燃、可燃物或易被氧化的物质隔离。

④ 强腐蚀性物品的贮存。强腐蚀性物品的存放处要阴凉、通风，并与其他化学试剂隔离放置，应选用抗腐蚀性的材料（如耐酸陶瓷）制成的架子放置此类试剂，料架不宜过高，以保证存取安全。

⑤ 放射性物品的贮存。放射性物品由内容器（磨口玻璃瓶）和对内容器起保护作用的外容器包装。存放处要远离易燃、易爆等危险品，存放要具备防护设备、操作器、操作服（如铅围裙）等以保证人体安全。

四、化学试剂的使用安全

化学试剂的说明书及标签上有相关危险标志、危险性说明、避免本品伤害事故的方法、发生事故时的紧急处理方法，使用前应仔细阅读这些内容，既要掌握预防措施，又要学会紧急处理方法。

1. 防止中毒及化学灼伤

严禁化学试剂入口以及用鼻子直接接近瓶口进行鉴别。鉴别时应将试剂瓶远离鼻子，用手轻轻扇动，稍闻即止。

取用带腐蚀性的化学试剂，如强酸、强碱、浓氨水、冰乙酸等，应做好安全防护措施。拿比较重的试剂瓶时，应一手托住底部，一手拿住瓶口。

处理有毒有害的气体、挥发性试剂及有毒有机试剂时（如氮氧化物、溴、氯、硫化物、汞、砷化物等)，应在通风橱内进行。

稀释浓硫酸时，容器必须耐热，应将浓硫酸缓缓倒入水中，并用玻璃棒搅拌均匀；溶解氢氧化钠、氢氧化钾等化学试剂时，因其会大量放热，故也必须用耐热容器处理。浓酸浓碱必须在各自稀释后再进行中和操作。

2. 防火及防爆

操作易燃物时必须远离火源。倾倒易燃液体时还必须谨防静电。瓶塞打不开时，切忌用火加热或用力敲打。

加热可燃易燃物时，必须在水浴或者严密的电热板上缓慢进行，严禁用明火或电炉直接加热。蒸馏易燃物时应先通水再通电加热，如果需要补充液体时，应先等其冷却后再补充。烘箱和电炉周围严禁放有易燃物或带挥发性的易燃液体。

3. 灭火

发生大规模火灾时，首先应快速从安全通道离开失火场所，确保安全后拨打119，不可单独冲入火灾现场灭火。发生局部火灾时，应选择使用合适的灭火器灭火。灭火器不可直对人脸喷射。身上的衣物着火时不可跑动，应迅速脱去衣物，或在地上打滚扑灭。

4. 常用有毒有害化学物质的处理

无机酸类：将废酸慢慢倒入过量的含碳酸钠或氢氧化钙的水溶液中或用废碱相互中和，中和后用大量水冲洗。

氢氧化钠、氨水：用盐酸水溶液中和后，再用大量水冲洗。

含氰废液：加入氢氧化钠使 pH 大于 10，再加入过量的 3%的高锰酸钾溶液，使 CN^- 氧化分解。

含氟废液：加入石灰生成氟化钙沉淀而除去氟。

进度检查

一、填空题

1. 化学试剂按性质分类可分为__________、__________、__________等。

2. 盛装化学试剂的器具一般用__________、__________或__________。对盛装容器的基本要求是____________________。

3. 取用带腐蚀性的试剂，如__________、__________、__________、__________等，建议戴上防护手套。

4. 处理有毒有害的气体、有挥发性的试剂及有毒有机试剂时（如__________、__________、__________、__________、__________、__________等），应在

__________进行。

5. 稀释浓硫酸时，处理容器必须耐热，玻璃棒必须不断地搅拌，必须将__________缓缓倒入__________中。溶解氢氧化钠、氢氧化钾等试剂时，因其会大量__________，故也必须用__________容器处理。

二、判断题（正确的在括号内画“√”，错误的画“×”）

1. 我国化学试剂分为优级纯、分析纯、化学纯等级别。（　）
2. 易燃易爆品应贮存在有玻璃门的台橱里。（　）
3. 剧毒品（如 KCN、As_2O_3 等）的贮存要由专人负责。（　）
4. 化学试剂使用时，必须根据实验要求，选用合适的级别。（　）

三、问答题

1. 化学试剂是如何分类的?
2. 化学试剂的包装容器有哪几种材料?请简述它们各自的优缺点。
3. 为了防止化学试剂变质，应如何贮存?

编号 FJC-03-02

学习单元 3-2　固体试剂的取用

学习目标： 完成本单元的学习之后，能够掌握固体试剂的取用规则及操作。
职业领域： 化学、石油、环保、医药、冶金、食品等工程。
工作范围： 分析

一、固体试剂取用原则

固体试剂取用应遵循以下原则：

① 取用固体试剂前应先看清标签。切不可使用无标签或标签模糊不清的化学试剂。一般情况下，固体试剂存放在广口试剂瓶中。

② 如果试剂瓶外壁有灰尘，应先擦拭干净后再打开瓶塞。

③ 将瓶塞倒放在实验台上。如果瓶塞上端不是平顶的，可用食指和中指将瓶塞夹住，或放于清洁的表面皿上。

④ 取用固体试剂的“三不”原则：不触不尝不猛闻。即不能用手接触固体试剂，也不能把鼻孔凑到容器口去闻固体试剂的气味，更不能尝任何试剂的味道。

⑤ 取用固体试剂的“节约”原则：按实验所需用量取用固体试剂。如没有说明用量，应取最少量，比如固体试剂以装满试管底部为宜。

⑥ 剩余固体试剂处理的“三不”原则：不丢不回不带走。多取的试剂不可乱丢，也不可放回原瓶，更不能带出实验室，应放在指定的容器内进行回收。

⑦ 固体试剂取用完后，一定要把瓶塞及时盖严，并将试剂瓶放回原处，并注意将标签向外放置。

二、固体试剂的取用操作

1. 粉末状及小粒状固体试剂

向试管中加入粉末状固体试剂时，应先将试管倾斜，用洁净的药匙或 V 形纸槽取适量的试剂，缓缓伸入试管的 2/3 处，然后将试管竖立。当固体试剂落在试管底部后取出药匙或 V 形纸槽。其操作可简单归纳为“一斜二送三直立”。具体操作见图 3-1。

2. 块状及条状固体试剂

向试管中加入块状或条状固体试剂时，应先将试管横放，用洁净的镊子夹取试剂，然后将试管缓慢竖直，让固体试剂缓缓滑入试管底部，并取出镊子。该操作归纳为“一横二放三慢竖”。

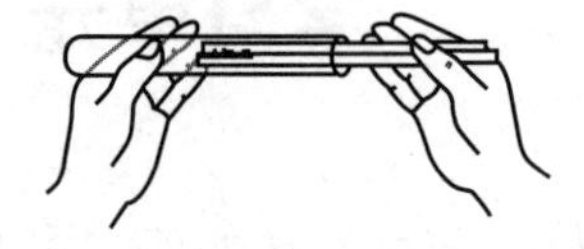

图 3-1 固体试剂的取用

三、固体试剂取用的注意事项

① 取用固体试剂，一般使用清洁而干净的药匙或镊子，切忌用手直接触拿试剂，应做到专匙专用。用过的药匙或镊子必须洗净擦干后才能再用。试剂瓶和盛装器皿尽可能靠近，避免固体试剂洒落。

② 取用试剂不应超过指定用量，多取的试剂可放入指定容器内供他人使用，避免浪费。

③ 要求取用一定质量的固体试剂时，可放在干燥的称量纸上称量。若是具有腐蚀性或易潮解的固体试剂，应放在表面皿上或玻璃容器内称量。

④固体的颗粒较大时，可在清洁而干燥的研钵中研碎，研钵中研磨固体试剂的量不能超过研钵体积的 1/3。

⑤ 有毒试剂的取用，要戴上防护手套，并在教师的指导下进行。

进度检查

一、填空题

1. 固体试剂通常保存在__________里，一般用__________取用；有些块状的固体试剂可用__________夹取。用过的__________或__________要立刻__________，以备下次再用。

2. 把密度较大的块状固体试剂或金属颗粒放入玻璃容器时，应先把容器__________，把试剂颗粒放入__________后，再把容器__________，使试剂颗粒__________容器底部，以免__________。

二、选择题

1. 下列实验仪器中，常用来取用块状固体试剂的是（　　）。

A. 药匙　　B. 试管夹　　C. 镊子　　D. 坩埚钳

2. 把碳酸钠粉末装入试管，正确的操作是（　　）。

A. 用药匙或纸槽　　B. 用镊子　　C. 用滴管　　D. 用玻璃棒

3. 取用固体试剂进行实验时，正确的做法是（　　）。

A. 若取用的试剂实验后有剩余，应倒回原试剂瓶

B. 取用无腐蚀性的固体试剂，可以用手直接拿取

C. 倾倒固体试剂时，可以直接倒入竖直的试管中

D. 每取一种固体试剂后，都应该立即盖好试剂瓶塞，标签朝外，放回原处

三、操作题

1. 取2～3颗锌粒于试管中。

2. 取一药匙固体氯化钠于试管中

编号 FJC-03-03

学习单元 3-3　液体试剂的取用

学习目标： 完成本单元的学习之后，能够掌握液体试剂的取用规则及操作。

职业领域： 化学、石油、环保、医药、冶金、食品等工程。

工作范围： 分析

一、液体试剂的取用原则

使用液体试剂一般用滴管、量筒、量杯、移液管等，其中移液管主要用于液体试剂的定量精密取用。

液体试剂取用应遵循以下原则：

① 取用液体试剂前应先看清标签。切不可使用无标签或标签模糊不清的化学试剂。一般情况下，液体试剂存放在细口试剂瓶中。

② 如果试剂瓶外壁有灰尘，应先擦拭干净后再打开瓶塞。

③ 将瓶塞倒放在实验台上。如果瓶塞上端不是平顶的，可用食指和中指将瓶塞夹住，或放于清洁的表面皿上。

④ 装有液体试剂的试剂瓶应依次序排列；取用试剂瓶时，不得将多个试剂瓶自架上取下，以免搞乱顺序。

⑤ 取用液体试剂应遵循“三不”原则及“节约”原则，详见固体试剂的取用原则。

⑥ 剩余液体试剂处理应采取“三不”原则，详见固体试剂的取用原则。

⑦ 取用液体试剂时，应注意将标签朝向手心处，防止倾倒时液体试剂流出，污染并腐蚀标签；取用完后一定要把瓶塞及时盖严，并将试剂瓶放回原处，并注意将标签向外放置。

二、液体试剂的取用操作

1. 用滴瓶取用液体试剂

① 用滴管滴加液体试剂时，滴管应垂直悬空在容器的正上方，滴管的尖端应高于容器（如试管、烧杯等）口约 2～3mm，将液体试剂滴入接受液体的容器中，不得触及所用容器内壁，以免玷污试剂，具体操作见图 3-2。

② 试剂瓶上的滴管除取用时拿在手中外，不得放在原瓶以外的任何地方，更不

能将装有试剂的滴管横置或滴管口向上斜放，以免液体流入滴管的胶皮头而被污染。

③ 取用试剂后应及时将滴管放回原瓶中，并注意试剂瓶的标签与所取试剂是否一致，以免滴管混放，从而污染试剂。

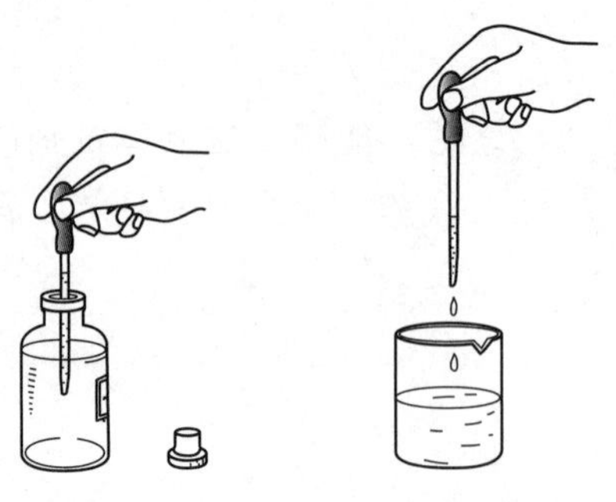

图 3-2 用滴瓶取用液体试剂

2. 从细口瓶中取出液体试剂

从细口瓶中取出液体试剂应使用倾注法，要做到“一放、二向、三挨、四流”。

① 先将瓶塞取下（若是有挥发性的液体试剂，取瓶塞时，不能直接用手，一般应戴防护手套或在通风橱中进行），反放在桌面上。试剂标签朝向手心，用右手握紧试剂瓶。

② 若用试管取用液体试剂时，应用左手持试管上端并倾斜，右手持试剂瓶，瓶口紧挨试管口，逐渐倾斜试剂瓶，缓缓倒出所需量的液体试剂。再将瓶口残液轻轻碰在管口内，以免液滴沿着试剂瓶外壁流下。具体操作见图 3-3。

③ 若用烧杯取用液体试剂，应用左手持玻璃棒，右手握住试剂瓶并逐渐倾斜，让试剂瓶内的溶液沿着洁净的玻璃棒注入烧杯中，注入所需量后，边直立瓶口边沿玻璃棒上移，以免残留在瓶口的液滴流到瓶的外壁上。具体操作见图 3-4。

④ 取用完液体后，盖紧瓶塞放回原处。

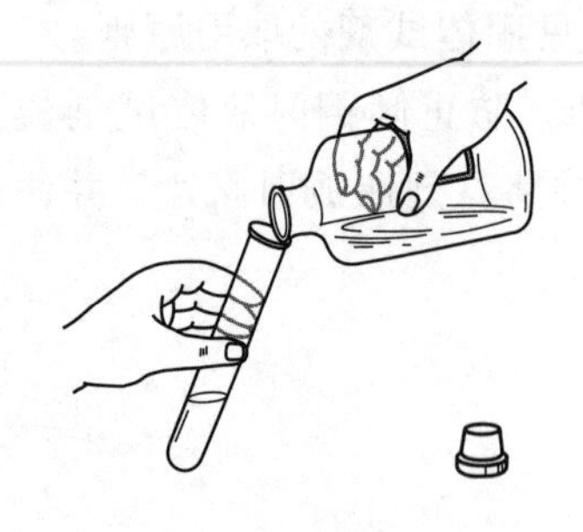

图 3-3 试剂瓶倾倒试剂

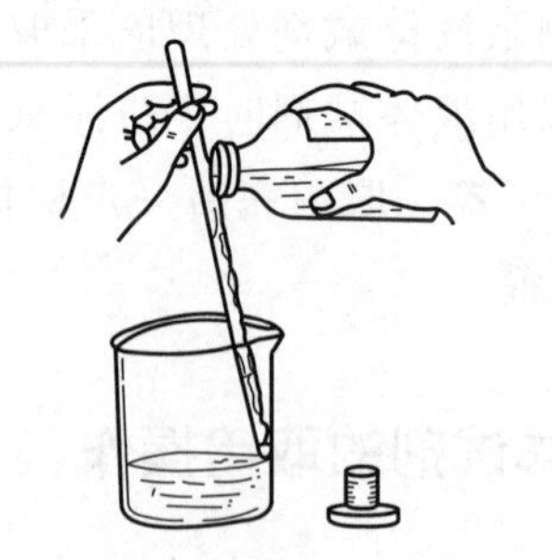

图 3-4 烧杯取用液体试剂

3. 定量取用液体试剂

液体试剂的定量取用分为粗略量取和精密量取两种。其中，用量筒或量杯取用液体试剂属于粗略量取，精密量取是使用移液管取用液体试剂（具体移液管的使用及操作会在本书模块 14 中详细介绍)。

① 先将瓶塞取下反放在桌面上。试剂标签朝向手心，用右手握紧试剂瓶。

② 左手持量筒，并以大拇指指示所需体积的刻度处，右手持试剂瓶，瓶口紧挨量筒口（不得挨着量筒尖口方向），逐渐倾斜试剂瓶，缓缓倒出所需量的液体试剂。取用完毕后，将瓶口残液轻轻碰在量筒口内，以免液滴沿着试剂瓶外壁流下。具体操作见图 3-5。

③ 量取液体试剂时，视线应与量筒内液体试剂的弯月面（凹面）的最低处保持水平，偏高或偏低都会造成误差。量筒内液体试剂体积的观察如图 3-6 所示。

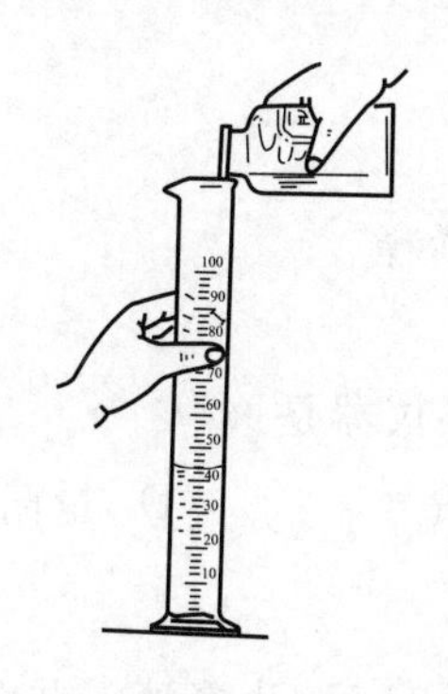

图 3-5　量筒量取液体试剂的操作

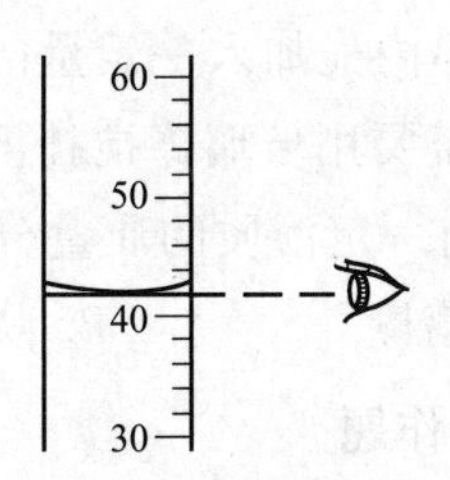

图 3-6　量筒内液体试剂体积的观察

三、液体试剂取用的注意事项

① 滴管取用液体试剂时，不能用未清洗的滴管吸取别的试剂；

② 根据需要选用不同容量的量筒（或量杯）量取液体试剂；

③ 用量筒取用液体试剂时，试剂瓶口不得挨着量筒尖口的方向倾倒溶液；

④ 用量筒取用液体试剂时，应竖直拿紧量筒，眼睛平视将要取用液体的用量处，以免超过取用量；

⑤ 量筒取用液体试剂时，应从量筒尖口倾倒入容器内；

⑥ 若实际取用试剂量超过量筒标识量，不能将多余的试剂倒回试剂瓶内，可以用洁净的容器回收使用。

进度检查

一、填空题

1. 液体试剂通常盛装在__________里，取用时，先拿下瓶塞，__________在桌上，试剂瓶标签______________，然后右手拿起瓶子，瓶口要__________试管口边缘，使液体__________倒入试管，倒完时，要将瓶口在试管口轻轻碰去残液，将瓶口的一滴试剂碰到______________，以免____________________。然后，立即

______________，将瓶塞__________，注意标签________________________。

2. 用滴瓶中的滴管滴加液体试剂时，滴管应__________在仪器的正上方，滴管的尖端一般应__________于容器（如试管、烧杯等）口约__________ mm，将液体试剂滴入接受液体的仪器中，不得触及所用容器__________，以免玷污试剂。试剂瓶上的滴管不得放在原瓶以外的任何地方，更不能将装有试剂的滴管__________或__________，以免液体流入滴管胶头内。

二、选择题

1. 取用浓硫酸试剂进行稀释时，以下操作正确的是（　　）。

A. 用药匙舀取浓硫酸加入烧杯内

B. 烧杯内先加入浓硫酸，再缓缓加入水稀释

C. 烧杯内先加入一定量的水，再缓缓加入浓硫酸稀释

D. 不需要用玻璃棒搅拌溶解

2. 配制一定溶质的质量分数的溶液，不需要使用的仪器是（　　）。

A. 玻璃棒　　B. 烧杯　　C. 铁架台　　D. 量筒

三、操作题

1. 选择适宜的量筒，分别量取 5mL 和 30mL 0.1%的 NaCl 溶液，并分别倾入试管和 100mL 烧杯中。

2. 用滴瓶取用液体

用滴管吸取 0.1% NaCl 溶液，并逐滴地滴到 10mL 量筒中，记录滴至 1mL 刻度处时的总滴数，记录至 5mL 刻度处时的总滴数。

记录如下：1mL 液体大约有__________滴，5mL 液体大约有__________滴。

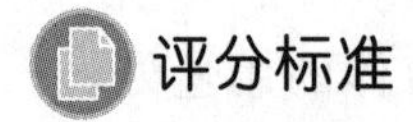

评分标准

化学试剂取用技能考试内容及评分标准

评分标准：满分 100 分，有一项不当操作扣 3 分，最后一项扣 4 分。

操作内容	扣分项	扣分
1. 从试剂瓶中取两颗锌粒于试管中(21 分)	(1)试管不干净，且试剂瓶外壁太脏 (2)药匙不干净、不干燥 (3)打开瓶盖时，瓶盖未倒立 (4)试剂瓶瓶口与盛药器皿距离太远 (5)样品洒落 (6)锌粒未沿壁滑入试管底部 (7)取用完毕未还原(试剂、器皿、桌面)	
2. 从试剂瓶中取一药匙固体氯化钠装入试管底部(21 分)	(1)～(5)同上 (6)试剂未装入试管底部，黏附在试管口 (7)取用完毕未还原	

续表

操作内容	扣分项		扣分
3. 取滴瓶中的氯化钠溶液大约1mL于盛有30mL水的100mL烧杯中(21分)	(1)烧杯不干净 (2)手执滴管的姿势不正确 (3)滴管吸取液体时管口未提离液面排气 (4)滴管平放或倒置 (5)滴管口接触接收器内壁 (6)滴管中剩余试剂未及时挤回原滴瓶 (7)取用完毕未还原		
4. 从试剂瓶中量取5mL 0.1% NaCl溶液,倾入试管中(33分)	(1)试管不干净,且试剂瓶外壁不干净 (2)打开瓶盖时,瓶盖未倒立 (3)手执试剂瓶的姿势不对,手心未向着标签 (4)量筒的执握姿势不对(左手大拇指应指示所需体积的刻度线处) (5)液体倒入量筒时,沿量筒尖嘴倒入 (6)试剂瓶倒出液体直立前,未将瓶口在量筒口边缘靠一下 (7)多余试剂倒回原试剂瓶中 (8)液体倒出量筒时,未沿量筒尖嘴倒入 (9)量筒体积读数错误 (10)氯化钠溶液未沿试管壁流入 (11)取用完毕未还原		
5. 量筒的选用(4分)	从试剂瓶中量取15mL 0.1% NaCl溶液,考察能否选用正确规格的量筒		
总扣分		总得分	

素质拓展阅读

节约新风尚

“节约光荣、浪费可耻”是中华民族的传统美德。“节约”也是化学试剂取用原则之一。我们在取用化学试剂时，在保证不污染化学试剂的前提下，要养成节约的好习惯，杜绝浪费，这样不仅珍惜资源，也减少环境污染。

在生活中我们也要形成“人人讲节约，处处讲节约”的良好风气，营造“节约光荣，浪费可耻”的生活氛围，形成节粮、节水、节电、爱护公物的好习惯。

1. 节粮惜粮，提倡光盘行动，杜绝餐饮浪费

民以食为天，春种一粒粟，秋收万颗子。节约粮食一直是中华民族的传统美德，爱惜每一粒粮食，杜绝舌尖上的浪费，光盘行动从你我做起。就餐时，提倡先看后取，勤拿少取，反对过度取餐，杜绝剩菜剩饭，倒掉浪费。

2. 节水减排，提倡随开随关，杜绝跑冒滴漏

水是生命之源，节约用水，珍爱生命。提倡大家做到爱水、惜水、节水，用水时做到随用随开随关，防止水从“指尖”流逝，同时做好维护检修工作，杜绝跑冒滴漏现象发生。

3. 节电减耗，杜绝无功空耗

节约用电珍惜能源，一是要坚持随手关电，杜绝“长明灯”“白昼灯”“无人灯”等现象，做到人走灯灭，光线充足不开灯；人离空调停，避免无人时或下课后空转；禁止私自使用大功率用电设备，防止引发火灾事故。二是合理使用空调，春秋季节尽量不使用空调，夏季使用空调，要关门闭窗，温度设定不低于26℃。

4. 爱护公物，提倡绿色办公，节能降耗减排

爱护公物不仅是一个人自身道德修养的体现，也是大学生基本素养的整体体现。爱护公共设施，避免人为破坏，降低维护成本。爱护学习设备，合理操作使用，延长使用寿命。

“一粥一饭，当思来处不易；半丝半缕，恒念物力维艰”。节约是美德，节约是智慧，节约更是一种责任、一种品质。让我们大家切实把厉行节约落实到具体行动上，共创节约型社会！

模块 4　实验室安全用电及常用仪器的使用

编号 FJC-31-01

学习单元 4-1　实验室安全用电基本常识

学习目标：完成本单元的学习之后，能够安全使用分析室常用电气设备。

职业领域：化学、石油、环保、医药、冶金、食品等工程。

工作范围：分析

一、安全用电常识

分析操作中要用到一些电器和分析仪器，使用这些电器和仪器都离不开安全用电。因此，在实验操作过程当中，实验人员除了要具备分析的基础知识外，还必须具备基本的电工知识，特别是应掌握安全用电基本常识，以防止因违章用电造成的仪器设备的损坏，以及人身伤亡和火灾等严重事故。为保证安全用电，应掌握安全用电的基本常识，即电气绝缘良好、保证安全距离、线路与插座容量和设备功率相适宜、不使用三无产品等。

① 实验室内电气设备及线路设施必须严格按照安全用电规程和设备的要求实施，不许乱接、乱拉电线，墙上电源未经允许，不得拆装、改线。同时，实验室所有电气设备不得私自拆动及随便进行检修。

② 在实验室同时使用多种电气设备时，其总用电量和分线用电量均应小于设计容量。连接在接线板上的用电总负荷不能超过接线板的最大容量。

③ 实验室内应使用空气断路器（空气开关）并配备必要的漏电保护器，不得使用闸刀开关、木质配电板和花线。电气设备和大型仪器须接地良好，对电线老化等隐患要定期检查并及时排除。

④ 接线板不能直接放在地面上，且不能多个接线板串联。电源插座应固定在墙面或实验台面上，不使用可能损坏的电源插座，装有空调的实验室应有专门的空调插座。

⑤ 实验前先检查用电设备，再接通电源；实验结束后，先关仪器设备，再关闭电源。实验当中突遇断电或实验人员离开实验室，应认真检查所有电气设备并关闭电源，尤其要关闭加热电器的电源开关，在确认完全关闭后方可离开。

二、安全用电操作

在分析实验室中，尤其是在大型分析仪器室，经常使用电气设备仪器进行实验。若电气设备操作不当，会发生触电、短路及火灾事故。

1. 防止触电

① 实验室内不得私自拉接临时供电线路，并禁止将电线头直接插入插座内使用。

② 不用潮湿的手接触通电中的电气设备，并始终保持电气设备及电线的干燥，且电源裸露部分应有绝缘装置保护。若没有保护装置，也应在电线接头处裹上绝缘胶布，防止触电。

③ 所有电器的金属外壳都应接地保护。

④ 新购买的电器使用前，应认真阅读并严格遵守电气设备的使用说明书及操作注意事项，同时对设备进行全面检查，防止因运输震动使电线连接松动，确认正常并接好地线后方可使用。每次实验前，应先检查电气设备是否正常再接通电源。

⑤ 电气动力设备发生过热现象应立即停止运转，进行检修。对电气设备进行维护及检修时，应先切断电源。若在用电设备使用过程中，电源或空气开关跳闸，应先查明原因，排除故障后才能接通设备的电源继续使用。

⑥ 使用高压电源工作时应有专门的防护措施，要穿绝缘鞋、戴绝缘手套并站在绝缘垫上。若高压电源出现故障或损坏，不能私自用试电笔去试高压电，应及时报修并请专业电工进行维修处理。

⑦ 如有人触电，应先迅速切断电源或用绝缘物体将电线与人体分离后，再实施抢救。

2. 防止短路

① 用电线路中各接点应牢固，电路元件两端接头不要互相接触，以防短路。电源插头应完全插入插座插孔内，不能若即若离，以防接触不良打火花造成事故。

② 电线、电器不能被水淋湿或浸在导电液体中。

3. 防止引起火灾

① 使用的空气断路器（空气开关）要与实验室允许的用电量相符，且电线的安全通电量应大于实验室内所用电气设备的用电功率。

② 实验室内若有氢气、乙炔气等易燃易爆气体，应避免产生电火花。电气设备接触点（如电器插头）接触不良时，应及时修理或更换。

③ 使用烘箱和高温炉时，必须确认自动控温装置可靠。同时还需人工定时监测温度，以免温度过高。不得把含有大量易燃易爆溶剂的物品送入烘箱和高温炉加热。

④ 如遇电线起火，立即切断实验室总电源，用沙或二氧化碳、四氯化碳灭火器

灭火，禁止用水或泡沫灭火器等导电液体灭火。

进度检查

一、填空题

1. 实验前先检查__________，再__________；实验结束后，先关闭__________，再__________。实验当中突遇断电或实验人员离开实验室，应认真检查所有电气设备并关闭电源，在________________方可离开。

2. 在分析实验室中，经常会使用电气设备进行实验。若电气设备操作不当，会发生__________、__________及__________事故。

3. 电气动力设备发生过热现象应立即__________，进行__________。对电气设备进行维护及检修时，应先__________。若在用电设备使用过程中，电源或空气开关跳闸，应先__________，__________后才能接通设备的电源继续使用。

4. 如遇电线起火，立即__________，用________________灭火，禁止用__________等导电液体灭火。

二、不定项选择题（将正确答案的序号填入括号内）

1. 清扫电器与开关时，禁止使用的是（　　）。

A. 铁柄毛刷、湿布　B. 木柄毛刷　C. 干毛巾　D. 绝缘纸

2. 防止洒落在电器上和线路上的是（　　）；电器上严禁放置的物品是（　　）。

A. 湿物　B. 水　C. 绝缘纸

3. 使用手持电动工具时，下列（　　）项注意事项是正确的。

A. 使用万能插座　B. 使用漏电保护器　C. 身体或衣服潮湿

4. 使用电气设备时，由于维护不及时，当（　　）进入时，可导致短路事故。

A. 导电粉尘或纤维　B. 强光辐射　C. 热气

5. 如果实验室潮湿，为避免触电，使用手持电动工具的人员应（　　）。

A. 站在铁板上操作　B. 站在绝缘胶板上操作

C. 穿拖鞋操作

三、判断题（正确的在括号内画“√”，错误的画“×”）

1. 各种电气设备必须安装地线。（　　）

2. 检修电器时，应切断电源，严禁带电操作。（　　）

3. 有人低压触电时，应该立即用手将他拉开。（　　）

4. 移动某些非固定安装的电气设备时，可以不必切断电源。（　　）

5. 存放易燃易爆化学品的实验室，其照明灯应使用密闭型或防爆型灯具。（　　）

6. 在潮湿和有腐蚀性气体的实验室，其照明灯应使用防水防尘型灯具。（　　）

编号 FJC-31-02

学习单元 4-2　实验室常用电加热设备操作

学习目标： 完成本单元的学习之后，能够正确使用各种电炉、电热恒温水浴锅、烘箱及高温炉等电加热设备进行加热操作。

职业领域： 化学、石油、环保、医药、冶金、食品等工程。

工作范围： 分析

所需仪器、试剂和设备：

序号	名称及说明	数量	序号	名称及说明	数量
1	可调式电炉(1500W)	1台	7	高温箱式炉(马弗炉)	1个
2	电子调温电热套(1500W)	1台	8	500mL 烧杯	1个
3	调温搅拌电热板(1500W)	1台	9	300mL 圆底烧瓶	1个
4	可调温电磁炉(1000W)	1台	10	铁架台(带烧瓶夹)	1套
5	电热恒温水浴锅(1500W)	1台	11	变色硅胶	若干
6	电热恒温鼓风干燥箱(1500W)	1台	12	纯水	若干

实验室常用电加热设备包括：普通电炉、电加热套、电热板、电磁炉、电热恒温水浴锅、电热恒温鼓风干燥箱（烘箱）、高温炉等。这些用电进行加热的设备，在实验过程当中的频繁使用，若操作不当，也最容易引起火灾及人员伤亡等严重事故。下面就对这些常用电加热设备的操作进行详细介绍。

一、普通电加热设备及其操作

1. 普通电炉及其操作

电炉也叫作万用电阻炉，是分析室常用的重要加热设备，主要靠一根镍铬合金电阻丝（俗称为电炉丝）通电产生热量。从电炉的构造和功能来说，实验室最常用的是可调式电炉，是一种能调节不同发热量的电炉，其外形如图 4-1 所示。

图 4-1　可调式电炉

（1）可调式电炉的结构和规格

电炉壳的前面板上装有选温标牌和调温旋钮。电炉的温度由调节旋钮进行控制，旋钮的转动改变与电炉丝串联的附加电阻的大小，从而调节通过电炉丝的电流强度，达到调节电炉发热量的目的。电炉按其功率大小可分为 500W、800W、1000W、1500W 等规格，其功率大小由电炉丝的电阻值而定。同样材质同样长度的电炉丝，粗的发热量大，细的发热量小。

（2）可调式电炉的操作

在使用前，应先检查电炉丝、电炉插头及电源线是否完好。可调式电炉的操作如下：

① 将电炉调温旋钮逆时针旋至关闭的位置；

② 将电炉三足插头插入规定电源插座；

③ 在炉盘上加垫一张石棉网，再将受热容器放在炉盘中央；

④ 开启电炉，顺时针旋转调温旋钮调温至低挡位，当受热容器预热后，再将调温旋钮调至合适的挡位进行加热操作；

⑤ 使用完毕后，先将电炉调温旋钮逆时针旋至关闭的位置，然后断开电源。

（3）普通电炉的使用注意事项及维护

① 电源电压应与电炉规定使用的电压相符。若超过规定电压，电炉丝容易被烧断；若电压过低，电炉丝发热量小，达不到加热要求。

② 耐火泥炉盘的凹槽要保持清洁，及时清除炉盘内烧灼残留的焦糊物，保持电阻丝导电良好。

③ 若电炉丝发生断路或短路，应立即断开电源，排除故障后再使用。

④ 使用过程中，严防将水、油等溶液洒入炉盘，以免发生蒸汽灼伤或炉盘骤冷而破裂。

⑤ 电炉连续使用时间不宜过长，时间过长会缩短电阻丝的使用寿命。

⑥ 电炉使用时，不能放在抗热能力差的桌面上，或在电炉下面放有隔热垫。

⑦ 电炉使用时要远离易燃物，谨防火灾事故发生。

⑧ 电炉使用时不要碰触红热带电的电炉丝，防止烫伤或触电事故发生。

⑨ 电炉使用完毕，应待其完全冷却后放置在通风干燥处，以免影响电炉丝的使用寿命。

2. 电热套及其操作

电加热套也称为电热套，是实验室常用加热设备之一。电热套是由无碱玻璃纤维和金属加热丝编制的半球形加热内套和控制电路组成，多用于玻璃容器的精确控温加热。

电热套是采用大功率可控硅胶作为控制元件，无触点电子电压调整电路，通过改变电压的方式调整加热温度，具有升温快、温度高、调温范围广、操作简便、经久耐用的特点。

（1）电热套的分类

实验室常用的电热套按照其功能可分为：电子调温电热套、恒温数显电热套以及调温搅拌电热套三种，其外形分别如图 4-2、图 4-3 和图 4-4 所示。其中，电子调温电热套是由调温旋钮控制内部电压表调节温度；恒温数显电热套能够通过液晶数显表调节和显示具体温度；调温搅拌电热套是在电子调温电热套的基础上增加了常用的搅拌功能，可以使容器内的物料在充分混合的同时进行加热操作。

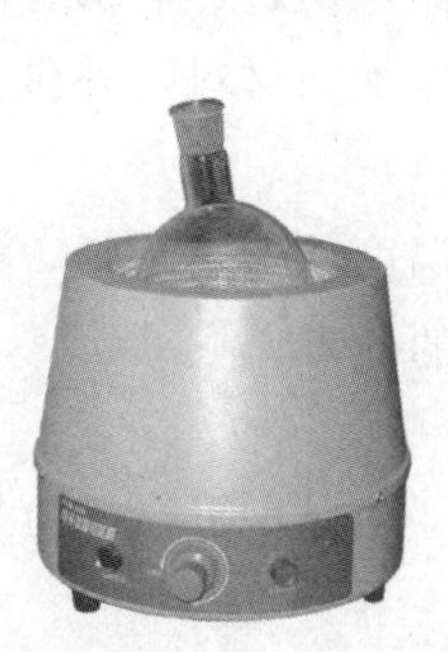

图 4-2 电子调温电热套

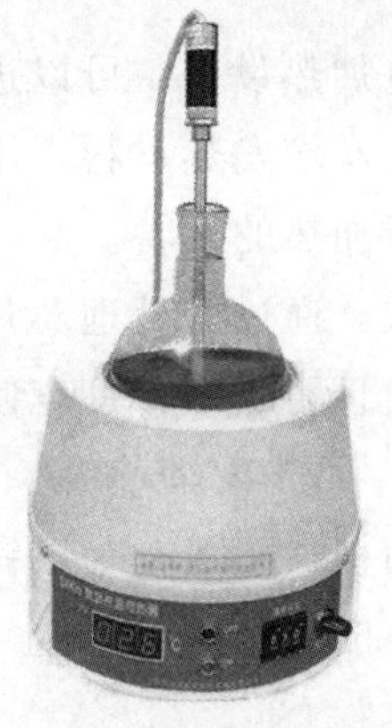
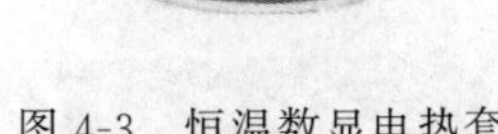

图 4-3 恒温数显电热套

图 4-4 调温搅拌电热套

电热套按照温控范围的不同又可分为普通电热套和高温电热套。其中，普通电热套加热最高温度可达到 400℃，而高温电热套由于使用了更加耐高温的内套织造材料，其最高加热温度可达到 800～1000℃。

（2）电热套的操作

在使用前，应先检查加热套、电热套插头及电源线是否完好。以电子调温电热套为例，介绍电热套的基本操作。

① 将电热套调温旋钮逆时针旋至关闭的位置；

② 将电热套三足插头插入规定电源插座；

③ 选择和电热套容量大小相同（相近）的装有物料的烧瓶放在加热套中，并安装牢固；

④ 开启电热套，电源指示灯亮，顺时针旋转调温旋钮调温至合适的挡位进行加热操作；

⑤ 使用完毕后，先将电热套调温旋钮逆时针旋至关闭的位置，然后断开电源。

（3）电热套的使用注意事项及维护

① 第一次使用电热套时要缓慢升温。由于玻璃纤维生产时表面涂有一层油脂，加热至冒白烟后关闭电源，烟散后再通电，反复几次，直至通电无烟后即可正常使用。

② 本产品使用时务必要接地线，若环境湿度相对过大，在使用过程中会有感应电透过保温层传至外壳，此时不要用手接触内芯，并缓慢升温和注意通风，使其干燥后即可恢复良好的绝缘性能。

③ 加热时，若液体溢入套内，请迅速关闭电源，将电热套放在通风处，待干燥后方可使用，以免发生漏电或短路的危险事故。

④ 不要空套取暖或干烧。

⑤ 长期不用时，请将电热套放在干燥无腐蚀气体处保存。

3. 电热板及其操作

电热板是专为实验室设计的电加热设备，可以进行样品加热、消解、煮沸、蒸酸等处理操作。电热板是用电热合金丝作发热材料，用云母软板作绝缘材料，外包以薄金属板（铝板、不锈钢板等）进行加热的设备。

电热板的加热面积大且升温快，通过微处理芯片精确控制温度使加热均匀，能够持续加热。同时，面板材质导热快且耐腐蚀，具有使用寿命长的优点。

（1）电热板的分类

实验室常用的电热板按照其面板材质可分为：铸铁电热板、不锈钢电热板以及陶瓷电热板三种，其外形分别如图 4-5、图 4-6 和图 4-7 所示。

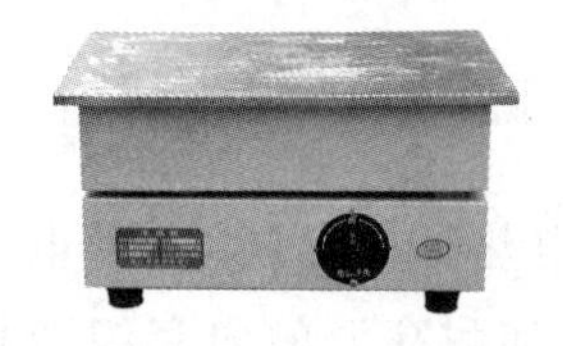

图 4-5　铸铁调温电热板

图 4-6　不锈钢恒温数显电热板

图 4-7　陶瓷电热板

另外，电热板还可以按照其功能分为普通调温电热板、恒温数显电热板以及调温搅拌电热板三种，其外形分别如图 4-5、图 4-6 和图 4-8 所示。

电热板的最大功率范围在 2000～3000W，其使用温度范围一般为 40～200℃，最大不超过 350℃。若需持续使用高温型电热板，则工作温度应小于 240℃，且瞬时不超过 300℃。

（2）电热板的操作

在使用前，应先检查加热面板、电热板插头及电源线是否完好。以调温搅拌电热板为例，介绍电热板的基本操作。

① 将电热板调温旋钮和搅拌速度旋钮逆时针旋至关闭的位置。

② 将电热板三足插头插入规定电源插座。

③ 将装有磁力搅拌子和待加热溶液的受热容器放在加热板上。

图 4-8　调温搅拌电热板

④ 开启电热板，顺时针旋转搅拌旋钮调节搅拌速度由慢至快，直至达到合适搅拌速度；再顺时针调节调温旋钮调温至低挡位，待受热容器预热后，继续顺时针旋转调温旋钮调温至合适的挡位进行加热。

⑤ 使用完毕后，先将电热板调温旋钮逆时针旋至关闭的位置，再将速度调节旋钮逆时针关闭，最后断开电源。

（3）电热板的使用注意事项及维护

① 安装电热板时，应选择平整无凹凸的接触面放置电热板，且必须使用与仪器要求相符的电源，并安装地线。

② 首次使用电热板会有微烟产生，属于正常现象。

③ 使用过程中，应防止加热介质溢出器皿流入箱体内，否则会影响其绝缘性能，

甚至导致电路损坏。

④ 不进行加热操作时应及时关闭，禁止空烧取暖。

⑤ 长期不用时，请将电热板放在干燥处保存。

⑥ 使用中若出现故障，应立即断开电源后再进行检修。

4. 电磁炉及其操作

电磁炉是利用电磁感应原理将电能转换为热能的电加热设备。电磁炉的发明打破了传统的明火或无火传导加热方式，让热能直接在金属容器底部产生，大大提升了加热效率。电磁炉是由高频感应加热线圈、高频电力转换装置、控制器及金属材质容器等部分组成，其外形如图 4-9 所示。

图 4-9　可调温电磁炉

电磁炉具有升温快、热效率高、无明火、对周围环境不产生热辐射、体积小巧、安全性好等优点，大大增加了其在分析实验室中的使用率。

（1）电磁炉的工作原理

电磁炉主要依靠电磁感应现象，其工作原理是将电流电压经过整流器转换为直流电，又经高频电力转换装置使直流电变为超音频的高频交流电，将高频交流电加在扁平空心螺旋状的感应加热线圈上，由此产生高频交变磁场，其磁力线穿透陶瓷台板而作用于金属容器。在金属容器内因电磁感应产生强大的涡流，涡流克服金属容器的内阻流动时完成电能向热能的转换，从而产生热量进行加热。

由此可知，电磁炉加热的热源来自于金属容器底部自身发热而不是电磁炉本身的热传导，所以热效率要比其他加热方式高出近一倍。

（2）可调温电磁炉的操作

在使用前，应先检查陶瓷台板、电磁炉插头及电源线是否完好。

① 将电磁炉调温旋钮逆时针旋至关闭的位置；

② 将电磁炉三足插头插入规定电源插座；

③ 将受热容器放在陶瓷台板上；

④ 开启电磁炉电源，顺时针旋转调温旋钮调温至低挡位，待受热容器预热后，继续顺时针旋转调温旋钮调温至合适的挡位进行加热；

⑤ 使用完毕后，先将电磁炉调温旋钮逆时针旋至关闭的位置，然后断开电源。

（3）电磁炉的使用注意事项及维护

① 电磁炉应使用质量好的插座，插座接触不良会导致烧机或电磁炉无法正常工作。

② 切勿在可能受潮或靠近火焰的地方使用电磁炉。

③ 清洗电磁炉时，切勿直接用水冲洗或浸入水中刷洗。

④ 长期不用电磁炉时，请将电磁炉放在干燥处保存。若需重新使用电磁炉，应先接通电源，预热 10min 后再开机进行功能操作。

⑤ 使用中若出现故障，应立即断开电源，请专业维修人员进行处理，千万不可自行拆卸检修。

二、 电热恒温水浴锅及其操作

电热恒温水浴锅是利用电热管加热水后产生热能对试样进行恒温加热的装置。在医疗单位、生产单位及教育科研等领域中进行干燥、浓缩、蒸馏、恒温加热和其他温度试验。与电炉相比，恒温水浴锅更适用于加热易挥发、易燃的有机物，以及恒温条件下的浸渍实验等。

电热恒温水浴锅的特点如下：锅体水箱选用不锈钢材料水槽式结构，有优越的抗腐蚀性能；恒温水浴锅采用智能式电子自动控温技术，数字显示，温控精确；恒温水浴锅结构简单，操作方便，使用安全。

1. 电热恒温水浴锅的结构及规格

常用的电热恒温水浴锅有单孔、四孔及六孔等规格，其外形分别如图 4-10、图 4-11 和图 4-12 所示。

图 4-10 单孔恒温水浴锅

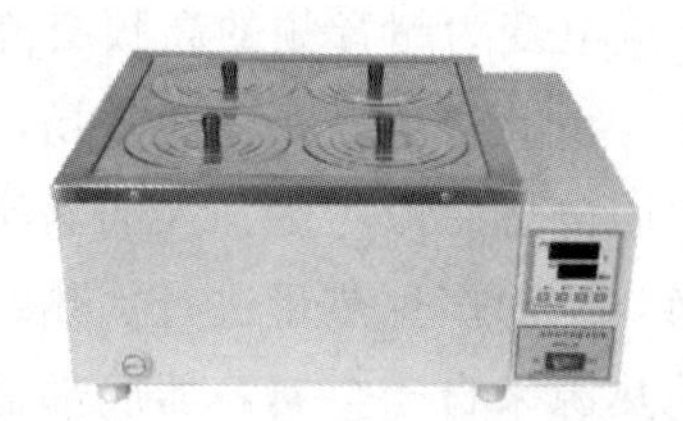

图 4-11 四孔恒温水浴锅

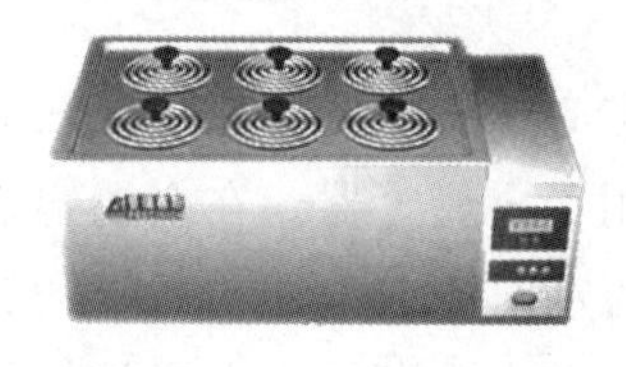

图 4-12 六孔恒温水浴锅

电热恒温水浴锅的外形均为矩形，外壳由薄钢板制成，内壁由铝板或不锈钢板制成，外壳和内壁之间填充保温材料，水箱底部安装电热管和托架，电热管中的电炉丝直接与温度控制器相连。水浴锅的每一个加热圆孔具有一套圈盖，加热时可根据器具直径的大小进行选择。在水箱的侧面下方还有防水阀门或者放水软管。

电热恒温水浴锅的控制面板上装有电源开关、数显液晶屏、调温按钮、指示灯等，用以控制和调节温度。

电热恒温水浴锅由于加热介质是水，所以其恒温范围一般为 37～100℃。电热恒温水浴锅的规格主要根据加热圆孔的数量而有所差异。随着加热圆孔的增加，额定功率也随之增加。比如，常用的单孔电热恒温水浴锅的功率一般为 300W，而六孔电热恒温水浴锅的功率则增加至 1500W。

2. 电热恒温水浴锅的操作

① 仪器安装。将恒温水浴锅安放在平整工作台面上，在水浴锅中加入 2/3 容积的清水或纯水（水位高于有孔搁板，但不能溢出水槽）。

② 放置受热容器。将受热容器套入合适的套圈中，放置在水浴锅内，并以适当的方法将其固定。

③ 接通电源。将三孔插头连接至附近的电源插座。打开水浴锅开关键，控制面板指示灯亮绿灯，此时数显液晶屏显示上一次温度设定值，并开始加热。

④ 温度设定与读数。按“温度设定”键进入温度设定状态，显示屏内闪烁之前的设定温度，按“↑”键提高设定温度，按“↓”键降低设定温度。当“显示屏”上的数值增或减到期望的数值时，按下“确认”键，听到“嘀”的一声后，温度设定成功。此时，水浴锅面板加热指示绿灯亮，水浴锅进入新设定的控温状态。另外，若要读取水浴锅当前运行温度，只需显示屏内显示值没有处在闪烁状态时，该值即为当前水浴锅内水的实际温度。

⑤ 升温及恒温。设定温度后，水浴锅持续加热直至面板加热指示红灯亮，此时升温完成，即可开始对受热容器进行设定温度的加热操作。当红绿灯交替熄亮时，表示自动控温正常运行，此时即为设置的所需恒定温度，恒温时间由此计算。

⑥ 加热结束。使用结束后，按下恒温水浴锅面板的电源开关键，断开电源。

⑦ 结束工作。取下受热容器后，将水浴锅中的水通过放水软管放掉，并擦干锅内的水迹，盖好圈盖，套上防尘罩置于通风干燥处。

3. 电热恒温水浴锅的使用注意事项及维护

① 实验条件允许的情况下，请选用纯水作为水浴锅的液体介质，以避免长期使用自来水后矿物质的沉积，影响加热效果。

② 恒温水浴锅使用过程中要留意及时增补净水，防止加热时间过长导致水蒸发至干，烧坏加热套管，从而使水进入套管毁坏电炉丝或发生漏电等现象。

③ 加水时，避免水溢出水槽或溅入控制面板中使电路受潮，以防控制失灵、漏电或损坏等情况。

④ 水浴锅应安置于通风干燥处，远离强热源，避免阳光直射水浴锅。

⑤ 水浴锅内要保持清洁并经常更换水箱中的净水，防止生锈导致漏水漏电。

⑥ 如果长时间不使用水浴锅，请拔下其电源插头，排除设备内的液体，并用软布清洁干净，套上防尘罩置于通风干燥处。

⑦ 水浴锅使用中，圈盖要定点存放，实验完毕后及时盖回水浴锅，以防丢失。

三、电热恒温干燥箱及其操作

电热恒温干燥箱也称为干燥箱或烘箱，是以金属发热元件对物质进行隔层加热的电加热设备。烘箱可供各种物质进行干燥、灭菌及热处理等操作（不适用于挥发性物质及易燃易爆物品，以免引起爆炸）。电热恒温干燥箱结构精密，控温灵敏准确，操作简便，广泛适用于工业企业、分析室、科研单位等部门。

烘箱根据发热元件的不同分为两类：一类是电热鼓风恒温干燥箱，一类是远红外恒温干燥箱。与远红外加热管相比，不锈钢加热管及石英管等加热元件的使用寿命更长，温度的调控性更大。因此，电热鼓风恒温干燥箱的应用更广泛。

1. 电热恒温干燥箱的结构

实验室常用的电热鼓风恒温干燥箱主要由箱体、电热系统、自动恒温控制系统和热风循环系统四部分组成，其外形如图 4-13 所示。

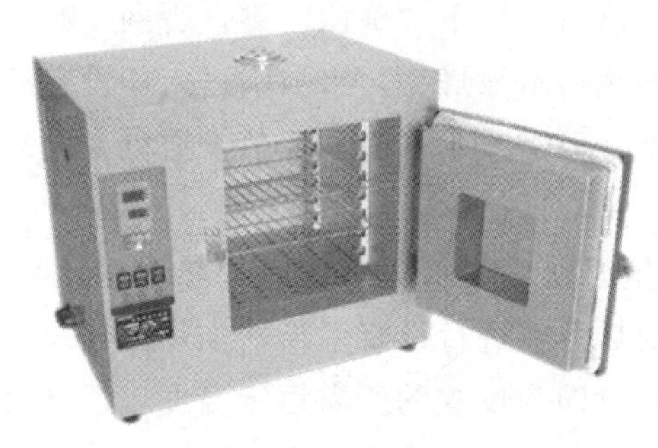

图 4-13　电热恒温鼓风干燥箱

电热恒温干燥箱由薄钢板制成，箱体内有可拆卸搁板，待干燥物可置于搁板上进行干燥。箱体与外壳间有相当厚度的保温层，充以硅棉或珍珠岩的保温材料。箱门中间有一玻璃门或观察口，以供观察箱体内的工作情况。

电热鼓风干燥箱是用数显仪表与温度传感器的连接来控制箱体温度，并采用热风循环送风来干燥物料。热风循环系统分为水平送风和垂直送风，由电机运转带动送风风轮，使空气流动至电热管上形成热风，将热风由风道送入箱体，且将使用后的热风再次吸入风道成为风源，从而再度循环加热，大大提高了电热鼓风干燥箱箱体温度的均匀性。同时，开关烘箱箱门放取物品会使箱体温度下降，也可通过热风循环系统迅速恢复箱体内温度设定值。

实验室中烘箱常用的工作温度为 100～150℃，其最高工作温度为 250～300℃，温度波动在±1℃，最大功率为 1500～3000W。

2. 电热鼓风恒温干燥箱的操作

① 仪器安装。将烘箱安装于专门的加热干燥室，并放置在干燥水平台面上。

② 放置待干燥物。打开箱门，将待干燥物置于搁板上后关闭箱门。

③ 接通电源。将三孔插头连接至附近的电源插座。打开箱体电源开关，控制面板指示灯亮绿灯，鼓风机自动开启，此时数显液晶屏显示上一次温度设定值，并开始加热。

④ 温度设定与读数。按“温度设定”键进入温度设定状态，显示屏内闪烁之前的设定温度，按“▲”键提高设定温度，按“▼”键降低设定温度。当“显示屏”上的数值增或减到期望的数值时，按下“确认”键，听到“嘀”的一声后，温度设定成功。此时，箱体控制面板加热指示绿灯亮，烘箱进入新设定的控温状态。另外，若要

读取烘箱当前运行温度，只需显示屏内显示值没有处在闪烁状态时，该值即为当前烘箱内的实际温度。

⑤ 升温及恒温。设定温度后，烘箱持续加热直至面板加热指示红灯亮，此时升温完成，即可开始对待干燥物进行设定温度的干燥操作。当红绿灯交替熄亮时，表示自动控温正常运行，此时即为设置的所需恒定温度，恒温时间由此计算。若要观察箱体内待干燥物的干燥情况，可通过箱门玻璃窗进行观察，不要经常开启箱门观察，以免影响烘箱内恒温状态。

⑥ 加热结束。干燥结束后，按下烘箱控制面板的电源开关键，断开电源。若温度设置为 200℃以上时，立即开启箱门可能会使玻璃门急骤冷却而破裂，此时应先将箱门打开一个小缝，稍冷后再开启箱门取物。

⑦ 结束工作。取出待干燥物后，应关闭箱门，填写仪器使用记录表。

3. 电热鼓风恒温干燥箱的使用注意事项及维护

① 烘箱使用前要检查电压，较小的烘箱所需电压为 220V，较大的烘箱所需电压为 380V（三相四线），应根据烘箱耗电功率选用合适的电源导线并安装足够容量的空开和漏电保护开关。

② 烘箱应保持清洁干燥，并做好防潮和防腐蚀工作。

③ 新箱使用时，由于恒温漆表面挥发的原因，可能出现热气蒸发及油漆焦味，这是正常现象，工作一小时后就会消失。

④ 干燥的物品排列不能太紧密，且烘箱底部的散热板上不可放置物品，以免影响热风循环，降低干燥效率。同时，禁止干燥易燃、易爆物品及有挥发性和有腐蚀性的物品。

⑤ 一般情况下，烘箱干燥玻璃仪器时的温度设置为 105℃并干燥 1h；变色硅胶再生实验中，烘箱的温度设置为 120℃并干燥 1～1.5h，直至硅胶全部变为蓝色即可。

四、高温炉及其操作

高温炉又称为马弗炉，是实验室用于高温加热的主要设备，用于各工业企业、科研单位分析室及各类实验室的烧结、加温和热处理等操作。高温炉在各个行业的具体应用如下：可为热加工、水泥、建材行业进行小型工件的热加工或处理；在医药行业可用于药品的检验、医学样品的预处理等；在分析化学行业可作为水质分析、环境分析等领域的样品处理，以及对石油产品进行样品处理及分析；可用于煤质分析中水分、灰分、挥发分及元素等的分析测定，也可以作为通用灰化炉进行使用。

随着科技的不断发展，高温炉的种类也不断增加，具体分类介绍如下：

第一，根据外观形状不同可分为箱式高温炉、管式高温炉和坩埚炉，其外形如图 4-14、图 4-15 和图 4-16 所示。

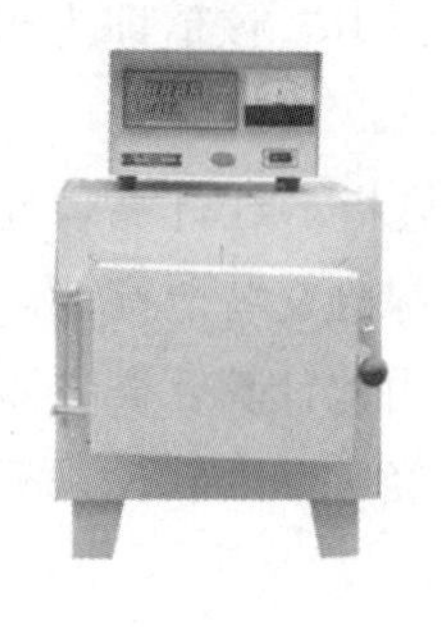

图 4-14　箱式高温炉（分体式及一体式）

图 4-15　管式高温炉

第二，根据加热元件不同可分为电阻丝高温炉、硅碳棒高温炉和硅钼棒高温炉。

第三，根据保温材料不同可分为普通耐火砖高温炉和陶瓷纤维高温炉。

第四，根据温度控制器不同可分为指针式高温炉、普通数显式高温炉、PID 调节控制式高温炉和程序控制式高温炉。

图 4-16　坩埚炉

1. 高温炉的结构及规格

（1）高温炉的结构

高温炉的种类较多，但结构基本相似，一般由炉体、加热元件、温度控制器和热电偶四部分组成，其外形如图 4-14 所示。

① 炉体。炉体外壳采用优质钢板焊接成方形体，表面喷有耐热漆保护层；炉内采用新型陶瓷纤维炉膛，保温及绝热效果更好，从而提高了升温速度，减少热能损失，减轻炉体重量，并能有效延长电炉寿命；炉膛与外壳之间也填充有绝热材料，能够更有效降低炉外温度，防止烫伤；炉门外侧装有专用的高温炉锁，保证炉门严密关闭和使用安全。

② 加热元件。为了使整个炉膛受热均匀，若使用电阻丝作为热源，在炉膛四周与外壁之间的空槽中都嵌有电阻丝；若发热元件为硅碳或硅钼棒，则只嵌于炉膛两侧或顶部。

③ 温度控制器。高温炉常用的温度控制器为指针或数显两种自动升温形式，功能要求复杂的高温炉会使用 PID 调节控制或程序控制两种高级温控形式。另外，由于炉体在工作时温度较高，为了延长温控器的寿命，老式高温炉的温控器与炉体是各自独立的两个部分，通过导线相连接；而新型高温炉从外形来看是一个整体，将温控器更科学地设计在炉体下方，既不影响使用寿命，看起来也更美观实用。

④ 热电偶。高温炉内极高的温度主要依靠热电偶连接至温控器来进行温度控制。热电偶是由两条不同的金属导线或合金丝，装入一根耐高温瓷管中焊接一端而制成。常用的材质有 K 型镍铬-镍硅热电偶及 S 型铂-铑热电偶等。

（2）高温炉的规格

高温炉的规格较多，根据额定温度的不同来区分。常用的为 1000℃电阻丝式高温炉及 1350℃硅碳棒式高温炉等不同规格，其额定功率最大有 3000～4000W。高温炉的升温时间，与炉体大小、电热元件和额定温度都有关系，一般 1000℃高温炉 60min 内炉温可升至 950℃的常用工作温度；而 1350℃高温炉 120min 内炉温可达到 1300℃的常用工作温度。

2. 高温炉的操作

以分体箱式高温炉为例，其操作步骤如下。

（1）仪器安装

将高温炉安装于专门的加热干燥室，并放在干燥水平台面上。控制器的放置位置应与高温炉有一定距离，要防止因过热而造成电子元件故障。

（2）空箱试验

① 调整机械零点。用螺丝刀逆时针旋转温度指示仪屏幕下端中间的螺钉，将指示温度的指针调至“0”刻度。

② 设定加热温度。用手顺时针方向旋动温度指示仪的黑色旋钮，将控温指针调至所需温度位置。

③ 接通电源。将三孔插头连接至附近的电源插座，打开温度控制器的电源开关，控制面板指示灯亮绿灯，高温炉开始加热。

④ 升温。当温度升高至设定温度时，控制面板指示灯亮红灯，温控器自动切断电源，停止加热并进入恒温状态。

此时，若高温炉工作正常，则空箱试验完成。

（3）放入灼烧物

当炉温升至设定温度时，将炉门打开成一条缝稍冷，然后开启炉门，将灼烧物用坩埚钳送至炉门口预热，再放入炉膛中央，关紧炉门。

（4）恒温灼烧

当炉温升至设定温度时，控制面板指示灯亮红灯，此时进入恒温状态，恒温时间由此计算。恒温表现为自动温控器红绿灯交替闪亮，温度指示针持续指向设定温度不变化，直至恒温结束。

（5）开启炉门

恒温灼烧结束时，先关闭温控器电源开关，再将炉门开一条小缝，待炉膛红热稍退后再全部开启炉门。

（6）取出灼烧物

完全开启炉门，先将坩埚钳置于炉膛中预热，再将灼烧物移至炉门口，待其红热稍退后才能取出，并应放置于坩埚架或耐热瓷板上，继续在空气中冷却 5min 后移入干燥器内。放入干燥器内的灼烧物温度仍然较高，应每隔一段时间推开干燥器玻璃盖子放热，直至灼烧物冷却至室温。

（7）结束工作

灼烧完毕后，断开电源，开启炉门降至室温，清扫炉膛内残渣后关闭炉门，并填写仪器使用记录表。

3. 高温炉的使用注意事项及维护

① 若高温炉初次使用或长期未使用时，必须进行烘炉操作。烘炉方法如下：设定温度在200℃工作4h，可以略开炉门，放走潮气；再设定温度在600℃工作4h即可烘炉完毕。

② 为延长高温炉工作寿命，其长期工作温度应比额定温度低50℃。

③ 炉门应轻开轻闭，取放坩埚应轻拿轻放，避免损坏炉口及炉膛；同时，工作中应减少开启炉门的次数，避免炉膛内温度急冷急热，防止炉膛内壁损坏。

④ 取放坩埚时，应戴上隔热手套并使用坩埚钳夹取，防止烫伤。

⑤ 高温炉适宜放置在环境温度5～40℃、相对湿度不大于80%的环境中，不得放在有强烈磁场、强烈腐蚀性气体、大量灰尘及有震动或爆炸性气体的环境中，防止炉体及电路损坏。

进度检查

一、填空题

1. 高温炉又称为__________，一般由__________、__________、__________及__________组成。

2. 可调式电炉是一种能调节不同__________的电炉。

3. 用电炉加热金属容器，应在电炉盘上垫一块__________，防止发生短路或触电事故。

4. 电炉使用时，严防将__________洒入炉盘，以免发生__________或炉盘骤冷而破裂。

5. 实验室常用的电热套按照其功能可分为：__________、__________以及__________三种。

6. 电热板可以进行样品__________、__________、__________等处理操作。

7. 电磁炉是利用__________原理将__________的电加热设备。

8. 恒温水浴锅使用过程中要留意及时__________，防止加热时间过长导致__________，烧坏__________，从而使水进入套管毁坏电炉丝或发生__________等现象。

9. 电热鼓风恒温干燥箱由__________、__________、__________和__________四部分组成。

10. 马弗炉初次使用或长期停用后再次使用，必须进行__________。

二、判断题（正确的在括号内画"√"，错误的画"×"）

1. 电炉的功率大小主要由电炉丝的电阻值而定。（　　）

2. 热电偶的检测端被加热，而输出端则将信号传至自动温度控制器。（　　）

3. 自动温度控制器的绿灯亮，表明电炉在升温；若红灯亮，表明电炉在恒温。（　　）

4. 灼烧坩埚时，可将坩埚直接送入红热的炉膛内。（　　）

5. 坩埚灼烧完毕后，可从炉内直接取出放在工作台面上进行冷却。（　　）

6. 烘箱正常工作过程中，无论箱体内温度如何都可随意开启箱门。（　　）

7. 在水浴锅上加热的受热容器，应以适当方式加以固定。（　　）

8. 要求受热均匀的加热操作，可在电热恒温水浴锅上进行。（　　）

9. 在从水浴锅上取下受热容器之前，先切断电源的目的仅在于停止加热。（　　）

三、选择题（将正确答案的序号填入括号内）

1. 电阻丝式高温炉的最高使用温度为（　　），常用工作温度是（　　）；硅碳棒式高温炉最高温度达（　　），常用工作温度是（　　）。

A. 1000℃　　B. 1300℃　　C. 1350℃　　D. 950℃

2. 下列有关高温炉的空箱试验的操作顺序排列正确的是（　　）。

A. 调节调压开关、调整零点、设定温度

B. 调整零点、升温、设定温度、通电启动

C. 调整零点、设定温度、通电启动、升温

3. 下列有关操作的描述错误的是（　　）。

A. 从炉膛夹取红热的坩埚前，坩埚钳应先预热

B. 灼烧结束，可立即将炉门打开

C. 灼烧普通坩埚时，盖子不应盖严

D. 坩埚应先预热，再放入炉膛

4. 下列有关描述错误的是（　　）。

A. 取放坩埚等物品时，切勿碰及热电偶

B. 用干燥器冷却坩埚等物品时，切勿打开盖子

C. 从炉膛取出物品时，切勿触及炉壁

5. 下列有关灼烧操作的顺序排列错误的是（　　）。

A. 放入被灼烧物、恒温灼烧、开门取物

B. 开启炉门、取出物品、灼烧完毕

C. 放入物品、取出物品、恒温灼烧

6. 下列有关恒温干燥箱的描述错误的是（　　）。

A. 烘箱干燥玻璃仪器时的温度设置为105℃并干燥1h

B. 恒温干燥的同时会鼓风

C. 烘箱干燥硅胶时的温度设置为120℃并干燥1～1.5h，直至硅胶全部变为粉红色

7. 下列关于烘箱中放置干燥物品的描述错误的是（　　）。

A. 干燥品切勿太拥挤，应留出鼓风流向空间

B. 当空间不够时，可将干燥品放在散热板上

C. 放置玻璃器皿时，应自上而下依次放置

8. 防止烘箱玻璃门骤冷破裂的方法是（　　）。

A. 开条缝隙降温后再完全打开　　　　B. 干燥时烘箱门一直开着

C. 不开箱门　　　　　　　　　　　　D. 直接打开烘箱门

9. 在使用电热恒温水浴锅时，下列表现属升温的是（　　）；属正常恒温的是（　　）。

A. 红、绿灯交替熄亮　　B. 红灯亮　　C. 无反应

10. 使用电热恒温水浴锅时，下列操作正确的是（　　）。

A. 先通电后加水　　B. 先加水后通电　C. 加水、通电同时进行

四、操作题

1. 用电热恒温干燥箱再生变色硅胶。

要求：①操作正确；②恒温控制在 120℃；③变色硅胶全部变为蓝色。

2. 用电热恒温水浴锅（箱）分别加热烧杯（或锥形瓶），以及圆底烧瓶中的水。

要求：①操作正确；②试管和烧瓶要以适当的方法固定；③水浴锅中水的温度恒定在 80℃；④恒温时间 20min。

编号 FJC-31-03

学习单元 4-3 实验室常用电动设备操作

学习目标： 完成本单元的学习之后，能够正确使用分析室常见的电磁搅拌器、离心机、空气压缩机及真空泵的基本操作。

职业领域： 化学、石油、环保、医药、冶金、食品等工程。

工作范围： 分析

所需仪器、试剂和设备：

序号	名称及说明	数量	序号	名称及说明	数量
1	电磁力加热搅拌器	1台	6	抽滤瓶	1个
2	台式高速离心机(1500W)	1台	7	500mL 烧杯	1个
3	空气压缩机(1000W)	1台	8	300mL 圆底烧瓶	1个
4	循环水式真空泵(1500W)	1台	9	铁架台(带烧瓶夹)	1套
5	布氏漏斗	1个	10	橡胶管	1根

实验室除了常用的电加热设备之外，还有常用的电动设备，主要包括：电动搅拌器、磁力加热搅拌器、台式离心机、空气压缩机及真空泵等。这些电气设备主要用于搅拌、分离及提纯等操作，在实验过程当中使用频繁。若操作不当，容易引起仪器损坏及人员伤亡等严重事故。下面就对这些常用电动设备的操作进行详细介绍。

一、搅拌器及其操作

搅拌器常用于搅拌和分散中低黏度介质，一般为有机分析中油类物质、油水混合物或胶体溶液等。搅拌器适用于实验室日常的分析工作，并根据其结构和原理的不同，可分为电动搅拌器和电磁力搅拌器两种。

1. 电动搅拌器

电动搅拌器是利用电动机带动搅拌棒转动而完成搅拌任务的设备，通常和调速器配套使用。其特点是搅拌运转稳定，转速可以任意调节，搅拌扭力大，具有使反应和热温度均匀的作用。

（1）电动搅拌器的构造

电动搅拌器一般由搅拌电机、数显调速器、机座三大部分组成。搅拌电机安装在垂直的支架上，支架固定在机座上，搅拌电机沿支架可以任意升降以调节高度。搅拌电机主轴配有搅拌夹头，用以轧牢各式搅拌桨。数显调速器可以调节搅拌器的转速。以 RW20 数显型顶置式搅拌器为例，其构造如图 4-17 所示。

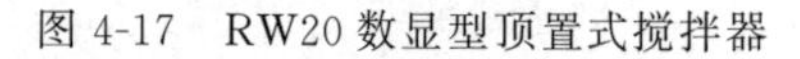

图 4-17　RW20 数显型顶置式搅拌器

图 4-18　RW20 电动搅拌器组装图

（2）电动搅拌器的组装

以 RW20 数显型顶置式搅拌器为例，其组装如图 4-18 所示。具体组装步骤如下：

① 将反应容器放置在机座上，并用适当的夹具夹牢反应容器并固定在支架上。

② 调整并确定搅拌器位置，然后拧紧固定夹头两端螺栓，将搅拌电机固定在支架上。

③ 安装搅拌桨。将搅拌桨插入转夹头，使用扳手将搅拌桨固定牢固（同时安装搅拌桨保护罩）。

④ 调整搅拌电机的位置，使电机轴芯、搅拌桨、反应容器三者的中心轴线在同一直线上。

（3）电动搅拌器的操作

① 先组装好仪器和反应容器，并将调速旋钮调到“低位”（数显为“0”）。

② 接通电源，打开电源开关（红灯亮），但搅拌桨不转动。

③ 转动仪器面板上的调速旋钮由“低位”缓慢旋向“高位”，同时液晶屏上显示转速，使搅拌器低速转。

④ 逐渐旋转调速旋钮，液晶屏上转速逐渐加快，搅拌速度也逐渐加快，直至达到实验要求转速，搅拌时间从转速稳定后开始计算。

⑤ 搅拌结束。将调速旋钮逆时针旋回“低位”，同时数显为“0”。关闭搅拌器电源开关，断开电源。取下搅拌桨，洗净、干燥后备用。

⑥ 小心取下反应容器，防止反应溶液溅入搅拌器内。将搅拌器放置于通风干燥处。最后填写仪器使用记录表。

（4）电动搅拌器的使用注意事项及维护

① 电动搅拌器使用前应进行检查，确保搅拌电机和搅拌桨已安装牢固。另外，需对安装进行周期性的检查。

② 若需要调整搅拌器位置，必须在搅拌器停止运转并断开电源后方可进行。

③ 电动搅拌器动力较大，不适合手动操作，必须配合支架台使用。

④ 不能空载操作搅拌器，设定转速时要注意避免由于转动不稳定导致介质溅出。

⑤ 不能在易爆或水下的环境中操作使用搅拌器，也不能用搅拌器处理易燃易爆等危险的物质。

2. 电磁力搅拌器

分析实验室中最常使用的搅拌器就是电磁力加热搅拌器，它由微型电动机带动磁钢转动，利用磁钢转动所产生的旋转磁场带动搅拌器托盘上玻璃容器内的搅拌转头来完成搅拌任务，可在容器内对不同黏度的溶液进行搅拌。电磁力加热搅拌器采用电热板加热，分为普通式和恒温式两类，其外形如图 4-19 和图 4-20 所示。下面详细介绍电磁力加热搅拌器的基本构造及操作。

图 4-19　普通式电磁力加热搅拌器

图 4-20　恒温式电磁力加热搅拌器

（1）电磁力加热搅拌器的构造

电磁力加热搅拌器是由电动机、磁钢、搅拌转头、搅拌器托盘、调速装置及电热板等部分组成，其中，恒温式搅拌器多了一个温度感应探头，如图 4-20 所示。面板装配有调速旋钮、控温加热开关、指示灯等，以实现接通电源、控制搅拌速度和加热的目的。

（2）电磁力加热搅拌器的操作

① 放入搅拌转头。将搅拌转头沿烧杯内壁慢慢放入盛有欲搅拌物的容器中，并将容器置于搅拌器托盘的中央。

② 接通电源。插入电源插头，开启电源开关，绿色指示灯亮表示电源接通。

③ 搅拌。将调速旋钮顺时针缓慢旋动，启动搅拌器直至达到所需搅拌速度，由搅拌转头带动溶液进行搅拌操作。

④ 加热。将调温旋钮顺时针缓慢旋动，开启加热开关直至达到所需加热温度。

⑤ 加热搅拌完毕。将控温旋钮逆时针旋转至关闭后，再逆时针旋转调速旋钮至关闭。然后关闭电源开关，断开电源。

⑥ 实验结束。隔热取下托盘上的容器，待搅拌器冷却至室温后放置于通风干燥处。最后，填写仪器使用记录表。

(3) 电磁力加热搅拌器的使用注意事项及维护

① 搅拌器使用之前应确保调速旋钮和控温旋钮调至为零。

② 搅拌时应缓慢加速，若出现搅拌转头跳动或不搅拌的现象，应先关闭调速旋钮，检查一下烧杯是否平置，且放置位置是否在托盘的正中央，然后待转头停止跳动后再缓慢加速。

③ 长期使用时，搅拌速度调节至中速运转可延长仪器使用寿命。

④ 仪器使用过程中应保持清洁干燥，严禁溶液进入仪器内部，若溶液不慎洒出，应立即关闭电源清理干净，以免腐蚀或影响电路及电机的正常工作。

⑤ 搅拌的同时需要加热操作时，应注意感温探头不能紧挨着容器底部，要留出搅拌转头搅拌空间，防止相碰造成仪器损坏。

二、离心机及其操作

离心机是利用离心力使得需要分离的不同物料得到加速分离的仪器。它是利用不同密度或粒度的颗粒在液体中沉降速度不同的特点，用于将悬浮液中的固体颗粒与液体分开，或将乳浊液中两种密度不同又互不相溶的液体分开。离心机大量应用于化工、石油、食品、制药、煤炭及水处理等操作过程中。

分析实验室中常用的离心机是台式离心机，主要根据其分离效率及转速不同大致分为以下几类：常速离心机、台式高速离心机及超高速冷冻离心机，其外形如图 4-21、图 4-22 和图 4-23 所示。其中，常速离心机的转速一般不高于 10000r/min，这种离心机的转速较低，直径较大，普通产品不配备制冷系统；台式高速离心机的转速在 10000～30000 r/min 范围内，由于转速较高，产生离心力大，是对样品溶液中悬浮物质进行高纯度分离、浓缩、精制，提取各种样品进行分析研究的有效制备仪器；超高速离心机的转速很高，在 30000r/min 以上，所以转鼓做成细长管式，同时配有制冷系统。

图 4-21　常速离心机

图 4-22　台式高速离心机

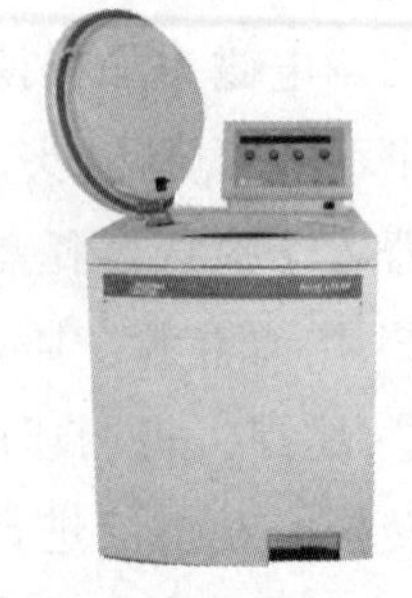

图 4-23　超高速冷冻离心机

1. 离心机的构造

以台式高速离心机为例，其构造主要由机架、传动系统、减震装置和电气控制系统四部分组成。

① 机架部分。机架部分由机壳、底板、控制面板及盖板等组成。底板上固定着电机及电机控制箱，机壳将底板等零件盖在里面，机壳上有壳盖封闭离心室。

② 传动系统。传动系统由电机、圆盘、电机盖、衬套、密封圈、旋转螺母及转头、离心试管等零部件组成。电机通过电机轴将转矩及转速传给转头，转头与固定在上面的离心试管一起运行，实现对离心试管中样品的分离。

③ 减震装置。高速离心过程中，由于离心机的放置不稳或试样放入不均衡，有可能出现高频振动现象，需要利用减震装置消除震动。减震装置主要是由灵敏弹簧构成，弹簧组固定在离心室的下部，能够及时调整离心室在离心过程当中的不平衡性。

④ 电气控制系统。控制电路部分主要由电源电路、电脑板、电机控制及保护与报警电路四部分组成，主要用于实现操作面板对仪器的控制，以及使用当中仪器的自动保护功能。

2. 离心机的操作

以 SF-TGL-20A 型台式高速离心机为例，仪器的操作步骤如下：

① 打开电源开关，显示屏亮起，按下停止键打开门盖。

② 把待分离样品等量放置在离心管内，并将离心管对称放入转头杯托内，不得空缺或不规范放置，确保无误后关闭门盖。

③ 设置参数。按下设置键，机器进入设置状态，同时转头号窗口闪烁，按下加或减键，选择所需要的转头号；按下移位键，进入下一个转速窗口，按下加或减键，选择需要的转速；按下移位键进入时间窗口，按下加或减键选择需要离心的时间；当所有程序设置完后，再按下设置键退出，所有设置程序已保存，然后按下启动键机器开始运行，参数设置面板如图 4-24 所示。

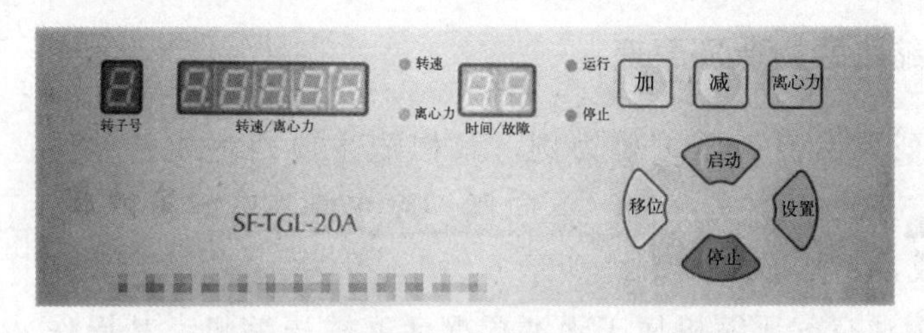

图 4-24 SF-TGL-20A 型台式高速离心机参数设置面板

④ 离心完成。当离心机达到设定时间便自动刹车停机，并在停稳后有蜂鸣声提示离心操作已完成。按停止键把门盖打开慢慢取出离心管。

⑤ 操作结束后，清理离心室及转头杯托，关闭门盖。然后关闭电源开关，断开电源。

3. 离心机的使用注意事项及维护

① 离心的物品一定要用天平称量进行离心平衡的调节，保证其质量差异不要超出所允许最大不平衡量，离心管排成偶数对称放置在转头内，严禁转头不平衡运转。

② 在离心试管中放好离心物品后，切记一定要盖上转头盖。

③ 离心机严禁分离酸及含有强酸性的物质、有毒有害易燃易爆物质、有化学反应产生大量引发危险的气体物质，同时，严禁分离有放射性的物质。并在每次使用后，务必将腔体和转头擦拭干净并晾干，防止腐蚀和生锈，并取下转头。

④ 离心机在升速过程中人员不要离开，若使用过程中机器噪声突然增大，机身严重摇摆应立即关机，断开电源，查清原因排除故障后再使用。

⑤ 离心机更换转头必须先切断电源，再进行更换以确保安全。更换转头时应打开门盖，使用专用工具将螺帽逆时针方向旋转后取出转头，换上所需要的转头，并把更换好的转头安装到位，确认无误后，再顺时针方向拧紧螺帽，转头更换完成。

⑥ 离心机工作时，操作人员不得靠在离心机上，并在安全范围之外等待。等分离时间结束后，离心机完全停稳并发出蜂鸣声后方可打开门盖。在未确定离心机完全停稳或未听见蜂鸣声时，严禁借用工具强行打开门盖。

三、空气压缩机及其操作

空气压缩机是气源装置中的主体，它是将电动机的机械能转换成气体压能的装置，是压缩空气的气压发生装置。

空气压缩机的种类很多。按润滑方式可分为无油空压机和机油润滑空压机；按性能可分为低噪音空压机、可变频空压机及防爆空压机等；按所压缩的气体不同可分为空气压缩机、氧气压缩机、氨压缩机及煤气压缩机等。

图 4-25 JYK 系列无油空气压缩机

1. 空气压缩机的构造及原理

以 JYK 系列无油空气压缩机为例，其构造主要由主机、储气罐、压力开关、压力表、安全阀、单向阀、放水阀、管路、电路、减震元件等组成，其外形如图 4-25 所示。

JYK 系列无油空气压缩机属于无油摇摆活塞式压缩机，其操作原理为：电机运转，空气通过空气过滤器进入压缩机内，压缩机将空气压缩，压缩气体通过气流管道打开单向阀进入储气罐，压力表指针显示随之上升至最大压力。大于最大压力时，压力开关感应到压力后自动关闭，电机随即停止工作，同时电磁阀将压缩机机头内气压排至 0MPa。此时储气罐内气体压力仍为最大压力，气体通过球阀排气驱动连接的设备进行工作。当储气罐内气压下降至最低压力时，压力控制自动开启，压缩机重新开始压缩空气进入储气罐，压力表指针显示随即又上升至最大压力。

2. 空气压缩机的操作

以JYK系列无油空压机（以下简称为空压机）为例，其操作步骤如下：

① 空压机应放置在平整牢固的地面上，以防止在工作时发生震动而移位。

② 使用空压机前应检查排水球阀是否关闭，压力控制开关是否处于关闭状态，排气口球阀是否处于关闭状态，检查电源电压是否正常。

③ 安装空气过滤器，并插入输气管，将输气管另一头与外接设备相连接。

④ 接通电源，空压机随即开始运转。

⑤ 空气压缩机启动的同时会向储气罐供气。压力表指针随之上升，当压力表指示为最大压力时，压力控制开关应自动切断空气压缩机的电源，空气压缩机应立即停止工作。储气罐内气压下降至最低压力时，压力控制自动闭合，空气压缩机又自动启动，周而复始，达到控制气压，从而进行实验操作。

⑥ 空压机使用完毕后，断开电源，空压机立即停止工作。

⑦ 关闭空压机后，观察储气罐压力表显示没有压力时，将球阀打开使积水从排水阀流出，通过排污软管排放，直至积水放完为止。放水完毕，关闭球阀，防止漏气。

⑧ 空压机使用完毕后应填写仪器使用记录表，并将空压机置于5～40℃的清洁、干燥、通风、避光的环境中。

3. 空气压缩机的使用注意事项及维护

① 空压机因断电停机时，为防止压缩机带压启动，再开机时应扳动压力开关将管路中的空气排净，再重新启动空压机。

② 空压机发现严重漏气、异响、异味时要立即停止运行，查明原因排除故障恢复正常后才能再次运行。

③ 无油空压机的摩擦零件均有树脂材料的润滑剂，故千万不要加润滑油。

④ 压缩机至少每季维护保养一次，保养内容包括彻底清除压缩机外部尘土和污物，检查并紧固压缩机各处连接螺栓，接地线是否完好，检查电器线路有无老化破损。

四、真空泵及其操作

真空泵是指利用机械、物理、化学或物理化学的方法对被抽容器进行抽气而获得真空的用电设备。真空泵广泛用于冶金、化工、食品、电子镀膜等行业。根据使用方法和条件的不同，分析实验室中主要有两种真空泵：一种是旋片式真空泵，一种是循环水式真空泵，其外形分别如图4-26及图4-27所示。

图 4-26 旋片式真空泵

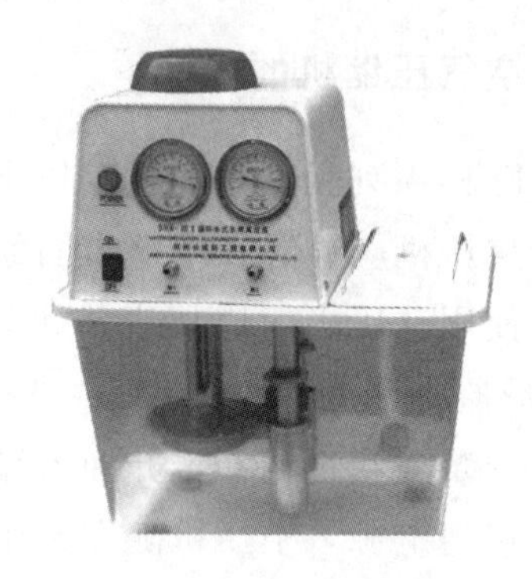

图 4-27 循环水式真空泵

1. 旋片式真空泵

旋片式真空泵有单级和双极之分，其中双极旋片式真空泵由两个单机串联而成，属于高速直联（电机直接驱动）双极旋片油封式变容真空泵。旋片式真空泵具有抽速大、安全可靠、极限真空度高、低噪音及不漏油等优点，所以它适用于需要获得高极限真空低噪音的科研、教学、实验室、分析仪器、医疗器械、真空镀膜等不同真空应用领域。

（1）旋片式真空泵的构造

旋片式真空泵泵体采用整体式结构设计，内置齿轮油泵、油泵压力控制系统、油液循环过滤系统及润滑密封装置等结构，其外部结构如图 4-28 所示。

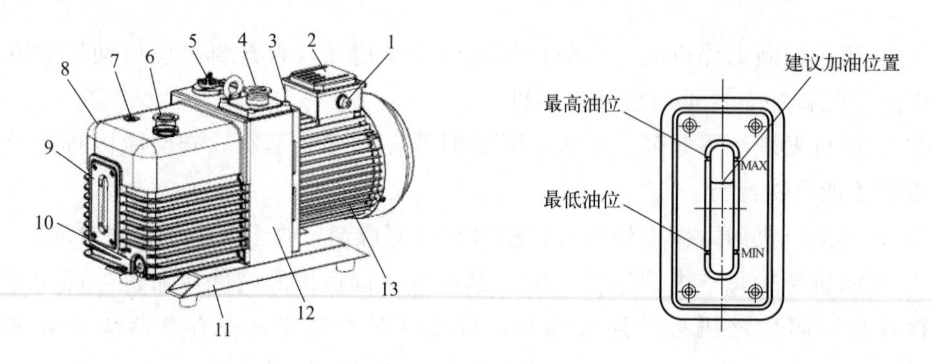

图 4-28 旋片式真空泵外部结构

1—出线口；2—接线盒盖；3—接线盒；4—进气口；5—气镇阀；6—排气口；7—注油塞；8—油箱；9—油位视窗；10—放油塞；11—泵脚；12—支架；13—电机

（2）旋片式真空泵的操作

① 将泵油加至油标横线处（或油标中心）。

② 旋转三通阀，使泵的吸气管路与大气相通，而与被抽空容器隔绝。打开排气口。

③ 接通电源，启动电机。

④ 待泵运转正常后，缓慢旋转三通阀，使泵的吸气管路与被抽空容器相通而与

大气隔绝。

⑤ 停止使用时，先旋转三通阀，使泵的吸气管路与被抽空容器隔绝而与大气相通。断开电源，电机停止运转。

⑥ 用胶塞堵住排气口，盖严泵盖。

⑦ 真空泵使用完毕后应填写仪器使用记录表，并将其置于温度在10～40℃的清洁、干燥、通风、无尘埃的环境中。

(3) 旋片式真空泵的使用注意事项及维护

① 真空泵的安装地面必须平坦、坚实，使之运转均匀、不受震动。

② 连接被抽容器的管路宜短，弯头宜少，并选用厚壁真空橡胶管作连接管，管内应无灰尘和杂物。管道连接要严密，防止漏气。

③ 在连接管路上安装真空三通阀，以便使泵与抽空容器隔绝而与大气相通。根据实际情况，在进气管路上设置气体吸收、干燥、冷却、净化、缓冲等保护装置，防止腐蚀性气体、潮湿气体、温度过高的气体、含有尘埃或其他杂质的气体进入泵体之内，以确保泵的性能，延长泵的使用寿命。

④ 使用完毕后，要盖好进气口盖和出气口盖，防止灰尘、杂物、潮气进入泵体内，影响泵的性能。

⑤ 泵油清洁与否对泵的真空度有很大影响，新泵一般工作半个月即应更换新油，若泵的真空度下降，应更换泵油。

2. 循环水式真空泵

循环水式多用真空泵是以循环水作为工作流体，利用射流产生负压原理而设计的一种多用真空泵。该真空泵能为蒸发、蒸馏、结晶、干燥、升华、过滤减压、脱气等过程提供基础真空条件，特别适合于大专院校、科研院所、化工、制药、生化、食品、农药、农业工程、生物工程等行业的实验室使用。

(1) 循环水式真空泵的结构

循环水式真空泵主要由主机泵体、机身、真空表、抽头及开关组成。其主机泵体采用不锈钢防腐材质机芯，耐腐蚀、无污染、噪声低、移动方便，还可根据需要加装真空调节阀。机身采用双抽头，其上装有两个真空表，可单独也可并联使用，其外部结构如图4-29所示。

(2) 循环水式真空泵的操作

① 打开水箱上盖，注入纯水或清洁凉水，水位高度以略低于溢水嘴为限。

② 接通电源，打开启动开关，水泵开始工作。

③ 用手指堵住抽气嘴，观察对应的真空表能达到接近－0.1MPa真空度，表示泵工作正常。

④ 将抽气橡胶管牢固连接在抽气嘴上开始抽真空操作。

⑤ 停止使用时，应先断开抽气软管使水泵与被抽空容器隔绝而与大气相通。关闭开关，水泵停止工作。

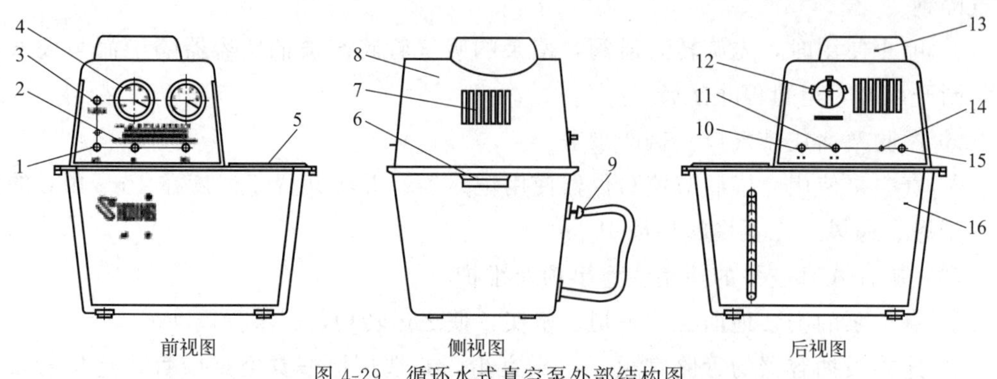

图 4-29　循环水式真空泵外部结构图

1—电源开关；2—抽气嘴；3—电源指示灯；4—真空表；5—水箱盖；
6—扣手；7—散热窗；8—上帽；9—放水软管 10～11—循环水进/出水口；
12—循环水转动开关；13—电机风罩；14—电源进线；15—保险座；16—水箱

⑥ 断开电源，放掉水箱里面的循环水并清洁水箱，将水泵放在清洁、干燥、通风、无尘埃的环境中。最后，使用完毕后应填写仪器使用记录表。

(3) 循环水式真空泵的使用注意事项及维护

① 经常保持水质清洁是设备能长期稳定工作的关键。必须定期换水、清洗水箱。不能对粉尘和固体物质进行抽气操作。

② 某些气体可导致水箱内水质变差或产生气泡，从而影响真空度，故应注意随时更换新的循环水。

③ 真空度上不去应首先判断是否被抽容器泄漏或抽气软管接头松动。如属水泵的问题，则应检查进水口或各气路是否堵塞或松动导致漏气。

④ 循环水真空泵的极限真空度受水的饱和蒸气压限制。长时间作业，水温升高会影响真空度。此时可将设备背后放水口（下口）与自来水接通。溢水口（上口）排水。适当控制流量即可保持水箱内水温不升，真空度稳定。

进度检查

一、填空题

1. 电动搅拌器是______________________的设备。电动搅拌器一般由________、________、________三部分组成。

2. 电磁力加热搅拌器是由______、______、______、______、______及______等部分组成。其中，恒温式磁力加热搅拌器比普通磁力加热搅拌器多了一个__________。

3. 离心机是利用____________力分离不同物料____________的仪器。它是利用__________的特点进行试样的分离。

4. 台式高速离心机主要由__________、__________、__________和__________

四部分组成。

5. 空气压缩机是______________________的装置。

6. 真空泵是指利用各种方法对被抽容器______________的用电设备。真空泵根据使用方法和条件的不同分为________和________。

7. 循环水式真空泵主要由_____、_____、_____、_____及_____组成。

二、不定项选择题（将正确答案的序号填入括号内）

1. 下列有关电动搅拌装置组装的描述正确的是（　　）。

A. 组装的步骤可任意调换

B. 搅拌桨应插入反应容器的中心，并要接触容器底部

C. 电动机、搅拌桨、反应器三者的中心轴线应在同一直线上

2. 使用电动搅拌器的第三步操作是（　　）。

A. 调整转速至要求速度

B. 将调速旋钮由“低位”旋向“高位”

C. 接通电源，打开调速器开关

3. 磁力加热搅拌器的作用是（　　）。

A. 搅拌　　B. 加热　　C. 搅拌和加热

4. 下列有关循环水式真空泵的操作描述正确的是（　　）。

A. 启动前，使水泵与抽空容器相通

B. 水泵运转正常后，再与抽空容器相通

C. 水箱中的清水加至标线以上

5. 下列有关台式离心机的操作描述正确的是（　　）。

A. 离心机未停稳，可借用工具强行打开门盖取出离心管

B. 离心的物品一定要用天平调节平衡，并排成偶数对称放置在转头内

C. 离心机工作时，操作人员可靠在离心机上等待

三、判断题（正确的在括号内画“√”，错误的画“×”）

1. 电动搅拌器是由电动机来完成溶液搅拌任务的。（　　）

2. 电动搅拌器空载转速小于负载转速。（　　）

3. 磁力搅拌器使用搅拌转子进行搅拌，其作用同于搅拌桨。（　　）

4. 旋片式真空泵停机前，其抽气管路必须破空，以防止泵油倒吸。（　　）

5. 严防腐蚀性气体、液体、水、灰尘及其他杂物进入油泵体内。（　　）

6. 若发现泵油变质及真空度降低时应立即更换新泵油。（　　）

四、操作题

1. 电动搅拌器的使用操作

要求：①正确安装电动搅拌装置，电动机轴芯、搅拌桨、反应容器三者的中轴线在同一直线上；②以圆底烧瓶为反应器，以水代替反应物；③搅拌 10min，转速应小于 1000r/min。

2. 磁力加热搅拌器的使用操作

要求：①步骤清楚正确；②以水代替反应物；③水温加热至 50℃ 恒温搅拌 10min。

3. 台式高速离心机的使用操作

要求：①步骤清楚正确；②以水代替离心试样物；③转速 12000r/min，离心时间 10min。

4. 无油空气压缩机的使用操作

要求：①步骤清楚正确；②压缩空气时间 5min。

5. 循环水式真空泵的操作

要求：①正确安装真空抽气装置；②真空泵的操作步骤要规范、正确。

编号 FJC-31-04

学习单元 4-4　实验室通风设备操作

学习目标： 完成本单元的学习之后，能够正确使用分析室常见通风排气设备进行通风换气操作。

职业领域： 化学、石油、环保、医药、冶金、食品等工程。

工作范围： 分析

所需仪器、试剂和设备

通风橱 1 台；通风排气罩 1 台。

在样品处理和分析工作中经常会产生各种有毒、有腐蚀性或易燃易爆的气体，这些气体必须通过通风设备及时排出室外。分析室常用的通风系统主要有通风橱、通风排气罩以及全室通风三种方式。

一、通风橱

1. 通风橱的分类

通风橱也叫通风柜，一般长 1.5～1.8m，深 800～850mm，空间高度大于 1.5m。前门及侧壁安装玻璃，前门的式样有推拉式、插挡式和吊装式，开启方便灵活。通过前门和侧壁可观察柜内试验情况。当使用易燃有机溶剂及有毒气体或进行能产生有毒气体的试验时，必须在通风柜内操作。常见的有顶抽式通风橱和狭缝式通风橱，其简图分别如图 4-30 和图 4-31 所示。其中，狭缝式通风橱的通风排风效果较好一些。

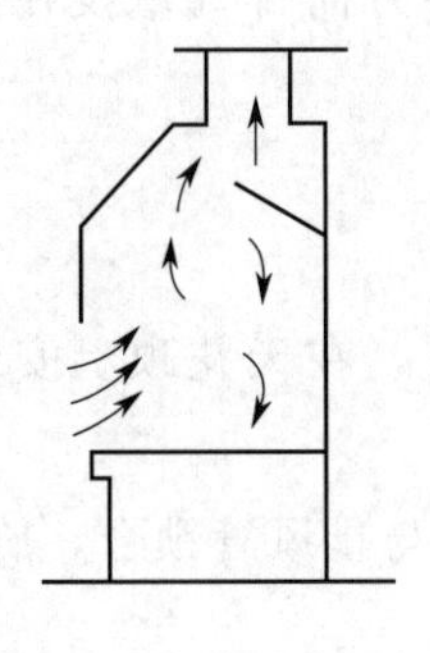

图 4-30　顶抽式通风橱

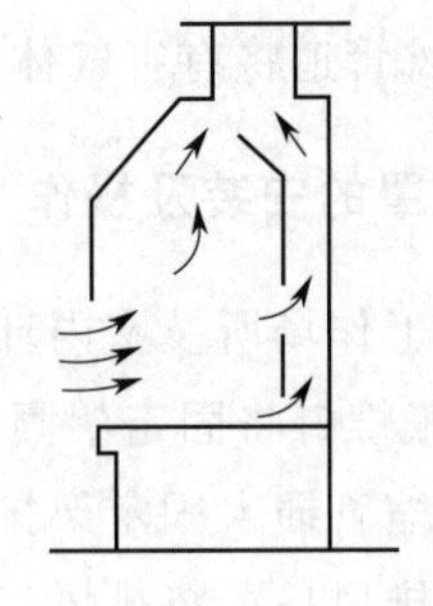

图 4-31　狭缝式通风橱

2. 通风橱的操作

① 按下控制面板开关按钮。

② 打开照明和风机开关。

③ 使用时，注意勿将杂物倒入通风橱的水槽，以免造成管道堵塞。

④ 使用完毕后，及时将通风橱内清洁干净。

⑤ 关闭照明及风机开关，断开电源。

3. 通风橱的使用注意事项及维护

① 使用通风橱之前，先开启排风后才能在通风橱内进行操作。

② 操作强酸强碱及挥发有害性气体的试剂时，必须拉下通风橱玻璃活动挡板进行操作。严禁在通风橱内进行爆炸性实验，注意保护自身安全。

③ 操作实验时，切勿用头、手等身体其他部位，或其他硬物碰撞玻璃活动挡板。

④ 在通风橱内使用加热设备时，建议在设备下方垫上石棉垫或隔热板。

⑤ 实验操作完毕后，不要立即关闭排风。应继续排风 1～2min，确保通风橱内有害气体和残留废气全部排出。

⑥ 实验工作完毕后，关闭所有电源，再对通风橱进行清洁。清除在通风橱内的杂物和残留的溶液。切勿在仪器带电运转时进行清理工作。

⑦ 通风橱内不得摆放易燃易爆物品。

二、通风排气罩

1. 排气罩的分类

若分析仪器较大或无法在通风橱中操作，但又要排走实验过程中散发的有害物质时，可采用通风排气罩，分为围挡式排气罩、侧吸罩、伞形罩三种。实验室常用的为伞形排气罩，其外形和结构如图 4-32 所示。实验室内将万向排气罩设在有害气体上方，通过排风管道将有害气体用风机排出室外。

2. 排气罩的安装及操作

① 根据工作场所及室内环境选择排气罩的安装位置，在天花顶上安装固定座孔打孔，用膨胀螺钉将固定架固定于天花板上。

② 把伸缩管插入固定架排风管孔，用管箍将伸缩管与排风管锁合，旋紧集气罩。

③ 连接排风口，将排风口与抽风系统连接。

④ 打开开关，根据实验需求抽拉排气罩，使其对准排气地点进行气体抽排。

⑤ 使用完毕后关闭开关，并将集气罩折叠复位。

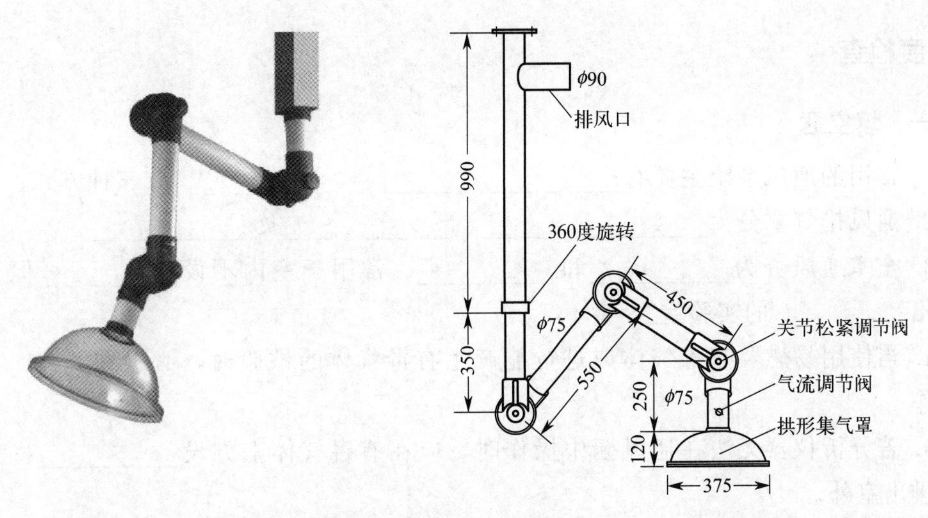

图 4-32　万向排气罩外形及结构图（单位：mm）

3. 排气罩的使用注意事项及维护

① 关节内有压力轴承及橡胶圈，若关节松动，可适当旋紧关节旋钮。

② 推拉排气罩不要用力过猛，且伸缩管与固定架在竖直平面内不能超过 90°，否则会反弹。

③ 根据实验废气的性质，应每隔一段时间清洁排气罩体。

④ 安装高度，天花顶与吸气口竖直距离最大 2440mm，最小 1710mm。

三、全室通风

全室通风分为自然通风和机械通风。常用于室内不设通风橱但又需要排出有害物质的实验室。

1. 自然通风

自然通风主要依靠一定的进风口和通风竖井，让空气按所要求的方向流动。实验室常见的做法是在外墙下部或门下部装百叶通风口，并在房间内侧设置竖井让空气自动排出。本法只适用于室内温度高于室外温度，且有害物质浓度较低的实验室。

2. 机械通风

当自然通风满足不了室内通风换气的要求时，应采用机械通风，尤其是危险品库房及试剂库房等。机械通风就是在外墙上安装排风机进行室内换气。但对于散发易爆气体的库房，必须采用防爆排风机。

进度检查

一、填空题

1. 常用的通风系统主要有__________、__________及__________三种方式。

2. 通风排气罩分为_______________、____________及____________。

3. 全室通风分为__________和__________。常用于室内不设__________但又需要排出__________的实验室。

4. 当使用易燃及有毒气体或进行能产生有毒气体的试验时，必须在__________内操作。

5. 若分析仪器无法在通风橱中操作时，应在有害气体上方设__________将有害气体排出室外。

二、判断题（正确的在括号内画"√"，错误的画"×"）

1. 通风橱内应设置照明装置、加热装置、冷却水装置。（　　）

2. 分析室可设通风竖井进行自然通风。（　　）

3. 离开分析室时，应关闭通风设备。（　　）

三、操作题

1. 通风橱的使用操作

要求：①步骤清楚正确；②以热水代替挥发物质进行通风操作。

2. 排气罩的使用操作

要求：①步骤清楚正确；②以热水代替挥发物质进行通风操作。

评分标准

实验室安全用电及常用仪器的使用技能考试内容及评分标准

一、考试内容：实验室常用仪器的使用操作

（一）可调式电炉的基本操作

1. 用前检查
2. 接通电源
3. 受热容器的放置
4. 开炉加热
5. 使用结束

（二）电热恒温水浴箱的基本操作

1. 加水
2. 固定受热容器
3. 通电加热

4. 加热结束

（三）电热恒温干燥箱的基本操作

1. 空箱试验

2. 干燥试品

3. 干燥结束

4. 取出试品

（四）高温炉的基本操作

1. 空箱试验

（1）调整机械零点。

（2）设定温度。

（3）通电启动。

2. 放入坩埚

3. 恒温灼烧坩埚

4. 开启炉门

5. 取出坩埚

6. 二次灼烧

7. 灼烧完毕

（五）磁力加热搅拌器的基本操作

1. 搅拌准备

2. 搅拌与加热

3. 加热搅拌结束

（六）台式高速离心机的基本操作

1. 准备工作

2. 离心操作

3. 离心结束

（七）水泵的基本操作

1. 开泵准备

2. 开泵运行

3. 抽气结束

二、评分标准（100分）

内容	操作步骤	评分标准	配分	得分
可调式电炉的基本操作	1. 用前检查	每项1分;错、漏一项扣1分;顺序错扣3分	10	
	2. 接通电源	每项1分;错、漏一项扣1分;顺序错扣3分		
	3. 受热容器的放置	每项1分;错、漏一项扣1分;顺序错扣3分		
	4. 开炉加热及调温	每项1分;错、漏一项扣1分;顺序错扣3分		
	5. 使用结束	每项1分;错、漏一项扣1分;顺序错扣3分		

续表

内容	操作步骤	评分标准	配分	得分
电热恒温水浴锅的基本操作	1. 加水	每项1分;错、漏一项扣1分;顺序错扣3分	10	
	2. 固定受热容器	每项1分;错、漏一项扣1分;顺序错扣3分		
	3. 通电加热	每项1分;错、漏一项扣1分;顺序错扣3分		
	4. 加热结束	每项1分;错、漏一项扣1分;顺序错扣3分		
电热恒温干燥箱的基本操作	1. 空箱试验	每项2分;错、漏一项扣2分;顺序错扣5分	20	
	2. 干燥试品	每项2分;错、漏一项扣2分;顺序错扣5分		
	3. 干燥结束	每项2分;错、漏一项扣2分;顺序错扣5分		
	4. 取出试品	每项2分;错、漏一项扣2分;顺序错扣5分		
高温炉的基本操作	1. 空箱试验	每项2分;错、漏一项扣2分;顺序错扣5分	20	
	2. 放入坩埚	每项2分;错、漏一项扣2分;顺序错扣5分		
	3. 恒温灼烧坩埚	每项2分;错、漏一项扣2分;顺序错扣5分		
	4. 开启炉门	每项2分;错、漏一项扣2分;顺序错扣5分		
	5. 取出坩埚	每项2分;错、漏一项扣2分;顺序错扣5分		
	6. 二次灼烧	每项2分;错、漏一项扣2分;顺序错扣5分		
	7. 灼烧完毕	每项2分;错、漏一项扣2分;顺序错扣5分		
磁力加热搅拌器的基本操作	1. 搅拌准备	每项1分;错、漏一项扣1分;顺序错扣3分	10	
	2. 搅拌与加热	每项1分;错、漏一项扣1分;顺序错扣3分		
	3. 加热搅拌结束	每项1分;错、漏一项扣1分;顺序错扣3分		
台式高速离心机的基本操作	1. 准备工作	每项2分;错、漏一项扣2分;顺序错扣5分	20	
	2. 离心操作	每项2分;错、漏一项扣2分;顺序错扣5分		
	3. 离心结束	每项2分;错、漏一项扣2分;顺序错扣5分		
循环水式真空泵的基本操作	1. 开泵准备	每项1分;错、漏一项扣1分;顺序错扣3分	10	
	2. 开泵运行	每项1分;错、漏一项扣1分;顺序错扣3分		
	3. 抽气结束	每项1分;错、漏一项扣1分;顺序错扣3分		

素质拓展阅读

安全用电

电有一定危险性，但不能一味恐惧用电，而应学习科学合理地用电。

尼古拉·特斯拉，美国发明家、机械工程师、电气工程师。他被认为是电力商业化的重要推动者之一，并因主持设计了现代交流电系统而最为人知。1893年在芝加哥世界展览会上，他向公众演示高频电流通过自己身体产生的“可逆磁场”，即所谓的“特斯拉的旋转铁蛋”，让我们认识到电是可以被人科学利用的。

特斯拉这位伟大的科学家通过不断地实验和研究，一生获得了交流电、特斯拉线圈、粒子束武器特斯拉涡轮发动机、异步电动机旋转磁场、地面固定波、双线线圈、无线技术等千余项科技专利发明，他的多项相关专利以及电磁学的理论研究工作是现代的无线通信和无线电的基石。这正是“电可以为人所用”的最有力证明。

模块 5　加热操作

编号 FJC-32-01

学习单元 5-1　直接加热装置及操作

学习目标：完成本单元的学习之后，能够利用直接加热装置进行加热操作。

职业领域：化学、石油、环保、医药、冶金、食品等工程。

工作范围：分析

所需仪器、试剂和设备

序号	名称及说明	数量
1	酒精灯、酒精喷灯、煤气灯	各 1 个
2	铁架台	1 个
3	试管、烧杯、烧瓶、蒸发皿	各 1 个
4	不同类型(铂、镍、瓷、石英)的坩埚	各 1 个
5	石棉网、泥三角	各 1 个

根据试剂的性质和盛放该试剂的器皿，以及试剂用量和所需的加热程度，来选择加热的方法。针对热稳定性好的液体及固体可直接加热，而对于受热易分解或需严格控制加热温度的物质只能在热浴上间接加热。

一、直接加热装置

直接加热是分析室常用的加热方式之一，一般为非易燃易爆的化学试剂在明火上直接加热。加热时由于选用的仪器不同，加热试剂的状态及性质不同，加热的方法及装置也稍有差别。给液体加热可以用试管、烧杯、烧瓶、蒸发皿等；给固体加热可用干燥的试管、烧瓶、坩埚等。

1. 用试管进行直接加热的装置

① 加热试管内的液体，如图 5-1 所示。

② 加热试管内的固体，如图 5-2 所示。

2. 用烧杯或烧瓶直接加热的装置

① 加热烧杯内的液体，如图 5-3 所示。

② 加热烧瓶内的物质，如图 5-4 所示。

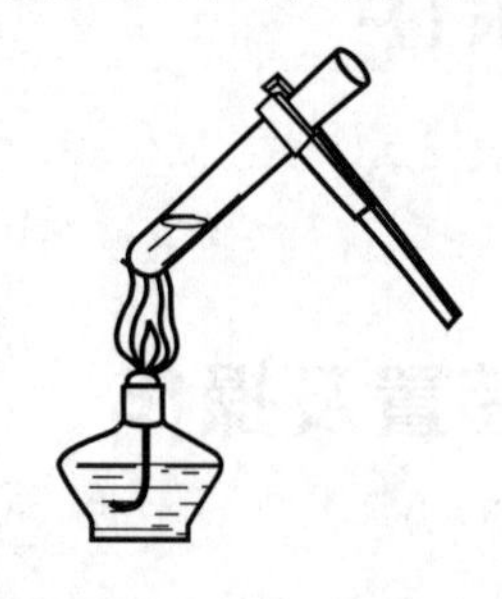

图 5-1 加热试管内的液体

图 5-2 加热试管内的固体

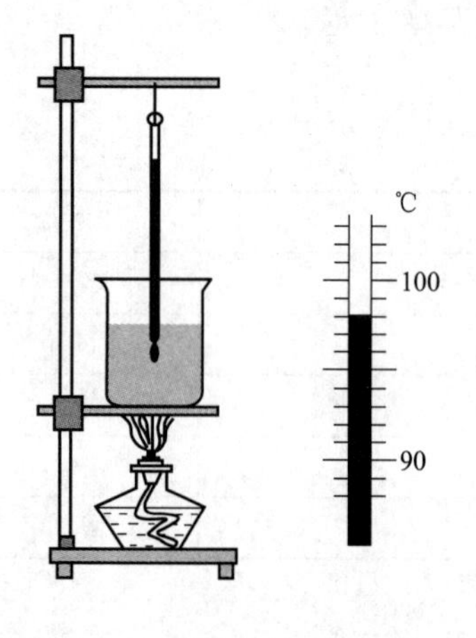

图 5-3 加热烧杯内的液体

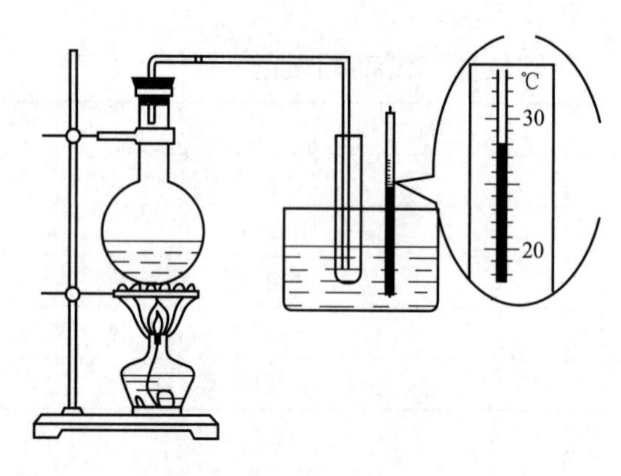

图 5-4 加热烧瓶内的物质

③ 用蒸发皿加热的装置

如图 5-5 所示。

④ 用坩埚加热的装置

如图 5-6 所示。

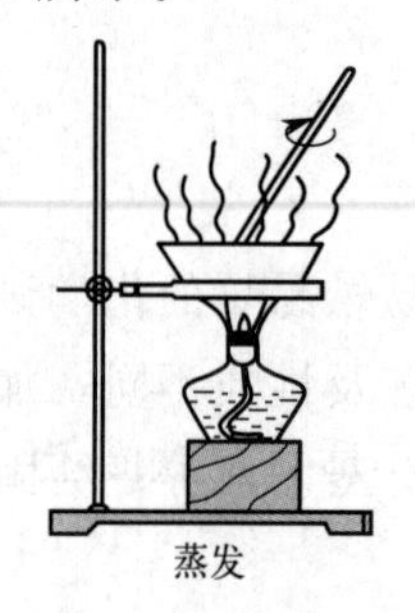

图 5-5 用蒸发皿加热

图 5-6 用坩埚加热

二、直接加热操作

1. 试管中液体的加热操作

① 试管中盛装液体的体积，不超过试管容积的 1/3。

② 用试管夹夹持试管中上部，试管略倾斜，管口向上，把受热液体置于外焰部分。

③ 为避免试管内的液体沸腾喷出伤人，所以加热时，试管口不能对着自己或他人。

④先加热液体的中上部，再慢慢下移，然后不时地上下移动，使液体均匀受热，避免液体因局部沸腾而使液体冲出，引起烫伤。

⑤ 加热完毕，关闭火焰，待试管冷却后，将液体倒掉，把试管洗涤干净放回原处。

2. 试管中固体的加热操作

① 首先将块状或粒状固体试剂研细，再用纸槽或药匙装入试管底部，装入量不能超过试管容量的1/3，铺平，然后固定试管。

② 加热时，管口要略向下倾斜，防止凝结在管口的水珠倒流到灼烧的试管底部，使试管炸裂。

③ 开始加热时，要逐步移动火焰或移动试管，待试管均匀受热后，再将火焰固定在放固体的位置加热。

④ 加热完毕，熄灭火焰，待试管冷却后将试剂倒出，再将试管洗涤干净后放回原处。

3. 烧杯（或烧瓶）直接加热液体的操作

① 将待加热的试剂加入到烧杯或烧瓶中，然后将烧杯或烧瓶放在铁架台的铁圈上（烧瓶要用夹子夹住颈部）。

② 在烧杯或烧瓶底部垫上石棉网，使受热均匀。

③ 将酒精灯外焰固定在烧杯或烧瓶的底部直接加热。

④ 加热完毕，熄灭灯焰，待烧杯和烧瓶冷却后，从铁架台上取下，将试剂倒出后洗涤干净放回原处。

4. 蒸发皿加热操作

① 将试剂加入蒸发皿后，把蒸发皿放在铁架台上大小适宜的铁圈上。

② 将灯焰移向蒸发皿，开始要逐渐移动灯焰，待均匀受热后，将灯焰固定在蒸发皿底部直接加热。

③ 加热完毕将灯焰熄灭，蒸发皿不要直接用手拿，要用坩埚钳夹取。

5. 坩埚加热操作

坩埚由于制作材料不同，性能和使用范围也不相同，首先要根据被加热的固体试样选用相应的坩埚。

① 将固体试样加入坩埚后，用坩埚钳把它放在泥三角上。

② 将灯焰（氧化焰）固定在坩埚底部由小火到大火直接加热，如需移动坩埚，必须用干净的坩埚钳夹住。

③ 坩埚钳使用前应先在火焰旁预热其尖端，然后再夹取。坩埚钳在使用后，应平放在桌上且尖端向上放置，以保证坩埚钳尖端的洁净。

④ 加热完毕，熄灭灯焰，用坩埚钳从泥三角上将坩埚取下。

⑤ 刚取下的坩埚温度很高，应放置在坩埚架上进行冷却。

进度检查

一、填空题

1. 给液体加热可以用__________、__________、__________、蒸发皿等。

2. 可以直接加热的仪器有__________、__________、__________、__________等。

3. 用试管加热液体时，试管口不能________________。

二、选择题

直接加热试管中固体的装置正确的是（　　）。

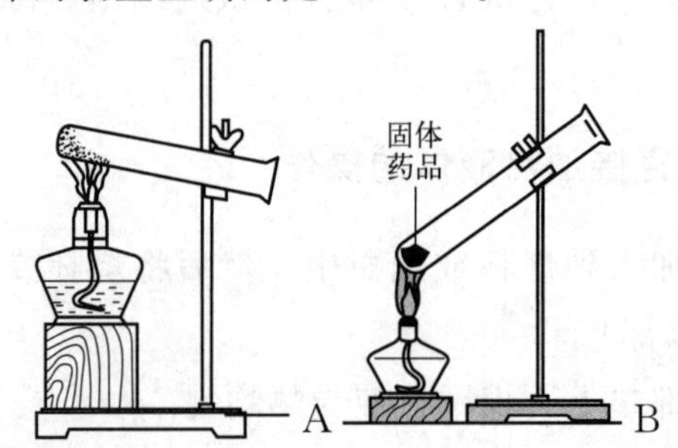

三、操作题

1. 用蒸发皿加热的操作。

2. 用坩埚加热的操作。

编号 FJC-32-02

学习单元 5-2　间接加热装置及操作

学习目标： 完成本单元的学习之后，能够利用间接加热装置进行加热操作。

职业领域： 化学、石油、环保、医药、冶金、食品等工程。

工作范围： 分析

所需仪器、试剂和设备

序号	名称及说明	数量
1	烧杯、试管、温度计、铁架台	各 1 个
2	电热恒温水浴锅	1 台
3	提勒热浴装置（提勒管、毛细管、温度计）	各 1 个
4	载热体（液体石蜡、甘油、砂子等）	若干
5	油浴、砂浴装置	各 1 台

一、间接加热装置

为了使被加热物体受热均匀或进行恒温加热，分析室常根据具体情况采用不同的间接方式加热。一般常用的间接加热方式有水浴、油浴、砂浴等。

1. 水浴加热装置

① 用电热恒温水浴锅加热装置，如图 5-7 所示。

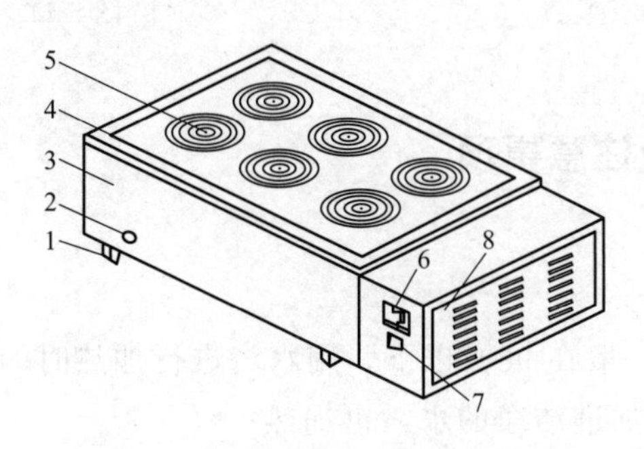

图 5-7　电热恒温水浴锅加热装置

1—底脚；2—放水口；3—箱体；4—内胆；5—提盖；6—温控仪；7—电源开关；8—侧封板

② 烧杯代替水浴锅加热装置，如图 5-8 所示。

③ 提勒管热浴装置，如图 5-9 所示。

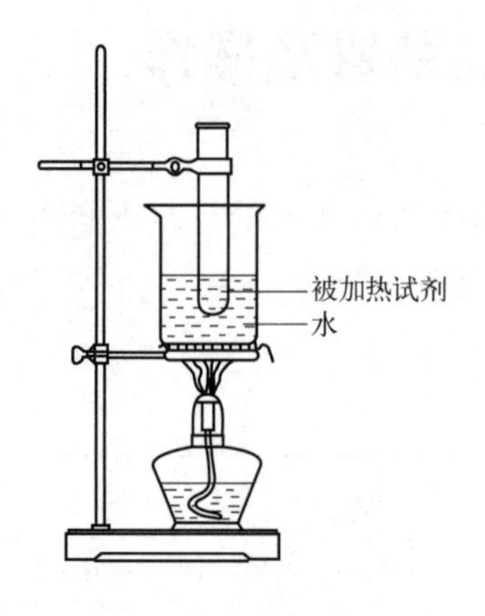

图 5-8　烧杯代替水浴锅加热装置

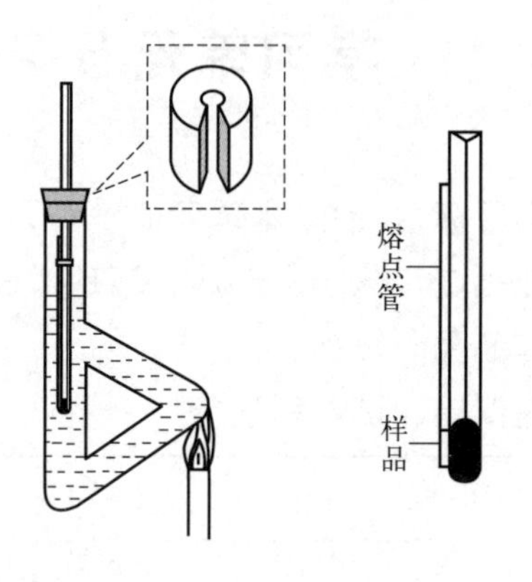

图 5-9　提勒管热浴装置

2. 油浴加热装置

油浴加热装置，如图 5-10 所示。

3. 砂浴加热装置

砂浴加热装置，如图 5-11 所示。

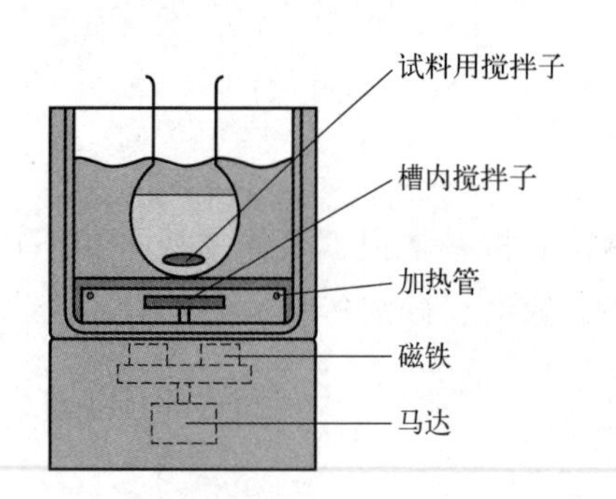

图 5-10　油浴加热装置

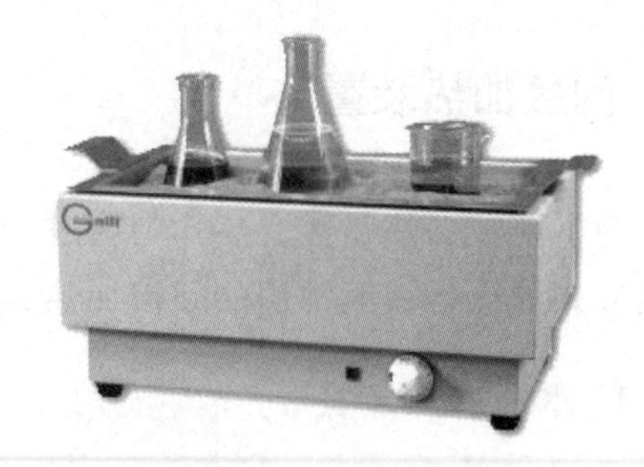

图 5-11　砂浴加热装置

二、间接加热操作及注意事项

1. 水浴加热操作

常用水浴加热温度一般在 98℃以下，用水浴进行加热时的操作如下：

① 首先在水浴锅中加进洁净的水，再加热；

② 若加热温度在 80℃以下时，可以将受热容器浸入加热容器中，切勿使容器触及水浴锅壁和底部；

③ 若需加热到 100℃时，要用沸水浴或者水蒸气浴。

2. 油浴加热操作

常用油浴加热温度一般在100～250℃之间，油浴能够达到的最高温度取决于所用油品的种类。油浴加热的操作如下：

① 在油浴锅中加入油浴液，且油液不能过多，否则受热后容易溢出引起火灾；

② 油浴液中应挂一支温度计，以便随时观测油浴的温度来调节火焰大小；

③ 当油受热而出现冒烟时，必须立即停止加热；

④ 加热结束，应用铁夹夹住受热容器，使其离开油浴液面悬置片刻，待容器上附着的油滴完之后，用干纸或干布擦干。

目前油浴中的载热体，广泛使用的是有机硅油，其优点为无色透明、热稳定性好、对一般化学试剂稳定、无腐蚀性、比相同黏度的液体石蜡的闪点高、不易着火。常见油浴载热体见表5-1。

表5-1 常用油浴载热体

载热体	甘油	液体石蜡	石蜡	有机硅油
最高使用温度/℃	230	230	230～350	350

3. 砂浴加热操作

目前常用砂浴加热是电热砂浴。因其既使用方便，又能控制加热温度。砂浴加热的温度要求达到350℃以上。砂浴加热操作如下：

① 将干净、清洁的细河砂或海砂平铺在铸铁盘上，将盛有液体的受热容器半埋进砂子中加热；

② 砂浴中插入一支温度计，其水银球要靠近受热容器；

③ 加热结束，将受热容器从砂浴中取出，关闭电源。

使用砂浴加热时应注意以下问题：

① 电热板和砂浴内不能直接放入液体或低温熔化的物品；

② 接通电源时，应确保接地良好，以免机壳带电危及人身安全；

③ 连续使用不得超过4h。

进度检查

一、填空题

1. 为了使被加热物体受热______或进行__________，实验室常常根据具体情况采用不同的__________方式加热。

2. 水浴加热的温度一般在______以下，油浴加热的温度一般在______之间，砂浴加热的温度要求达到______以上。

3. 指出下列载热体的最高使用温度：

液体石蜡______；甘油______；有机硅油______。

二、简答题

1. 使用电热恒温水浴锅加热应注意什么问题？

2. 使用电热砂浴时应注意什么问题？

三、操作题

1. 水浴（烧杯代替水浴）加热操作。

2. 油浴加热操作。

3. 砂浴加热操作。

评分标准

加热操作技能考试内容及评分标准

一、考试内容

毛细管法测定酚酞的熔点

1. 毛细管的装样

毛细管中试样的装入操作。

2. 热浴的选择和试验装置的安装

选择何种热浴方式及载热体，如何安装试验装置。

3. 加热过程及实验现象的观察及记录

加热速度控制，始熔、全熔温度的记录。

二、评分标准

毛细管法测定酚酞的熔点（100 分）

1. 毛细管的装样（30 分）

（1）毛细管的装样　将毛细管开口一端插入试样，然后将毛细管开口向上，上下弹跳。样品被振落至毛细管底部。（20 分）

（2）如此反复数次直至毛细管内装入样品高 2～3mm 的小柱为止。（10 分）

2. 热浴的选择和试验装置的安装（35 分）

（1）载热体的选择　酚酞的熔点为 265℃，因此载热体选择有机硅油。（5 分）

（2）热浴方式选择　油浴（5 分）

（3）载热体的加入　加入有机硅油（5 分）

（4）试验装置的安装　（20 分）

3. 加热过程及试验现象的观察（30 分）

（1）加热温度控制　开始每分钟升高 5～6℃，接近熔点每分钟升高 1℃左右。（15 分）

（2）熔点观察　开始熔化为始熔温度，完全熔化时为全熔温度。（15 分）

4. 善后处理（5 分）

素质拓展阅读

陶瓷器皿

加热方法的选择与试剂性质和盛放的器皿有直接关系。玻璃、金属以及陶瓷都可作为物质直接或间接加热的容器。其中，陶瓷器皿就是我国劳动人民根据长期实践用陶土烧制而成。陶瓷器皿的使用，不断把人类饮食和生活推向了更加文明、更加卫生的新时期。我国是世界上最早使用水煮及利用蒸汽烹饪的国家，既提高了效率，又节省了能源。

模块6 玻璃管（棒）的加工

编号 FJC-33-01

学习单元6-1 玻璃材料的识别与选择

学习目标： 完成本学习单元的学习之后，能够识别和选择实验室常用玻璃加工材料。

职业领域： 化学、石油、环保、医药、冶金、食品等工程。

工作范围： 分析

所需仪器

序号	名称及说明	数量
1	软质玻璃管、棒	若干
2	硬质玻璃管、棒	若干

一、玻璃的化学组成和一般性质

1. 玻璃的化学组成

玻璃的主要化学成分有 SiO_2、CaO、Na_2O、K_2O 等。也可根据需要加入其他物质，如 B_2O_3、Al_2O_3、ZnO、PbO、BaO、TiO_2 等。玻璃的组成不同，其性质和用途也就不同。

2. 玻璃的一般性质

（1）物理性质

组成当中 SiO_2、B_2O_3 含量较高的高硼硅酸盐类玻璃，硬度高，并具有较高的热稳定性和较好的透明度。一般玻璃的热稳定性和硬度稍差。

（2）化学性质

玻璃的化学稳定性较好，耐酸，耐水但能被热的磷酸侵蚀，氢氟酸也能强烈地腐蚀玻璃，因此不能用玻璃器皿进行含有 F^- 或生成 HF 的试验。

玻璃器皿不能盛装浓碱液。因为玻璃的耐碱性较差，特别是浓碱液或热碱液对玻璃有强烈的腐蚀作用。

二、玻璃的种类及特点

玻璃材料因组成不同，品种很多，但实验室常用的玻璃加工材料一般分为软质玻璃、硬质玻璃、石英玻璃三类。

1. 软质玻璃（普通玻璃）

软质玻璃主要包括钠钙玻璃和钾玻璃两种。其中钾玻璃比钠钙玻璃在硬度、耐热、耐腐蚀和透明度等方面都好。该类玻璃的热稳定性差，软化点低，耐碱性好，易于灯焰加工熔接，应用较为广泛，主要用于制作一般玻璃仪器。

2. 硬质玻璃（高硼硅玻璃）

硬质玻璃具有耐高温高压、耐腐蚀、耐温差变化、膨胀系数小、导热性好且机械强度高等优点，具有良好的灯焰加工性能，主要用于制作烧器类耐热产品及各种玻璃仪器。

3. 石英玻璃

石英玻璃的化学成分是二氧化硅（SiO_2），具有优良的物理化学性质。这类玻璃软化点很高，膨胀系数很小，能透过紫外线，是制造化学仪器的特种材料。

三、玻璃材料的选择与鉴别

1. 玻璃材料的选择

实验室用于加热吹制的玻璃材料要质地良好，其粗细厚薄均匀，组织清晰而透明，表面无气泡和条纹，化学性质稳定，不易被其他化学试剂腐蚀。

玻璃加工所选择的材料必须满足以下条件：

① 软化点和工作温度不宜过高；

② 能经受温度的剧烈变化而不破裂；

③ 相互熔接的玻璃管（棒）必须是同一类玻璃或性质（特别是膨胀系数）相近的玻璃；

④ 与其他物质（如金属、瓷等）熔接时，其膨胀系数应基本一致。

2. 玻璃的鉴别

玻璃因组成不同，有软、硬之分。软质玻璃易加工但质量较差，硬质玻璃坚固耐热却难加工。软、硬两种玻璃因膨胀系数不同而不易熔接。所以实验室在加工玻璃管（棒）之前要对玻璃质料进行鉴别。鉴别方法如下：

① 将玻璃管（棒）放在酒精灯火焰上，很快软化且火焰微显黄色为钠钙玻璃，显紫色为钾玻璃，二者均为软质玻璃。

② 若玻璃管（棒）在酒精灯火焰上不易软化，软化后一离开火焰立即变硬则为高硼硅硬质玻璃。

③ 同质玻璃的鉴别：选择干燥、洁净、粗细厚薄大致一样而且又无气泡和条纹

等缺陷的材料试接，熔接后经退火冷却，在平整的台面上轻轻丢掷数次，若无断裂，则为同质玻璃。

进度检查

一、填空题

1. 玻璃的主要成分包括了________、________、________、________等。玻璃的组成不同，其__________和__________也就不同。

2. 实验室常用的玻璃加工材料一般分为三类：______________、____________、__________。

3. 相互熔接的玻璃管（棒）必须为______________或____________相近的玻璃，特别是______________应基本一致。

二、问答题

1. 质地良好的玻璃有什么特征？

2. 软质玻璃和硬质玻璃各什么特征？

3. 实验室如何选择玻璃材料？

三、操作题

1. 软质玻璃和硬质玻璃的鉴别。

2. 同质玻璃的鉴别。

编号 FJC-33-02

学习单元 6-2　一般玻璃加工用具及使用

学习目标： 完成本单元的学习之后，能够确认玻璃加工用具，并掌握其使用方法。

职业领域： 化学、石油、环保、医药、冶金、食品等工程。

工作范围： 分析

所需仪器

序号	名称及说明	数量
1	酒精灯	1个
2	酒精喷灯	1个
3	锉刀、灯工钳、钨钢针、石棉网、钢尺、卡尺、扩口器	各1个

一、加工工具的种类

一般玻璃加工工具包括加热工具和其他小型工具。加热工具主要有酒精灯、酒精喷灯和煤气灯。其他小型工具包括有锉刀、灯工钳、钨钢针、卡尺等。

1. 酒精灯

酒精灯的加热温度为 400～500℃。构造如图 6-1 所示。其灯焰的性质如图 6-2 所示。

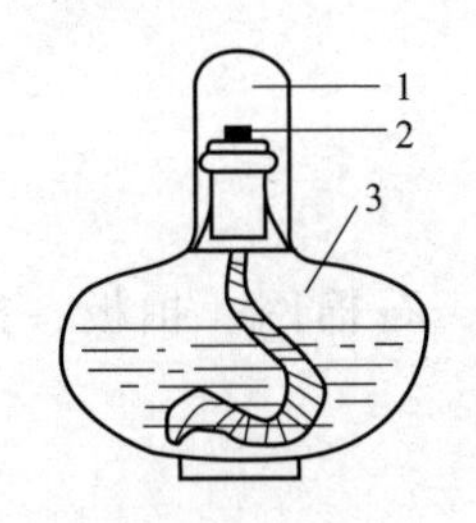

图 6-1　酒精灯的构造

1—灯帽；2—灯芯；3—灯壶

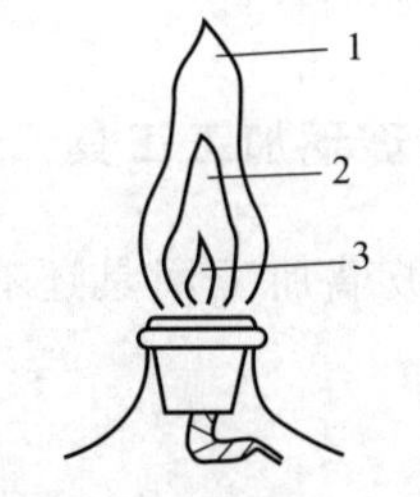

图 6-2　酒精灯的灯焰

1—外焰；2—内焰；3—焰心

2. 酒精喷灯

酒精喷灯有两种，分为座式和挂式。见图 6-3 所示。

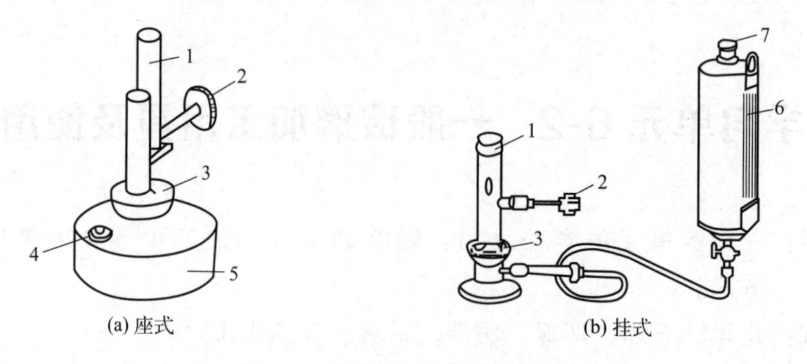

图 6-3　酒精喷灯的类型及构造

1—灯管；2—空气调节阀；3—预热盘；4—铜帽；5—酒精壶；6—盖子；7—酒精贮罐

3. 煤气灯

煤气灯加热温度一般为 1000℃左右。构造如图 6-4 所示。其灯焰的性质如图 6-5 所示。

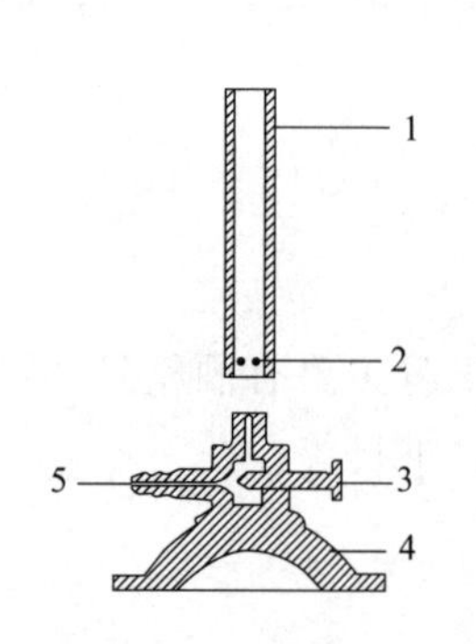

图 6-4　煤气灯构造

1—灯管；2—空气入口；3—针阀；4—煤气入口；5—灯座

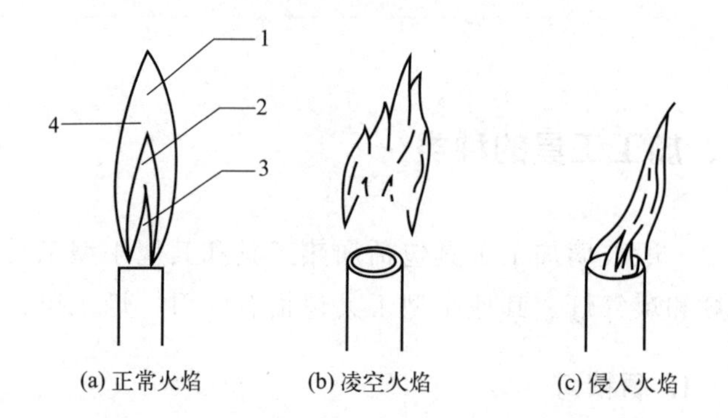

图 6-5　煤气灯灯焰性质

1—氧化焰；2—还原焰；3—焰心；4—最高温度处

4. 其他玻璃加工工具

常用的玻璃加工用具还有锉刀、灯工钳、钨钢针、石棉网、拍板、扩口器、卡尺、钢尺等。

二、加热用具的使用方法

1. 酒精灯的使用

酒精灯灯芯不齐或烧焦，需用剪刀修剪后使用；适量添加酒精后，安全点燃酒精灯；按照不同的加热要求，使用不同的灯焰；使用完毕后，用灯帽熄灭酒精灯的火焰。具体操作详见图 6-6。

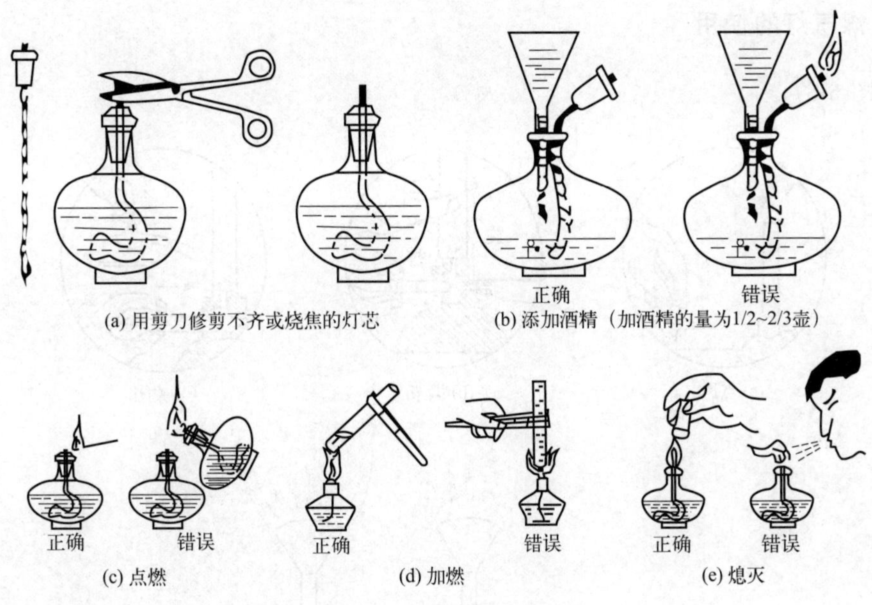

图 6-6　酒精灯的使用

2. 酒精喷灯的使用

座式酒精喷灯不能连续使用超过 0.5h，如果要超过 0.5h，必须到 0.5h 时暂先熄灭喷灯，冷却，添加酒精后再继续使用。挂式喷灯使用完毕，酒精贮藏的下口开关必须关闭好。具体操作详见图 6-7。

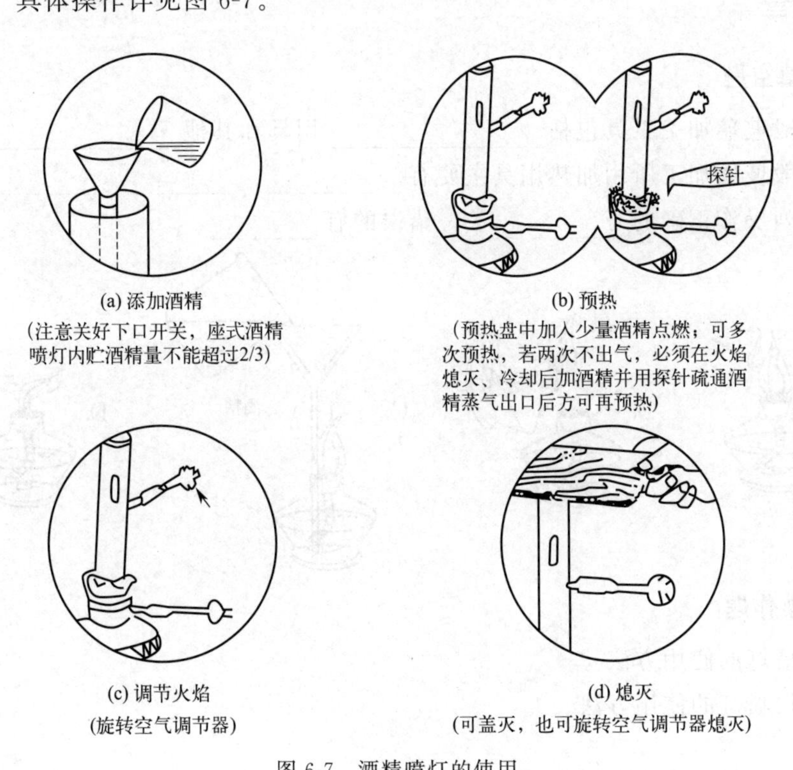

图 6-7　酒精喷灯的使用

3. 煤气灯的使用

见图 6-8。

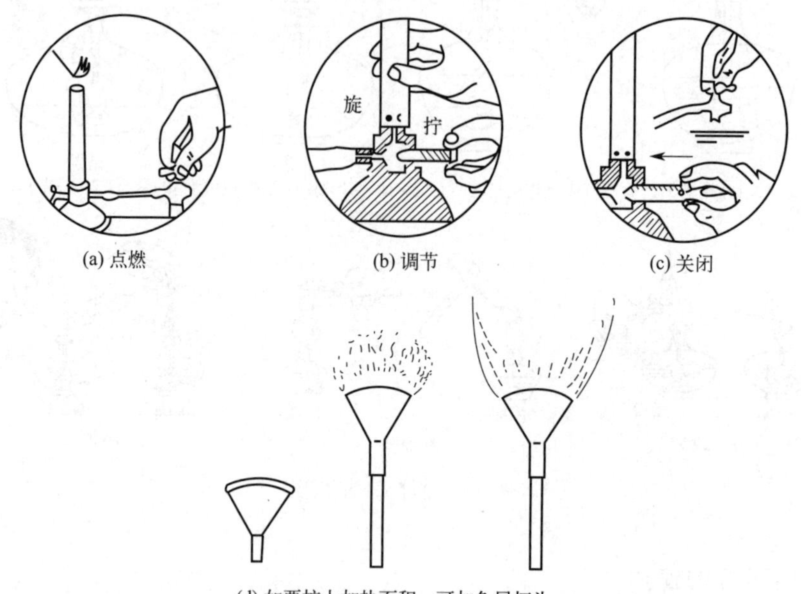

图 6-8 煤气灯的使用

进度检查

一、填空题

1. 一般玻璃加工工具包括________________用具和其他________________。
2. 一般玻璃加工所用加热用具主要有__________、________、________等。
3. 下列操作正确的有________，错误的有________。

A. 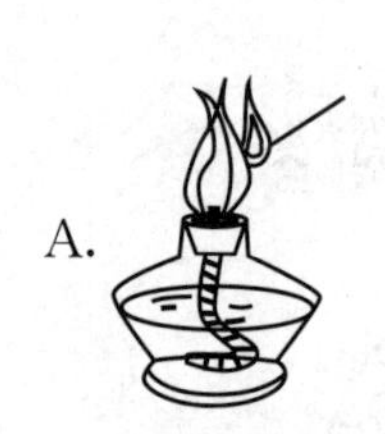
B. 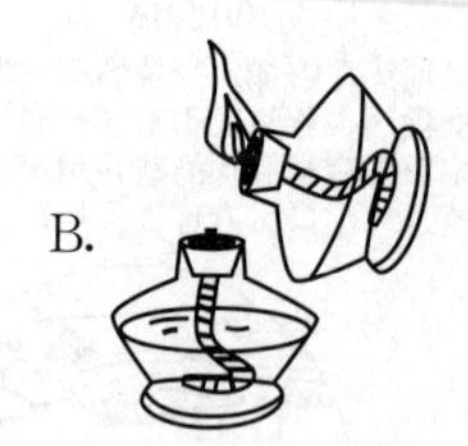
C. 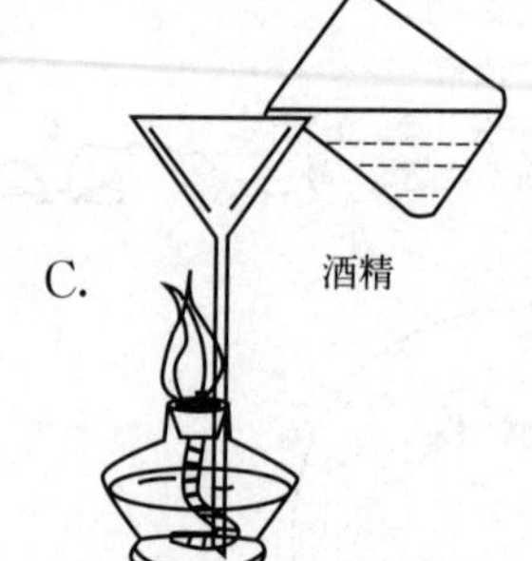

D. 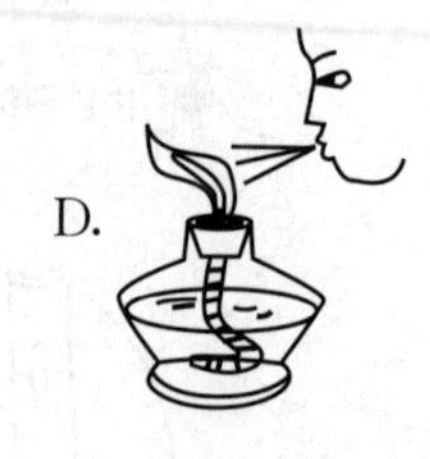

二、操作题

1. 酒精灯的使用方法。
2. 酒精喷灯的使用方法。

编号 FJC-33-03

学习单元6-3 玻璃管（棒）的加工操作

学习目标： 完成本单元的学习之后，能够正确进行玻璃管（棒）的简单加工操作。

职业领域： 化学、石油、环保、医药、冶金、食品等工程。

工作范围： 分析

所需仪器和设备

序号	名称及说明	数量
1	酒精灯、酒精喷灯、煤气灯	各1个
2	锉刀、灯工钳、钨钢针、石棉网、钢尺	各1个
3	一般玻璃管(棒)	若干

一、玻璃管（棒）的截割与熔光

1. 锉痕

用锉刀在玻璃管（棒）的同一位置向同一方向划痕，不能往复锉。如图6-9所示。

2. 截断

拇指齐放在划痕背后向前推压，同时食指向外拉。如图6-10所示。

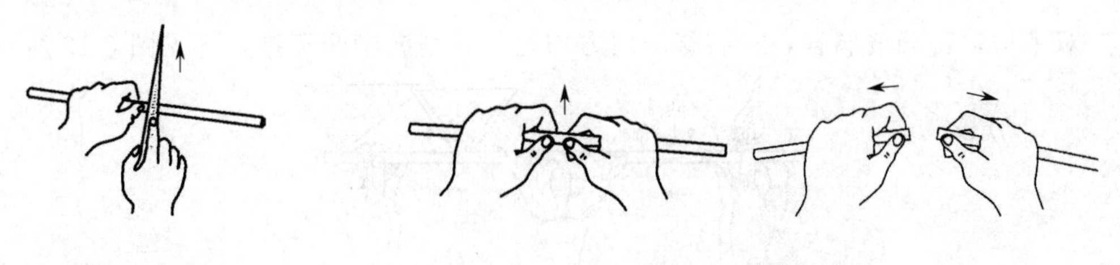

图6-9 锉痕

图6-10 截断玻璃管

3. 熔光

玻璃管（棒）的截断面很锋利，不仅易割破手指，而且难以插进胶管或塞子的圆孔内，所以截断的玻璃管（棒）需要进行熔光处理，以平整断面。熔光的操作如下：

点燃酒精喷灯，玻璃管（棒）的截断面在外焰处稍向下倾斜，前后移动并慢慢转动，熔光截断面。如图6-11所示。

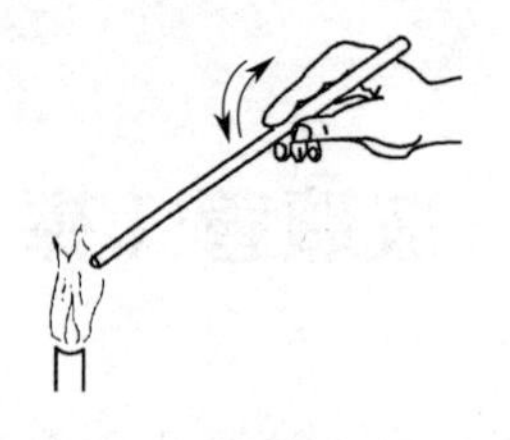

图 6-11　玻璃管的熔光

二、滴管的拉制

① 烧管。加热并旋转玻璃管，稍向中间渐推以增厚管壁。

② 拉细时，边旋转边拉开，将狭部拉到所需粗细（图 6-12）。

③ 截断。

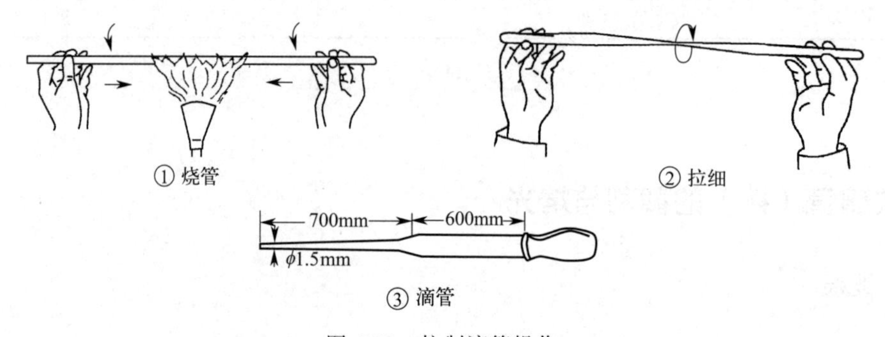

图 6-12　拉制滴管操作

三、弯曲玻璃管

1. 烧管

双手均匀转动玻璃管，左右移动用力均匀，并稍向中间渐推，详见图 6-13 所示。

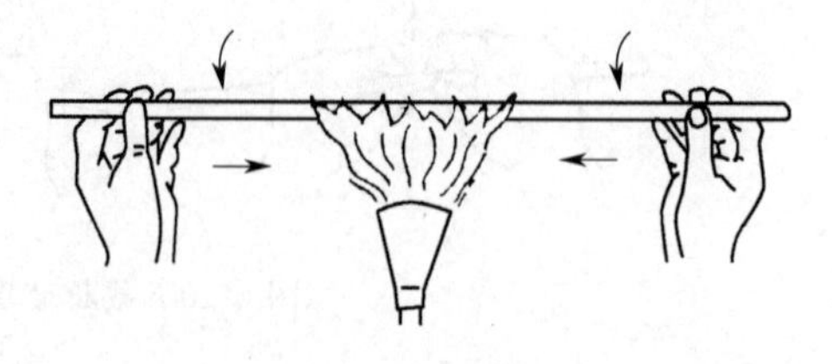

图 6-13　烧管操作

2. 弯管

① 吹气法。均匀受热，发黄变软时，离开火焰，堵管吹气，迅速弯管。

② 不吹气法。掌握火候，用“V”字形手法，弯好后冷却变硬后才撒手（图 6-14）。

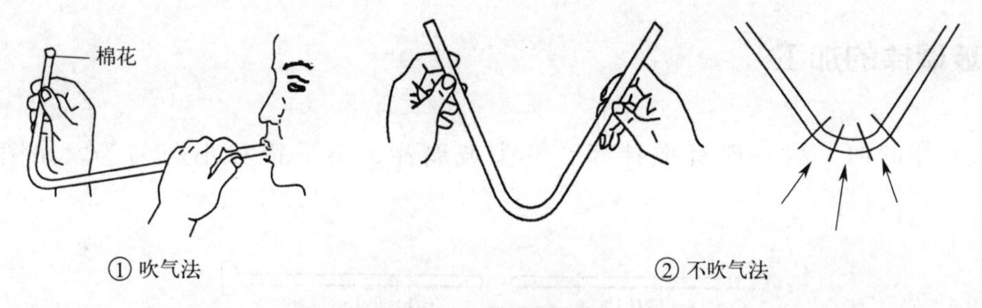

图 6-14　弯曲玻璃管

弯管的好坏可根据图 6-15 来比较和分析。

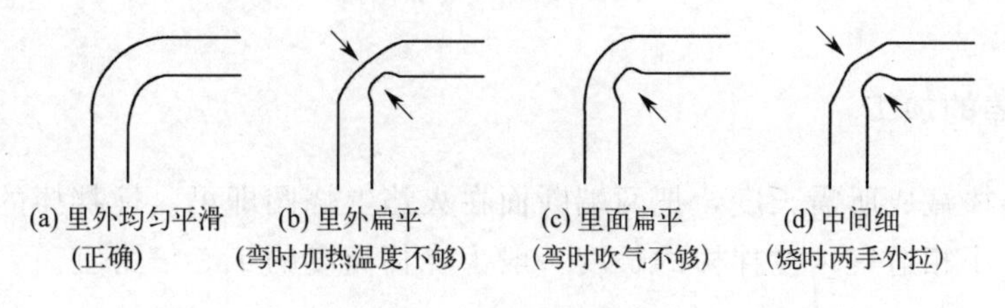

图 6-15　弯管的好坏比较

四、拉细玻璃管

1. 烧管

玻璃管烧的时间要长，会使玻璃软化程度大些。详见图 6-16 所示。

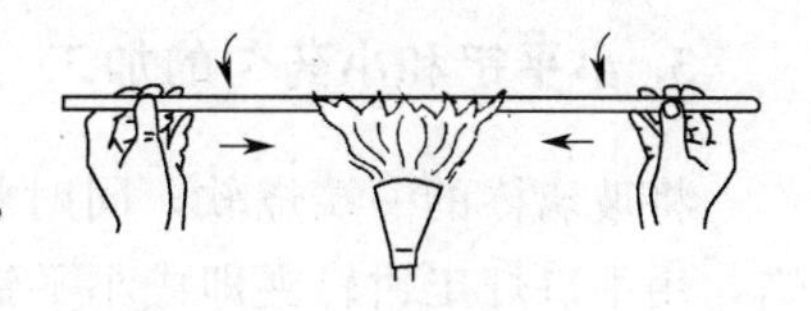
图 6-16　烧管

2. 拉管

拉管操作要边旋转边拉动，同时控制好温度，将狭部拉到所需粗细，可拉成毛细管或胶头滴管。如图 6-17 所示。

3. 扩口

玻璃管口灼烧至红热后，用扩口器放入管口内，迅速而均匀旋转。如图 6-18 所示。

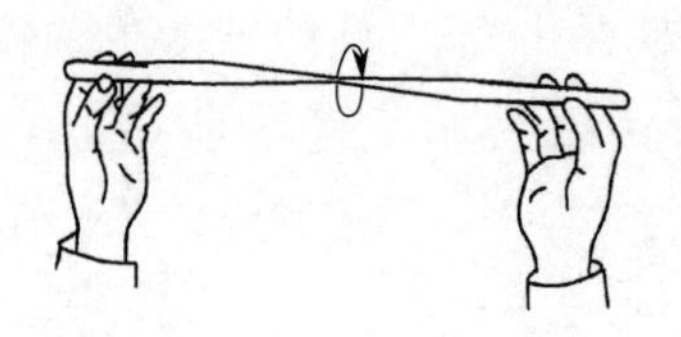
图 6-17　拉管

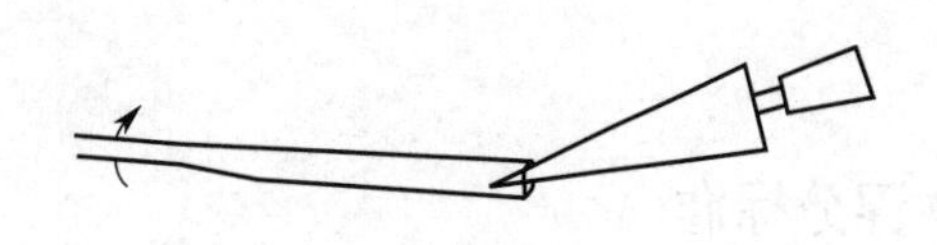
图 6-18　玻璃管扩口

五、玻璃棒的加工

玻璃棒的加工品一般有搅拌棒、平头玻璃棒、小平铲和小药勺等。如图 6-19 所示。

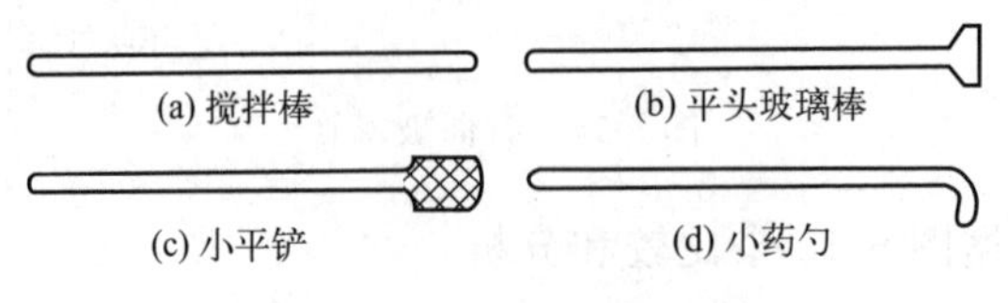

图 6-19 玻璃棒的加工品

1. 搅拌棒的加工

将长玻璃棒截成所需长度，把两端断面在火焰上烧圆即可。搅拌棒的长度和直径要和烧杯的大小相适宜，搅拌棒的长度一般为烧杯高度的 1.5 倍为宜。

2. 平头玻璃棒的加工

将玻璃棒的一端在火焰上烧熔后，在石棉板上轻按，即可做成平头玻璃棒。平头玻璃棒一般用来压碎样品。

3. 小平铲和小药勺的加工

将玻璃棒的一端烧软，同时将平口灯工钳的钳中加热，把烧软的玻璃棒移离火焰，用平口灯工钳轻夹即成小平铲。若做成小药勺，将小平铲加以弯曲即可。

进度检查

一、简答题

1. 截断的玻璃管（棒）为什么要进行熔光后才能使用？
2. 实验室如何加工搅拌棒和平头玻璃棒？

二、操作题

1. 玻璃棒的加工操作；
2. 弯曲玻璃管的加工操作。

评分标准

玻璃管（棒）的加工技能考试内容及评分标准

一、考试内容

（一）同质玻璃的鉴别

鉴定两根粗细厚薄大致一样而且又无气泡和条纹等缺陷的玻璃管（棒）是否为同质玻璃。

（二）酒精喷灯的使用

（1）检查喷灯内的酒精量。

（2）预热　预热方法和预热次数。

（3）调节火焰　如何控制喷灯火焰的高低及大小。

（4）火焰熄灭　喷灯用完后，如何熄灭。

（三）用玻璃管制作弯曲玻璃管

（1）玻璃管的灼烧。

（2）玻璃管的弯曲。

（3）判断弯管的好坏。

二、评分标准

（一）同质玻璃的鉴别（25 分）

（1）将两根玻璃管（棒）的某一端同时在喷灯火焰上灼烧、熔化并焊接在一起。（10 分）

（2）退火冷却。（5 分）

（3）将焊接好的玻璃管（棒）在平整的台面上轻轻丢掷数次，若无断裂，则为同质玻璃材料，否则，玻璃材料不同。（10 分）

（二）酒精喷灯的使用（40）

1. 检查喷灯内的酒精量（15 分）

喷灯内贮藏酒精量不能超过 2/3 壶，太少，应添加酒精，太多，应取出少许酒精。

2. 预热（15 分）

可多次预热，但两次不出气，必须在火焰熄灭、冷却后再加酒精并用探针疏通酒精蒸气出口后方可再预热。

3. 调节火焰（5 分）

4. 火焰熄灭（5 分）

（三）用玻璃管制作弯曲玻璃管（35 分）

1. 玻璃管的灼烧

（1）持管方式。（5 分）

（2）灼烧方法，由低温到高温缓缓灼烧并不断转动。（10 分）

2. 玻璃管的弯曲

（1）玻璃管灼烧程度。（5 分）

（2）玻璃管弯曲方法的选择及操作是否正确。（10 分）

3. 判断弯管的好坏（5 分）

素质拓展阅读

工匠精神

玻璃加工操作对火焰大小、灼烧时间及程度以及弯折需要控制的力度都有精准的要求。操作者不仅需要有熟练的技术，更需要把握规律，做到专注、标准和精准的工匠精神。

我国的工匠精神，自古有之。木工出身的鲁班，从小就跟随家里人参加过许多土木建筑工程劳动。他凭借持久的专注力、严格的标准、精准的技艺而逐渐掌握了木器生产的技能，积累了丰富的实践经验。每一件工具的发明，都是他在生产实践中得到启发，经过反复研究、试验出来的，处处展现出以精准操作为基础、创新为灵魂的“工匠精神”。在玻璃加工操作时既要以器件标准为依据，又要坚持操作的精准，更要探索方法和材料的创新。应干一行、爱一行、钻一行，摒弃浮躁，深入钻研，推陈出新，精心打磨每一个零部件，练就过硬的真本领。全社会应有留住匠心之“境”，营造有利于技能人才脱颖而出的良好环境，不断完善激励机制，提升技术人员在职业教育、经济待遇、社会保障等方面的获得感、荣誉感和工作积极性、创造性，为各类青年人才迸发创造活力营造空间、搭建舞台。

劳动创造幸福，技能成就梦想。工匠精神是时代精神的生动体现，折射着各行各业一线劳动者的精神风貌。期待更多的青年劳动者默默坚守生产一线，经得起风雨、受得住磨砺、扛得住摔打，始终坚守梦想，在百舸争流、千帆竞发的时代洪流中勇立潮头，成就精彩人生。

模块7 过滤操作

编号 FJC-34-01

学习单元7-1 常压过滤装置及操作

学习目标： 完成本单元的学习之后，能够用常压过滤装置进行固态、液态物质的分离。

职业领域： 化学、石油、环保、医药、冶金、食品等工程。

工作范围： 分析

所需仪器、试剂和设备

序号	名称及说明	数量
1	铁架台	1台
2	洗瓶、漏斗、玻璃棒	各1个
3	烧杯	2个
4	滤纸	若干
5	$BaSO_4$、H_2SO_4 或其他适宜试剂	适量

分离沉淀与溶液的最常用的方法就是过滤，是分析当中常见的实验操作。过滤时，沉淀留在过滤器的滤纸或滤板上，溶液则通过滤纸或滤板流入接收容器内，所得溶液称为滤液。

一、过滤器分类及过滤方法

溶液的温度、黏度、过滤时的压力、滤器孔隙的大小和沉淀的性质等，都会影响过滤的速度。因此，应选择合适的滤器、滤纸或滤板及过滤方法。

1. 过滤器及其选择

实验室常用的过滤器有玻璃漏斗、玻璃砂芯滤器等。过滤装置的性能取决于滤纸或玻璃砂芯孔径的大小、所含杂质的多少以及耐受强度。根据过滤的目的要求及沉淀的晶型选择滤器的种类，选择方法如下：

① 需要高温灼烧的沉淀，必须用滤纸过滤。不需要高温灼烧的沉淀，可用玻璃砂芯滤器过滤。

② 根据沉淀颗粒大小选择适当规格的滤纸、滤膜及滤板。以沉淀不透滤为原则，尽可能选择滤速较快的滤纸、滤膜和玻璃砂芯滤器。

③ 中性、弱酸性和弱碱性沉淀，可用玻璃砂芯滤器过滤。

④ 强酸（除氢氟酸外）、强氧化性沉淀，可用玻璃砂芯滤器过滤，但强碱性溶液不能用玻璃砂芯滤器过滤。

⑤ 沉淀颗粒极细甚至是胶状物，可首选离心分离法分离。

2. 过滤方法

过滤由于操作方法的不同，通常分为常压过滤、减压过滤、热过滤等。

二、常压过滤仪器

常压过滤是最简单的过滤方法，所使用的仪器是滤纸和漏斗。

1. 滤纸

滤纸分为定性滤纸和定量滤纸两种。称量分析法中，过滤分离沉淀需用定量滤纸（无灰滤纸）。定量滤纸是用盐酸和氢氟酸处理过的，基本无杂质，灼烧后灰分极小（在 0.1mg 以下），可忽略不计。常用的定量滤纸为圆形，直径有 7cm、9cm 和 11cm 等规格。

定量滤纸的疏密度不同，应根据沉淀的性质选择合适的滤纸进行过滤。胶状沉淀应选用质松孔大的滤纸；晶形沉淀应用致密孔小的滤纸。沉淀越细，所用的滤纸应越致密。同时，滤纸的大小应与沉淀量相适应，过滤后，沉淀一般不应超过滤纸圆锥高度的 1/3，最多不能超过 1/2。

2. 漏斗

漏斗应选用锥体角为 60°、颈口倾斜处磨成 45°角的长颈漏斗。颈长为 15～20cm，颈的内径不宜过大，以 3～5mm 为宜，否则不易保留水柱。且漏斗的大小应与滤纸的大小相适应。如图 7-1 所示。

三、常压过滤操作

1. 滤纸的折叠

圆形滤纸放入漏斗前，一般先折叠好。常用的滤纸折叠法为四折法。一个半边是三层，一个半边是一层，并在三层的一面撕去一个小角，以使与漏斗更好地贴合；然后把圆锥形滤纸放入干的漏斗中，三层的一面应放在漏斗颈末端短的一边，使滤纸与漏斗壁靠紧。如图 7-1 所示。

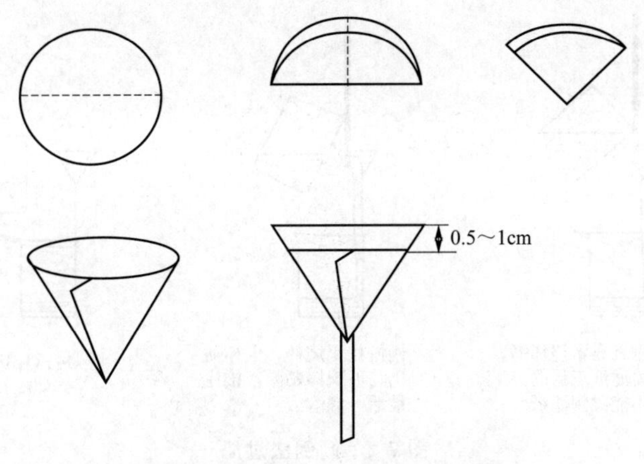

图 7-1　滤纸的大小及滤纸的折叠

2. 放好滤纸及形成水柱

把折叠好的滤纸放入漏斗中，滤纸边缘一般应低于漏斗边缘 0.5～1.0cm 左右。先用左手食指将滤纸三层的一边按紧，右手持洗瓶吹入（或挤出）少量纯水将滤纸润湿，然后用手指或玻璃棒轻轻地按压滤纸边缘，使滤纸锥体上部与漏斗之间没有空隙（应特别注意三层与一层接界处与漏斗的密合），而滤纸锥体下端与漏斗之间应留有缝隙。安放好后，再加水至滤纸边缘，此时滤纸锥形下部与漏斗颈内部之间的空隙和漏斗颈内应全部被水充满，当漏斗中水流尽后，漏斗颈内仍能保留水柱且无气泡。若不能形成完整的水柱，可用手指堵住漏斗的下口，稍微掀起滤纸三层的一边，用洗瓶向滤纸与漏斗之间的空隙里加水，直到漏斗颈与滤纸锥体全部被充满，最后按紧滤纸边缘，放开堵住漏斗颈出水口的手指，此时水柱即可形成。

3. 仪器的安装

将准备好的漏斗放在固定于铁架台的漏斗架上，把接受滤液的干净烧杯放在漏斗下面，并使漏斗末端长的一边紧靠烧杯内壁，这样滤液可以沿着杯壁流下，不致外溅。

4. 倾泻法过滤

过滤时，为避免沉淀堵塞滤纸的空隙、影响过滤速度，采用倾泻法过滤。沉淀下沉后先将沉淀上层清液沿玻璃棒倾入漏斗中。具体操作方法如图 7-2 所示。玻璃棒下端应对着三层滤纸的一边，倾入漏斗中的溶液应低于滤纸约 5mm，切勿超过滤纸边缘。

5. 沉淀的洗涤与转移

留在烧杯中的沉淀应先在烧杯中洗涤。在盛有沉淀的烧杯中，用洗瓶沿内壁加入少量的纯水，用玻璃棒充分搅拌，待沉淀沉降后，用倾泻法过滤，一般在烧杯中洗涤

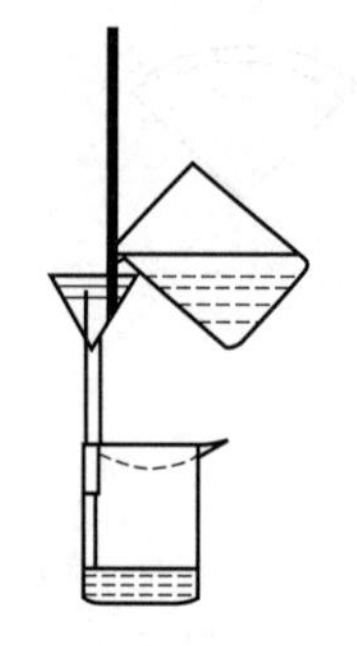

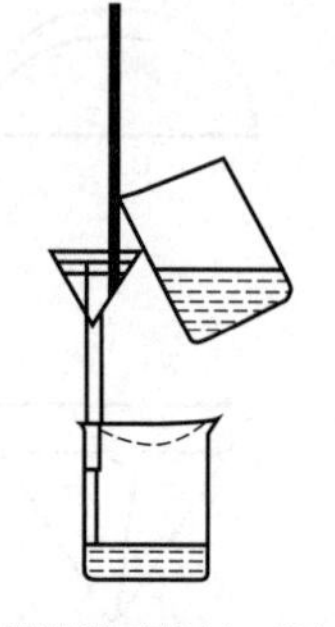

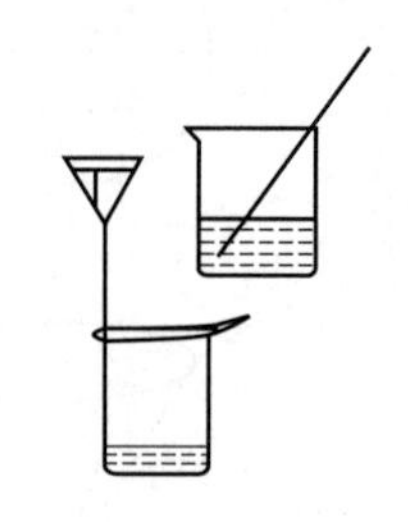

图 7-2　倾倒法过滤

3～5 次，每次需把清液倾尽。进行最后一次洗涤时用洗涤剂将沉淀搅混，把沉淀和溶液一起倾入漏斗中。这一操作常用沉淀帚（在玻璃棒的一端套上一段洁净的乳胶管，并将乳胶管的另一端封死就是沉淀帚）进行。再用洗涤剂洗涤烧杯及玻璃棒 2～3 次，将洗涤液一并倾入漏斗中。最后在滤纸中用洗瓶将洗涤液以螺旋形从上往下移动洗涤沉淀 1～2 次，直至沉淀洗涤干净，且沉淀不超过滤纸圆锥高度的 1/2 处。具体操作方法如图 7-3 所示。

图 7-3　沉淀的洗涤

采用倾泻法过滤和洗涤沉淀的优点是沉淀容易洗涤且省时。遵循“少量多次”原则，每次使用的洗涤剂量要少些，洗涤次数要多些，这样就可取得良好的效果。另外，沉淀剂的选择还应根据沉淀的性质来选择。溶解度极小的沉淀一般用纯水作洗涤剂；溶解度较大的沉淀使用沉淀剂的稀溶液洗涤，但沉淀剂必须是在灼烧时易挥发或易分解除去的物质。

常压过滤操作过程中应注意以下几点：

① 形成水柱时，滤纸与漏斗之间不能有气泡。

② 沉淀的过滤和洗涤过程中，要细心认真，防止溶液溅失。

③ 过滤过程中，液面不能过高，防止沉淀越过滤纸，造成损失。

④ 过滤时，漏斗颈末端不能与滤液面有接触。

进度检查

一、填空题

1. 过滤一般分为__________、__________、__________三种。

2. 选择滤纸时，滤纸的致密程度应与沉淀的__________相适应，滤纸的大小应与________相适应。过滤后，沉淀不超过滤纸高度的__________。

3. 选择漏斗时，漏斗的大小应与________相适应，滤纸的边缘应低于漏斗边缘

________，应选用锥体角为________、颈口倾斜处磨成________角的长颈漏斗。

4. 过滤常用的方法为________________________，遵循______________原则。

5. 溶解度极小的沉淀常用______洗涤剂；溶解度较大的沉淀用__________作洗涤剂。

二、问答题

1. 常压过滤操作中应注意哪些问题?

2. 过滤操作应如何选择滤纸?

三、操作题

用常压过滤法进行 $BaSO_4$ 沉淀的过滤操作。

编号 FJC-34-02

学习单元 7-2 减压过滤装置及操作

学习目标： 完成本单元的学习之后，能够用减压过滤装置进行固态、液态物质的分离。

职业领域： 化学、石油、环保、医药、冶金、食品等工程。

工作范围： 分析

所需仪器、试剂和设备

序号	名称及说明	数量
1	布氏漏斗、抽滤瓶、安全瓶	各 1 个
2	循环水式真空抽气泵	1 个
3	滤纸、玻璃管及橡胶管	适量

减压过滤（又称吸滤或抽滤）是使结晶和滤液迅速有效分离的常用抽气方法。其优点是过滤和洗涤沉淀的速度快，分离完全，且沉淀易干燥。

一、减压过滤装置

减压过滤装置主要由抽滤瓶、布氏漏斗、安全瓶及真空抽气泵组成。见图 7-4。

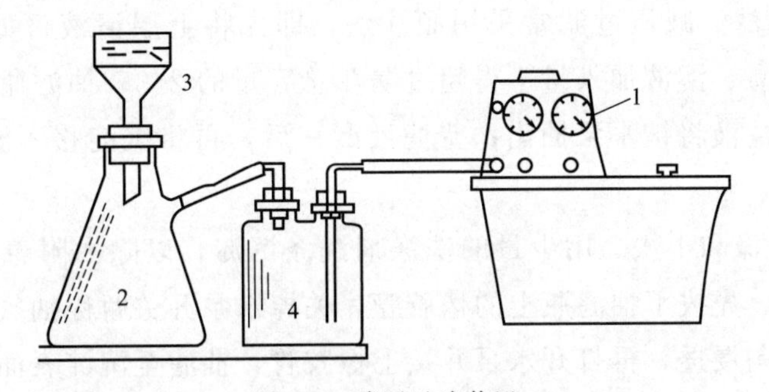

图 7-4 减压过滤装置

1—循环水式多用真空泵；2—抽滤瓶；3—布氏漏斗；4—安全瓶

1. 抽滤瓶

具有侧管的厚壁锥形瓶，用来接受滤液。抽滤瓶的侧管用橡胶管和安全瓶相接，布氏漏斗下端斜口应正对抽滤瓶的侧管，以免滤液被吸进侧管。

2. 布氏漏斗

抽滤常用瓷质的布氏漏斗，底部有许多小孔，上面铺一直径略小于漏斗内径的滤纸，以能紧贴于漏斗底部恰好盖住所有滤孔为宜，否则易造成缝隙使结晶漏入滤液。

3. 安全瓶

上端带有两磨口的玻璃瓶或塑料瓶。一端与抽滤瓶的支管相连，另一端与真空抽气泵相连。它的作用是防止水泵中的水倒流入抽滤瓶中污染滤液。

4. 真空抽气泵

使抽滤瓶内产生负压，加快过滤速度。其支管与安全瓶相连。

二、减压过滤操作

① 安装好减压过滤装置并检查其气密性，如图 7-4 所示。注意将布氏漏斗插入抽滤瓶时，漏斗下端的斜面要对着抽滤瓶侧面的支管。检查安全瓶的长管是否与水泵相接，短管是否与抽滤瓶相接，布氏漏斗的颈口是否与抽滤瓶的支管相对，全部装置是否漏气。

② 滤纸的裁剪及放置。将滤纸剪成较布氏漏斗内径略小的圆形，以全部覆盖漏斗瓷板上的小孔为宜。把滤纸放入布氏漏斗内，用少量纯水湿润滤纸，打开水泵使滤纸紧紧吸在漏斗的底部。

③ 沉淀的过滤。减压过滤常采用倾注法，即先将上层清液过滤后再转移沉淀。抽滤过程中要注意：溶液加入量不得超过漏斗总容量的 2/3；抽滤瓶中的滤液要在其支管以下，否则滤液将被水泵抽出；待滤液漏完后，再将沉淀移入滤纸的中间部分，并在漏斗中铺平。

④ 沉淀的洗涤和干燥。用少量的洗涤剂洗涤沉淀，以除去附着于结晶表面的滤液。洗涤沉淀时，先拔下抽滤瓶上的橡胶管，关掉水泵开关暂停抽气。然后加入少量洗涤剂使沉淀均匀浸透，再打开水泵并接上橡胶管，抽滤至沉淀表面干裂。重复上述操作 2～3 次，洗涤沉淀至达到要求为止。若滤饼过实，可加溶剂至刚好覆盖滤饼，用玻璃棒搅松晶体（注意不要捅破滤纸），使晶体湿润。

⑤ 过滤结束。过滤完成后，不得突然关闭水泵，如欲停止抽滤，应先将抽滤瓶支管上的橡胶管拔下（也称为破空），再关闭水泵，否则水将倒灌入安全瓶中。

⑥ 收集沉淀或滤液。收集沉淀操作：取下漏斗倒扣在清洁滤纸或表面皿上，轻轻敲打漏斗边缘，或用洗耳球吹漏斗下口，使滤饼脱离漏斗而倾入表面皿或其他容器内；收集滤液：将滤液从抽滤瓶的上口倒入洁净的容器中。切不可从侧面的支管倒

出，以免污染滤液。

三、减压过滤注意事项

① 过滤时，抽滤瓶内的滤液面不能达到支管的水平位置，防止滤液过高被水泵抽出。因此，当滤液快上升到抽滤瓶的支管处时，应拔去抽滤瓶支管上的橡胶管，取下漏斗。从抽滤瓶口倒出滤液后，再继续抽滤。必须注意，从抽滤瓶的上口倒出滤液时，抽滤瓶的支管必须向上，不要从侧面的支管倒出，以免将杂质带入滤液。

② 抽滤过程中，不能突然关闭抽滤泵。如欲取出滤液或需要停止抽滤，应先将抽滤瓶支管上的橡胶管拆下，然后再关上抽滤泵，以防止倒吸。

③ 为了尽快抽干漏斗上的沉淀，最后可用一个干净的平顶试剂瓶挤压沉淀。应选择管壁较厚的橡胶管连接抽滤瓶、安全瓶和水泵，否则，连接管可能被大气压扁而影响抽气。

④ 过滤完毕，应先将抽滤瓶支管上的橡胶管拆下，再关闭水泵后取下漏斗。

⑤ 若滤液具有强酸性或强氧化性，为避免溶液与滤纸作用，可采用玻璃砂芯漏斗；但砂芯漏斗不能用于强碱性溶液的过滤。

进度检查

一、填空题

1. 减压过滤装置主要由________、________、__________、__________四部分组成。

2. 减压过滤法的优点是____。

3. 过滤完毕，应先将________________________拆下，关闭________后再取下漏斗。

4. 布氏漏斗内滤纸应略小于______________，且恰好覆盖__________________为宜。

5. 安全瓶的作用是____。

二、判断题（正确的在括号内画“√”，错误的画“×”）

1. 洗涤沉淀的目的是除去附着于结晶表面的滤液。（　　）

2. 可以从抽滤瓶的支管倒出滤液。（　　）

3. 倾入漏斗中的滤液不应超过漏斗容量的2/3。（　　）

三、问答题

1. 减压过滤操作时应注意什么问题？

2. 在布氏漏斗中，用洗涤剂洗涤沉淀时，应注意哪些问题？

四、操作题

用减压过滤法进行氯化银沉淀的过滤操作。

编号 FJC-34-03

学习单元 7-3　热过滤装置及操作

学习目标： 完成本单元的学习之后，能够用热过滤装置进行固态、液态物质的分离。

职业领域： 化学、石油、环保、医药、冶金、食品等工程。

工作范围： 分析

所需仪器、试剂和设备

序号	名称及说明	数量
1	热水漏斗、铁架台、酒精灯、洗瓶	各 1 个
2	烧杯	2 个
3	纯水等	适量

为了除去热溶液中的不溶性杂质，又避免溶解物质在过滤过程中因冷却而结晶，因此需要采用热过滤的方法。

一、热过滤装置

热过滤一般在热水漏斗中进行。热过滤装置如图 7-5 所示。

图 7-5　热过滤装置

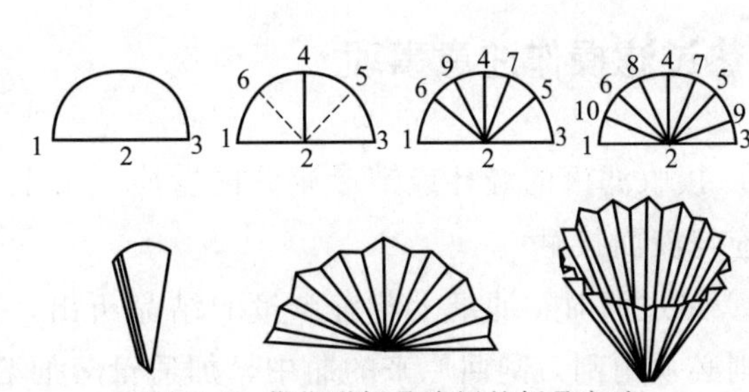

图 7-6　菊花形折叠滤纸的折叠方法

1. 热水漏斗

把玻璃漏斗装入一个特制的金属套中，套内盛放 2/3 的水，然后在侧管处加热至所需温度。

2. 滤纸

为尽量利用滤纸的有效面积以加快过滤速度，过滤热饱和溶液时常采用菊花形折叠滤纸，其折叠方法如图 7-6 所示。菊花形滤纸折叠方法如下：

① 将圆形滤纸对折成半圆形；

② 将对折后的双层半圆形滤纸向同一方向等分成 8 份；

③ 再将所分 8 等份按与上述折痕相反的方向对折成 16 等份，即得一扇形。注意折线集中的圆心外折时，切勿手压，以免磨损。

④ 展开后，在原扇形两端各有一个折面，将此两折面向内方向对折，即得菊花形折叠滤纸。

二、热过滤操作

1. 仪器的安装

把热水漏斗固定在铁架台上，选用短颈漏斗，避免过滤操作中晶体在漏斗颈部析出而造成阻塞，且应在过滤前将漏斗放在烘箱内预热好。

2. 滤纸的折叠及放置

在热水漏斗中加入热水并加热，然后放入预先叠好的菊花形滤纸，滤纸向外突出的棱边紧贴漏斗的内壁上，用少量的热水润湿，以免干滤纸吸收溶液的溶剂，使结晶析出，堵塞滤纸孔。

3. 热过滤

把热溶液加入热水漏斗中进行过滤。过滤过程中，热水漏斗和尚未过滤的溶液应分别保持小火加热，以防冷却而使结晶析出，妨碍过滤。滤毕，用少量（1～2mL）热纯水洗涤滤渣一次。

三、热过滤操作注意事项

① 接收滤液的烧杯或锥形瓶的内壁应紧贴漏斗颈末端处，过滤过程中漏斗的颈口不应与液面接触。

② 热过滤时，滤纸上若有少量的结晶析出，可用热溶剂冲洗下去；但若结晶较多，则必须用刮刀刮回原来的瓶中，加适量溶剂溶解并过滤。

③ 热过滤中若遇到易燃的溶剂，一定要熄灭火焰后再过滤。

进度检查

一、填空题

1. 热过滤一般在__________中进行，过滤热饱和溶液常用__________滤纸。

2. 热水漏斗是把玻璃漏斗装入一个特制的____________中，套内约盛__________

的水，然后在__________处加热至所需温度。

3. 热过滤选择的玻璃漏斗，其漏斗颈越________越好。

二、问答题

热过滤操作时应注意哪些问题？

三、操作题

1. 菊花形滤纸的折叠操作。

2. 热过滤装置的安装操作。

评分标准

过滤操作技能考试内容及评分标准

一、考试内容：硫酸钡沉淀的生成及过滤操作

1. H_2SO_4 溶液的配制

(1) 用量筒量取分析纯 H_2SO_4。

(2) H_2SO_4 溶液的配制。

2. $BaCl_2 \cdot 2H_2O$ 的称取及 $BaCl_2$ 溶液的配制

(1) 在天平上称取 $BaCl_2 \cdot 2H_2O$，放入 500mL 烧杯中。

(2) $BaCl_2$ 溶液的配制。

3. $BaSO_4$ 沉淀的生成和陈化

(1) 在 $BaCl_2$ 溶液中逐渐加入 H_2SO_4 溶液并不断搅拌，使沉淀完全。

(2) 边加热混合液体，边用玻璃棒搅拌。

4. 过滤操作

(1) 滤纸的折叠及放置。

(2) 形成水柱。

(3) 仪器的安装。

(4) 倾泻法过滤。

(5) 沉淀的洗涤和转移。

二、评分标准

1. H_2SO_4 溶液的配制（12 分）

H_2SO_4 的量取，溶液的配制、定容，错一步扣 4 分。

2. $BaCl_2 \cdot 2H_2O$ 的称取及 $BaCl_2$ 溶液的配制（18 分）

(1) $BaCl_2 \cdot 2H_2O$ 的称取。(8 分)

分析天平称量前的准备、加减砝码、转移样品、记录数据，错一步扣 2 分。

(2) $BaCl_2$ 溶液的配制。(10 分)

3. 沉淀的生成（20 分）

（1）$BaSO_4$ 沉淀的生成。（10 分）

沉淀剂的加入、玻璃棒搅拌、检查沉淀是否完全，错一步扣 4 分。

（2）陈化。（10 分）

加热、搅拌，错一步扣 5 分。

4. 过滤操作（50 分）

（1）滤纸的折叠及放置。（10 分）

（2）形成水柱。（10 分）

（3）仪器的安装。（8 分）

漏斗的安装、烧杯的放入，错一步扣 4 分。

（4）倾泻法过滤。（12 分）

玻璃棒的放置、沉淀上层清液的倾入、漏斗中溶液的液面高度，错一步扣 4 分。

（5）沉淀的洗涤和转移。（10 分）

沉淀的洗涤、倾泻法过滤、沉淀帚的使用、烧杯及玻璃棒的洗涤，错一步扣 3 分。

素质拓展阅读

敬业笃行

过滤操作是化学实验的基本操作，其特点为操作简单、应用广泛、创新发展空间小，但是又是分离提纯、制备产品不可或缺的一步。

正如我们从事的平凡而基础的工作一样，需要的就是脚踏实地、严谨负责的态度和坚定的责任。敬业笃行是广大劳动者们的传统美德，要热爱工作，尽心尽力，才能有所成就。

敬业出自《礼记·学记》："敬业乐群"，其意思是专心致力于学业和工作，把学业和工作当成一种事业去孜孜不倦地追求，严格遵守职业道德。笃行出自《礼记·中庸》："博学之，审问之，慎思之，明辨之，笃行之。"这是完成学业与道德修养的最后阶段。"笃"即踏踏实实、坚持不懈；"笃行"即要专心致志，勇于实践，锲而不舍。笃行是好学的延伸，为学者不仅要博学广知，精技强能，还要身体力行，在实践中展现自己的品格与学识，通过脚踏实地的行动来实现远大抱负，学有所得，并努力践履所学，知行合一。

敬业笃行既是大学生步入社会应具备的基本内在素质，更是人才的核心竞争力。学校积极开展实践活动，磨炼大学生的敬业意志。培养大学生的敬业精神有利于其树立良好的世界观、人生观和价值观。使得学生知晓从事本专业所应遵循的价值观念、伦理原则和行为标准，对专业活动做到心有敬畏、行有所止，成为德才兼备的优秀人才。

模块 8　溶解与重结晶操作

编号 FJC-35-01

学习单元 8-1　溶剂的种类

学习目标： 完成本单元的学习之后，能够熟悉溶剂的种类及选择规律。

职业领域： 化学、石油、环保、医药、冶金、食品等工程。

工作范围： 分析

一、溶剂的种类和性质

溶剂是能溶解其他物质的物质。由于不同的物质具有不同的性质，在不同溶剂中的溶解度有较大的差别，因此在配制物质的溶液时应选择合适的溶剂。溶剂的分类方法如下。

1. 根据质子理论分类

根据质子理论，按照溶剂的性质对酸或碱强度的影响，将溶剂分为以下四类。

（1）酸性溶剂

给出质子能力较强的溶剂（HCl、HNO_3、甲酸、冰醋酸等）。

（2）碱性溶剂

接受质子能力较强的溶剂（NaOH、乙二胺、吡啶、四氢呋喃等）。

（3）两性溶剂

既能给出又能接受质子的溶剂（水、甲醇、乙醇、乙二醇、乙酸酐等）。

（4）惰性溶剂

不给出质子也不接受质子的溶剂（苯、四氯化碳、三氯甲烷、乙腈等）。

2. 根据物质的性质分类

根据物质的基本性质，通常可将溶剂分为无机溶剂和有机溶剂两大类。

（1）无机溶剂

无机化合物大部分是极性较强的离子型化合物，尽管溶解度不尽相同，但多数可以溶于水或经适当处理后就可制成水溶液。常用的无机溶剂有水、盐酸、硫酸、硝酸、氢氧化钠溶液等。

（2）有机溶剂

有机化合物多数是极性不大或非极性的共价型化合物，分子结构又千差万别，性质各异。因此不同的有机化合物对不同的溶剂的溶解能力也表现出很大差异。绝大多数有机化合物不溶于水而易溶于有机溶剂，而有机溶剂的溶解能力也有很大差异。因此，选择合适的溶剂是配制有机化合物溶液的关键。常用的有机溶剂有甲醇、乙醇、乙二醇、丙酮、乙醚、三氯甲烷、四氯化碳、甲苯、氯苯、冰醋酸、乙酸酐、吡啶、乙二胺、二甲基甲酰胺等。这些溶剂可以单独使用，也可以混合使用。

二、溶剂的选择

配制溶液时，要根据被溶解的物质的性质来选择合适的溶剂。一般选择溶剂的规律如下：

（1）相似相溶

①极性化合物易溶于极性溶剂，非极性化合物易溶于非极性溶剂；②化合物和溶剂分子结构越相似，则化合物在溶剂中的溶解度越大；③化合物分子和溶剂分子以及溶剂分子间若能发生氢键缔合效应，则溶解度增大；④有机弱酸或有机弱碱可选用碱性溶剂或酸性溶剂进行溶解。

当然，以上只是溶剂选择的一般规律，既不是绝对的，也不是孤立的，绝不能只用某一规律推断化合物的溶解行为，而应同时考虑其他因素的影响，从而选择出最佳溶剂，配制成相应的溶液。

（2）重结晶溶剂的选择规律

在进行重结晶时，选择合适的溶剂是关键，否则将达不到纯化的目的或效率极低。重结晶时溶剂必须符合下列条件：①不与重结晶物质发生反应。②被提纯物质在溶剂中的溶解度在高温时较大，而在低温时则很小。③杂质在热溶剂中不溶或难溶，通过热过滤易于除去；杂质在冷溶剂中易溶解，则将其留在滤液中与结晶分离。④溶剂易挥发，易于结晶分离而除去。⑤提纯物质能够生成较为整齐的结晶。

重结晶常用的溶剂有水、乙醇、丙酮、乙酸乙酯、醋酸、乙醚、石油醚、苯等。选择溶剂时要考虑被测物质的性质，根据“相似相溶”原理进行选择。除查阅化学手册外，也可用试验的方法。比如，取几个小试管，各放入约 0.2g 需提纯的物质，分别加入 1mL 不同种类的溶剂，加热到完全溶解，冷却后能析出最多量结晶的溶剂一般认为是最合适的溶剂；若被提纯的物质在 3mL 热溶剂中不能全溶或在小于 1mL 热溶剂中全溶，则认为该溶剂不适用。

进度检查

一、填空题

1. 根据质子理论，将溶剂分为________、________、________、________四大类。

2. 进行重结晶时，选择____________是关键，否则将达不到纯化的目的或效率甚低。

二、问答题

1. 配制溶液时，选择溶剂的一般规则是什么？

2. 重结晶时溶剂必须符合什么条件？

编号 FJC-35-02

学习单元 8-2　溶解操作

学习目标：完成本单元的学习之后，能够熟练掌握固体物质溶解的基本操作。

职业领域：化学、石油、环保、医药、冶金、食品等工程。

工作范围：分析

所需仪器、试剂和设备

序号	名称及说明	数量
1	玻璃棒	1个
2	烧杯	2个
3	托盘天平	1个
4	NaCl 固体、纯水或其他适宜溶剂	适量

一、溶解的基本知识

溶解就是溶质分子扩散到溶剂分子中去的过程。溶解存在着两个过程。一个过程是溶剂对溶质作用，使溶质的粒子（分子、离子）间作用力减弱，使溶质的离子以热运动的形式进入溶液，这一过程吸收热量，是物理过程；另一个过程是溶质的粒子与溶剂作用形成溶剂化合物，这一过程往往要放出热量，是化学过程。整个溶解过程是吸热还是放热，取决于两过程的热效应的代数和。因此不同的物质在溶解过程中有的吸热，有的放热。

有些物质溶解过程中的热效应非常明显。例如氢氧化钠固体或浓 H_2SO_4 溶于水时放热，而硝酸钾或硝酸铵溶于水时要吸热。把 KNO_3 或 NH_4NO_3 固体溶解在水中，溶液的温度显著地降低；而把 NaOH 固体或浓 H_2SO_4 溶解在水中，溶液的温度显著升高。

有些物质溶解过程中的热效应较小，是因为这些物质溶解过程中，溶质粒子扩散过程中吸收的热量与溶剂化过程中放出的热量相当，所以热效应较小，例如 NaCl 固体溶于水的热效应较小。

二、溶解操作步骤

（1）计算

根据所配制溶液的量，计算出所需固体的质量（单位为 g）。

(2) 称量

在托盘天平上称取所需固体的质量。

(3) 溶解

将称取的物质置于烧杯中，加入适量纯水（或其他溶剂），并用玻璃棒不断搅拌，使其溶解。对于常温下不溶于水的固体物质，可加热使其溶解。

(4) 转移

把溶液定量地移入容量瓶中。

(5) 洗涤

残留在烧杯中和玻璃棒上的少许溶液，可用少量纯水（或相应溶剂）洗涤 3～4 次，洗涤液全部转移到容量瓶中。

(6) 定容

用纯水（或相应溶剂）稀释，在接近刻度线时，逐滴加入纯水使弧形液面的最低点与刻度相切。将瓶塞塞好，用一手指压住瓶塞，另一手的手指托住瓶底部，将瓶倒转并摇动。再倒转过来，使气泡上升到顶，如此反复 10～20 次，使溶液充分混合均匀。

(7) 保存

将容量瓶中配制好的溶液全部转入试剂瓶中，并贴上标签标明溶液的名称、浓度及配制日期。

进度检查

一、填空题

1. 溶解是______________________________________的过程。

2. 洗涤时残留在烧杯中的少量溶液，可用少量纯水洗________次，洗涤液________转移到容量瓶中。

二、问答题

1. 溶解操作步骤有哪些?

2. 固体溶解应注意哪些问题?

三、操作题

配制 100mL 0.2mol/L 的 NaCl 溶液。

编号 FJC-35-03

学习单元 8-3　重结晶操作

学习目标： 完成本单元的学习之后，能够利用重结晶操作进行物质的分离和提纯。

职业领域： 化学、石油、环保、医药、冶金、食品等工程。

工作范围： 分析

所需仪器、试剂和设备

序号	名称及说明	数量
1	漏斗、铁架台、抽滤瓶、酒精灯、玻璃棒	各1个
2	烧杯	2个
3	滤纸、溶剂、粗盐等	适量

一般情况下，晶体化合物在溶剂中的溶解度会随温度发生较大的变化，而杂质的溶解度基本不随温度发生变化。利用晶体化合物的这种性质，若结晶所得的晶体纯度不合乎要求时，可利用重结晶的方法去除杂质。

一、重结晶基本原理

重结晶是纯化固体化合物的一种重要方法。其原理是利用晶体化合物在溶剂中的溶解度一般随温度的升高而增大以及溶剂对被提纯物质和杂质的溶解度不同，将被提纯物质在热的溶剂中达到饱和，冷却时因溶解度降低，溶液变成过饱和溶液而被提纯物质从溶液中析出结晶，使杂质全部或大部分仍留在溶液中（或杂质在热溶液中不溶而趁热过滤除去），从而达到提纯目的。

二、重结晶的操作步骤

1. 固体的溶解

将固体物质置于锥形瓶中，加入较需要量稍少的适宜溶剂，边加入边搅拌，同时加热至沸腾，若未完全溶解，可再分次逐量加入溶剂，每次加入后仍需加热至溶液沸腾，直到固体物质完全溶解。要使重结晶得到的产品纯净且回收率高，溶剂的用量是个关键，一般用量比需要量多加20%左右，过多或过少都会影响重结晶的效率。溶剂过量太多，不能形成热饱和溶液，冷却时不析出结晶或结晶太少；溶剂用量过少，有部分待结晶的物质热溶时未溶解完全，热过滤时和不溶性杂质一起留在滤纸上，会造成损失。

为了避免溶剂的挥发、可燃溶剂着火或有毒溶剂中毒，应在锥形瓶上装置回流冷凝管，添加溶剂可由冷凝管上端加入，同时，应根据溶剂的沸点和易燃性，选择适当的热浴。

2. 过滤

将热溶液趁热过滤以除去不溶性杂质，若溶液中含有有色杂质可先移去热源，使溶液冷却，然后加活性炭，继续煮沸 5～10min，即可脱色，脱色后，再进行过滤（或热过滤）。

3. 冷却滤液，析出结晶

将盛有滤液的容器浸到冷水浴或冰浴中，迅速冷却并剧烈搅动，可得到颗粒很小的晶体，小晶体内包含的杂质较少，但因其表面积较大而吸附了较多的杂质，所以冷却滤液时不宜过快（若希望得到均匀而较大的晶体，可将滤液置于室温或将盛滤液的容器置于温浴中静置使之缓慢冷却）；同时，冷却滤液也不宜太慢，否则，将形成过大的晶体颗粒，也会因颗粒内包含有较多的母液而影响晶体的纯度。搅拌滤液、摩擦器壁有利于结晶的生成，静置滤液有利于大晶体的生成，特别是加入一小晶种时，更有利于晶体的生成。所以当滤液冷却至室温时，若仍不见晶体析出，可用玻璃棒轻轻摩擦容器内壁以形成粗糙面，因为溶质在粗糙面上形成结晶的过程比在平滑面上迅速；或者向滤液中投入极少量的晶种（同一种物质的晶体），并用玻璃棒将其小心地拨到接近液面的容器内壁上供给定型晶核，使晶体迅速形成；还可以将滤液加热浓缩，重新在室温下冷却。

4. 将结晶与母液分离

为使结晶与母液有效地进行分离，通常采用布氏漏斗进行减压过滤。

5. 干燥晶体

抽滤和洗涤后的结晶表面上附有少量溶剂，需用适当的方法进行干燥。固体的干燥方法很多，可根据重结晶所用的溶剂及结晶的性质来选择。常用的干燥方法有以下几种：

（1）空气晾干

将抽干的晶体连同滤纸一并取出，置于表面皿上铺成薄薄一层，再用一张滤纸覆盖以免沾污灰尘，然后在室温下放置。一般要经过几天后才能彻底干燥。

（2）烘干

对热稳定性较好的固体化合物，将其置于烘箱中，在低于该化合物熔点的温度下进行烘干。由于溶剂的存在，晶体可能在较其熔点低很多温度下就开始熔化了，因此必须注意控制温度并经常翻动晶体。

（3）用滤纸吸干

若晶体吸附的溶剂在过滤时很难抽干，此时，将晶体放在两三层滤纸上，上面再用滤纸挤压以吸出溶剂。此法的缺点是晶体上易沾污一些滤纸纤维。

结晶干燥后，用熔点仪检测其熔点。如纯度不合要求，可重复上述操作直到熔点符合要求为止。

重结晶法只适用于提纯杂质含量在5%以下的固体化合物。对于杂质含量较高的固体物质，必须先用其他方法进行初步提纯，例如萃取、水蒸气蒸馏、减压蒸馏等，然后再用重结晶法提纯。

进度检查

一、填空题

1. 重结晶是利用混合物中各组分在溶剂中____________的不同，进行分离和提纯的方法。

2. 重结晶的主要有______________、____________、__________、__________和__________五个步骤。

3. 干燥晶体常用的方法有_________、_________、_________。

二、问答题

1. 重结晶时，为什么溶剂的用量不能过多，也不能过少？正确的溶剂用量应该如何？

2. 进行重结晶操作时应注意哪些问题？

三、操作题

用重结晶法提纯粗盐。

评分标准

固体的溶解与重结晶操作技能考试内容及评分标准

一、考试内容：粗盐的提纯

1. 粗盐的溶解

（1）称取5g（精确至0.1g）粗盐置于烧杯中。

（2）加入适量的水使粗盐完全溶解，配成近于饱和的溶液。

2. 过滤

过滤除去不溶性杂质，若滤液浑浊，应再过滤1～2次。

3. 滤液的蒸发

（1）滤液倒入蒸发皿里，置于铁架台的铁圈上。

(2) 加热并用玻璃棒不断搅拌，待析出多量固体，停止加热。

4. 结晶与母液的分离

(1) 将结晶与母液置于布氏漏斗中。

(2) 用布氏漏斗进行减压过滤。

5. 干燥晶体

将晶体置于烘箱中烘干。

二、评分标准

1. 粗盐的溶解（15 分）

(1) 称量。(5 分)

(2) 溶解。(10 分)

2. 过滤（25 分）

(1) 过滤装置的安装。(15 分)

(2) 过滤操作。(10 分)

玻璃棒的使用、溶液的倾入、控制漏斗内滤液的液面，错一步扣 3 分。

3. 滤液的蒸发（25 分）

(1) 滤液的转移及仪器的安装。(10 分)

(2) 蒸发。(15 分)

加热、玻璃棒的使用、晶体析出过程的控制、停止加热，错一步扣 4 分。

4. 结晶与母液的分离（25 分）

(1) 结晶的转移。(10 分)

(2) 过滤操作。(15 分)

漏斗下端斜口正对抽滤瓶的侧管、滤纸的湿润、抽气泵抽气过滤，错一步扣 5 分。

5. 干燥晶体（10 分）

素质拓展阅读

生态和谐

“人与自然和谐共生”意味着人和自然是一个整体，是一个生命共同体。“人与自然和谐共生”不是单纯为了保护生态环境，而是把人与自然视为一个“生命共同体”，内在地包含了人的发展，既要像保护眼睛一样保护生态环境，像对待生命一样对待生态环境，又要不断提高人民群众的生活水平和质量。

“人与自然和谐共生”蕴含了保护生态环境是人类社会生存发展的前提和基础。一方面，人能够发挥自己的主观能动性去认识和改造自然，利用自然为自己的生存和发展服务；另一方面，人必须尊重自然界的客观规律，受到自然条件的制约，不能无限制地发挥主观能动性。发展自然需要利用自然、改造自然，但这种利用和改造必须是在“尊重自然、顺应自然、保护自然”的前提下进行。

实现“人与自然和谐共生”，要坚持发展和保护生态环境的辩证统一，实现发展和保护生态环境的“双赢”。发展不能破坏生态环境。但为了保护生态环境而不敢迈出发展步伐就有点绝对化了，将发展和保护生态环境对立起来，单一的发展或者保护生态环境都不能达到目的，结果反而会适得其反。我们要把保护生态环境和发展紧密结合起来，坚持“绿水青山就是金山银山”的理念，通过生态补偿机制，科学布局生产、生活和生态空间，将良好的生态环境转化为经济社会发展的增长点，不断提高人民群众的生活质量，推动发展事业不断向前，既保护了生态环境，又实现了发展目标，形成保护生态环境和发展相互促进的良好局面。

时刻坚守生态环境的红线和底线，正确处理发展和保护的关系，实现可持续发展和人的全面发展。我们对生态环境保护的长期性、艰巨性要有清醒的认识，充分估计可能要面临的困难和矛盾，做好打持久战的准备。在保护生态环境的基础上，尊重自然、顺应自然、保护自然，合理地利用自然、改造自然，创造更多的物质文化财富。

模块 9 蒸馏与回流操作

编号 FJC-36-01

学习单元 9-1 常压蒸馏装置及操作

学习目标： 完成本单元的学习之后，能够利用常压蒸馏装置进行工业乙醇的分离和提纯操作。

职业领域： 化学、石油、环保、医药、冶金、食品等工程。

工作范围： 分析

所需仪器、试剂和设备

序号	名称和说明	数量
1	温度计	1 支
2	蒸馏烧瓶	1 个
3	冷凝管	1 个
4	接收器	1 个
5	铁架台	2 个
6	酒精灯	1 个
7	工业乙醇	适量

蒸馏是根据液体中各组分沸点不同而进行分离、提纯混合物的一种方法，一般分为常压蒸馏和减压蒸馏。其过程是将液态物质加热至沸腾，沸点低的先蒸出，沸点高的后蒸出，不挥发的仍留在蒸馏器中，这样就可达到分离和提纯的目的。

蒸馏仅能分离沸点有显著不同（相差 30℃以上）的两种或者两种以上的混合物。若混合物各组分的沸点差别不大而又要求得到较好的分离效果，可采取分馏的方式。

一、常压蒸馏装置

1. 常压蒸馏装置的组成

常压蒸馏装置见图 9-1，主要由温度计、蒸馏烧瓶、冷凝管、接收器四部分组成。

（1）温度计

温度计用于测量蒸馏烧瓶内蒸气的温度。温度计一般选择最高量程较被蒸馏液体的沸点高出 10～20℃（当蒸馏混合液体时，温度计应以高沸点的组分为准），不宜高出太多。因为温度计的测量范围越大，准确度越差。在安装蒸馏装置时，温度计水银

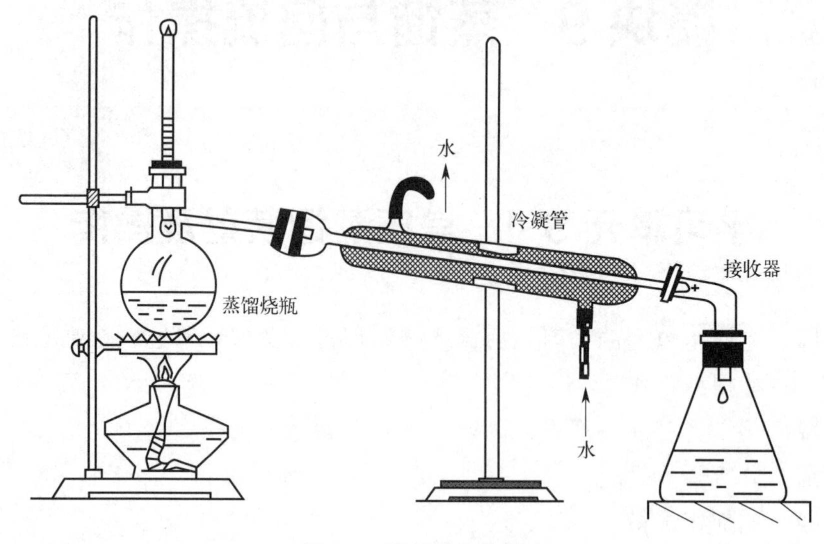

图 9-1　常压蒸馏装置

球恰好在蒸馏烧瓶支管的中心轴线上。

温度计的误差需要校正时，可增加一个辅助温度计。辅助温度计的水银球要在温度计水银柱外露段的中部。

（2）蒸馏烧瓶

蒸馏烧瓶用来盛放和加热被蒸馏的液体，一般应选用具有支管的圆底烧瓶。液体在烧瓶中受热汽化，蒸气经支管进入冷凝管。

常用圆底烧瓶有长颈式和短颈式两种。长颈式蒸馏烧瓶适用于蒸馏沸点较低的液体化合物；短颈式蒸馏烧瓶适用于蒸馏沸点较高（120℃以上）的液体化合物。

（3）冷凝管

冷凝管用来把蒸气冷凝成液体。冷却水不断地从下部管口进入，热水从上部管口流出，带走热蒸气的热量，从而起到冷却作用。当液体蒸馏物的沸点在 150℃以下时，应选用直形冷凝管，用冷水冷却。直形冷凝管的长短和粗细一方面取决于液态蒸馏物沸点的高低，即沸点越低，蒸气越不易冷凝，应选择较长较粗的冷凝管；相反，沸点越高，蒸气越容易冷凝，应选择较短较细的冷凝管。另一方面取决于液体蒸馏物的多少，蒸馏物的量越多，蒸馏烧瓶的容量就应越大，烧瓶的受热面积也相应增加，单位时间内从蒸馏烧瓶中排出的蒸气量也就越多，选择的冷凝管也应长一些、粗一些。

在蒸馏大量的低沸点液体时，为加快蒸馏速度，可选用蛇形冷凝管进行冷却。使用时需垂直装置，切不可斜装，以防止冷凝液停留在蛇形冷凝管中，堵塞通路，使蒸馏烧瓶内压力增大而发生事故。当液体蒸馏物的沸点高于 150℃时，需采用空气冷凝管，其粗细和大小也视蒸馏物的沸点和蒸馏烧瓶的容积而定。

（4）接收器

接收器用于收集冷凝后的液体，一般由接液管和接收瓶两部分组成。接液管和接收瓶之间应与外界大气相通。如果蒸馏易挥发的有毒物质，应在通风橱中进行。

2. 常压蒸馏装置的安装

安装蒸馏装置一般应从热源开始，然后遵循“自下而上，从左到右”的顺序，依次把装有温度计的蒸馏烧瓶用铁夹垂直夹住，把冷凝管固定在铁架台上，调整好高度和斜度，使之与蒸馏烧瓶支管同轴，然后连好冷凝管，最后安装接收器。

在安装过程中注意以下几点：

① 整个蒸馏装置中的各部分（除接液管和接收器之外）都应装配严密，即气密性好，防止有蒸气漏出。

② 固定玻璃仪器的铁夹不应太紧或太松，以夹住后稍用力尚能转动为宜。且铁夹内一定要垫以橡胶等软性物质，不得与玻璃仪器直接接触，以防夹坏仪器。

③ 接液管与接收器之间不能密封。

④ 整个装置安装好后，要求无论从正面观察还是侧面观察，全套仪器各部分的轴线都要在同一平面内。

⑤ 避免接收器与火源靠得太近，以防着火等危险。

3. 常压蒸馏操作

（1）加料

将蒸馏液通过玻璃漏斗或直接沿着面对支管的瓶颈壁小心地倒入蒸馏烧瓶中，注意不能使液体从支管流出；液体加入量应为烧瓶容量的 1/2～2/3，超过此量，沸腾时溶液有被蒸气带至接收器的可能，沸腾剧烈时，液体也容易冲出。

蒸馏低沸点液体时，加热前应先加入沸石（或无釉碎瓷片、毛细管），以防止暴沸。若加热前忘记加沸石，在接近沸腾温度时不能补加，必须使液体稍冷却后补加沸石，再重新加热。

将配有温度计的塞子塞入蒸馏烧瓶瓶口后，再一次仔细检查是否正确稳妥，各仪器连接是否紧密，有无漏气现象。

（2）加热

加热蒸馏时，应先通冷凝水，从冷凝管的下口进水，上口出水，不能接反。然后开始加热，最初用小火，以免蒸馏烧瓶因局部过热而破裂，然后慢慢增大火力使烧瓶内液体逐渐沸腾。纪录第一滴馏出液滴入接收器时的温度。此时应控制加热，使蒸馏速度不要太快或太慢，以馏出液滴下的速度为 1～2 滴/s 为宜。在蒸馏过程中，应始终保持温度计水银球上有一稳定的液滴，这是气液两相平衡的象征。此时温度计的读数就是液体的沸点。

（3）观察沸点和收集馏出液

蒸馏前，至少准备两个接收器，因为在达到需要物质的沸点之前，常有沸点较低的液体先蒸出，这部分馏出液称为“前馏分”。前馏分蒸完，温度趋于稳定后蒸出的就是较纯的物质，此时应更换一个洁净而干燥的接收器接收馏出液。

在所需要的馏分蒸出后，若维持原来的加热温度，就不会再有馏出液蒸出，温度计读数会急剧下降，此时应停止蒸馏。即使杂质含量较少，也不要蒸干，以免蒸馏烧瓶破裂而发生意外事故。

（4）停止加热，拆卸仪器

蒸馏完毕，停止加热，待温度下降后，关闭冷却水，拆卸仪器，其顺序与安装时相反。将馏出液倒入指定容器中，以备测定。将烧瓶中的残液倒入回收瓶内，将卸下的仪器洗净、干燥以备下次使用。

二、工业乙醇的提纯

1. 实验目的

① 学习蒸馏的原理、仪器装置及操作技术。

② 了解蒸馏提纯液体有机物的原理、用途及掌握其操作步骤。

2. 操作步骤

① 取 30mL 工业乙醇倒入 100mL 圆底烧瓶中，加入 2～3 粒沸石，以防止暴沸。

② 按蒸馏装置安装好仪器（由下至上，从左到右）。

③ 通入冷凝水（下进上出）。

④ 用水浴加热，注意观察蒸馏烧瓶中蒸气上升情况及温度计读数的变化。当瓶内液体开始沸腾时，蒸气逐渐上升，当蒸气包围温度计水银球时，温度计读数急剧上升。蒸气进入冷凝管被冷凝为液体滴入锥形瓶，记录从蒸馏头支管滴下第一滴馏出液时的温度 t_1，然后当温度上升到 75℃时换一个干燥的锥形瓶作接收器，收集馏出液，并调节热源温度，控制在 75～80℃之间，控制蒸馏速度为每秒 1～2 滴为宜，直到圆底烧瓶内蒸馏完毕停止蒸馏。

⑤ 停止蒸馏时，先移去热源，待体系稍冷却后关闭冷凝水，自上而下、自后向前拆卸装置。

⑥ 量取并记录收集的乙醇的体积 V。

进度检查

一、填空题

1. 蒸馏是根据液体中各组分__________而进行分离、提纯混合物的一种常用方法。一般分为______________和______________。

2. 常压蒸馏装置主要由__________、__________、____________、________四部分组成。

3. 蒸馏烧瓶中蒸馏液最少不能少于此瓶容积的________，最多不超过________。

4. 蒸馏过程中，以馏出液滴下的速度为每秒________滴为宜。

二、问答题

1. 进行常压蒸馏时，冷凝管的作用是什么？如何选择冷凝管？

2. 常压蒸馏装置的安装过程中应注意哪些问题？

三、操作题

1. 常压蒸馏装置的安装。

2. 工业乙醇的提纯操作。

编号 FJC-36-02

学习单元 9-2 回流装置及操作

学习目标： 完成本单元的学习之后，能够利用回流的方法完成某些反应和物质的提取操作。

职业领域： 化学、石油、环保、医药、冶金、食品等工程。

工作范围： 分析

所需仪器、试剂和设备

序号	名称和说明	数量
1	直形冷凝管或球形冷凝管	2 支
2	铁架台(带铁夹)	2 台
3	圆底烧瓶	2 个
4	烧杯	2 个
5	锥形瓶	2 个
6	玻璃管、橡胶管等	适量

一、回流装置

许多制备反应或精制操作中，为防止加热过程中液体的挥发损失，确保产物产率，常常在反应烧瓶上竖直地安装冷凝管。反应过程中产生的蒸气经冷凝管冷却，又流回到原来的反应器中，这种连续不断地沸腾气化与冷凝流回的过程叫做回流。

回流装置一般由反应器和冷凝管组成。反应器有锥形瓶、圆底烧瓶、双颈瓶或三颈瓶等，根据反应的需要选择所需的反应器。冷凝管分为球形冷凝管、直形冷凝管和蛇形冷凝管等，根据被加热物沸点高低选择冷凝管。一般采用球形冷凝管，因其冷凝面积较大，冷凝效果较好。通常用自来水冷却，当被加热液体的沸点高于 140℃时，用空气冷凝管冷凝。

1. 普通回流装置

由圆底烧瓶和冷凝管构成，如图 9-2 所示，适用于一般回流操作。

2. 带干燥管的回流装置

是在普通回流装置冷凝管的上端配有干燥管，以防止空气中的水汽进入反应瓶，如图 9-3 所示。

干燥管内不得填装粉末状干燥剂，以免整个系统被封闭。在干燥管底部塞入脱脂棉，然后加入颗粒状或块状干燥剂，最后再塞上脱脂棉。

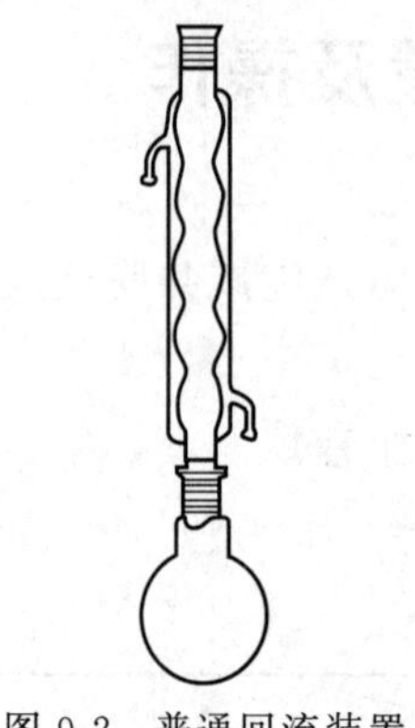
图 9-2　普通回流装置

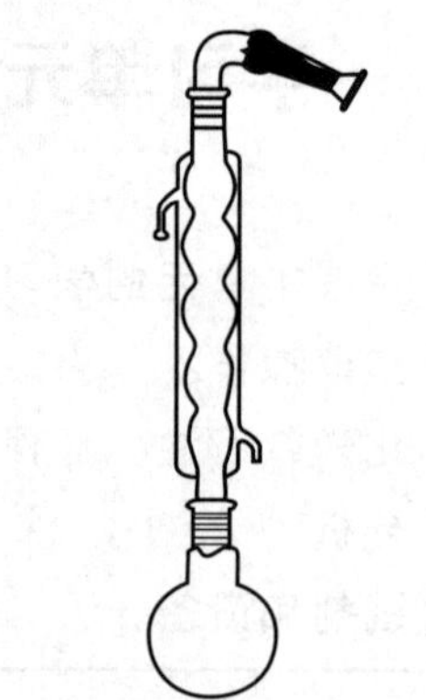
图 9-3　带干燥管的回流装置

3. 带有气体吸收的回流装置

是在普通回流装置冷凝管的上端安装了一气体吸收装置，如图 9-4 所示。

在使用该装置时，气体吸收装置的漏斗口不得浸入水中；停止加热前应先将盛有吸收液的容器移去，以防倒吸。

该装置适用于反应时有产生有害气体的实验。

4. 能滴加液体的回流装置

是在圆底烧瓶上安装 Y 形双口接管，用于安装冷凝管和滴液漏斗，如图 9-5 所示。

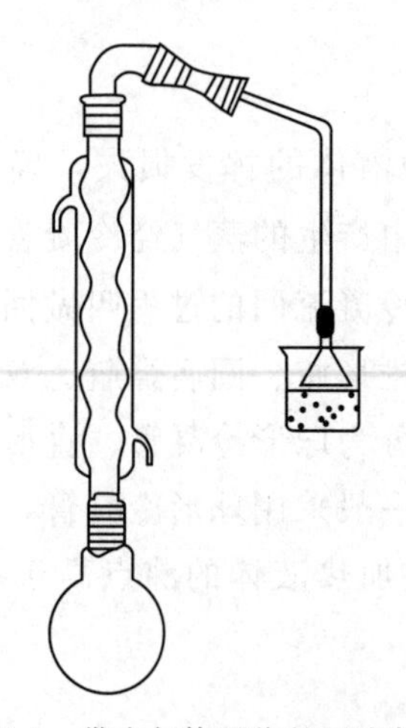
图 9-4　带有气体吸收的回流装置

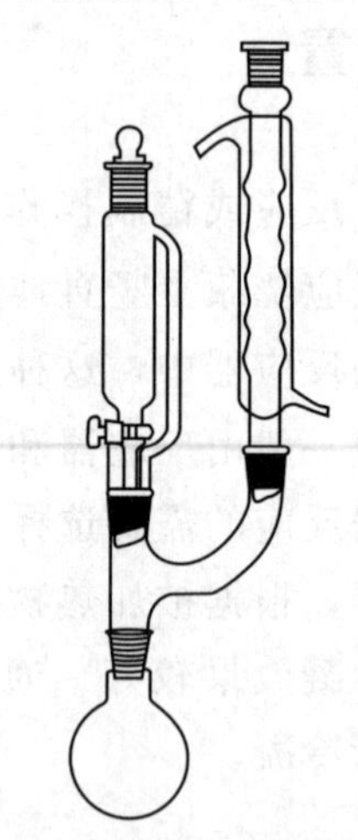
图 9-5　能滴加液体的回流装置

二、回流操作

1. 回流装置的安装

先安装热源，以热源的高度为基准，用铁夹夹住圆底烧瓶的颈部，垂直固定于铁架台上，然后按由下至上的顺序安装冷凝管等仪器。所有仪器尽可能固定在统一铁架台上。整套装置要求正确、严密、整齐、稳当。

2. 回流操作

（1）物料的加入

反应物及溶剂加入反应器中，同时加入几粒沸石，防止液体暴沸；再安装冷凝管等其他仪器。也可在安装完毕后，由冷凝管上口加入物料。一般物料占反应器容积的1/2左右，最多不超过2/3。

（2）加热回流

检查装置的严密性，先自下而上通冷却水，然后开始加热。最初应缓慢加热，然后逐渐加热使液体沸腾或达到要求的反应温度。反应时间以第一滴回流液落入反应器开始计。

（3）控制回流速度

调节冷却水流量和加热温度，控制回流速度，以蒸气浸润不超过两个球为宜。

（4）停止回流

停止回流时，应先停止加热，移走热源，待冷凝管中没有蒸气后再停冷却水，然后自上往下的顺序拆除装置。

进度检查

一、填空题

1. 回流装置主要由____________和____________两部分组成。

2. 回流低沸点的物质用________冷凝，回流高沸点的物质用________冷凝。

3. 回流的速度应控制在________________________为宜。

二、问答题

1. 如何安装回流装置？

2. 进行回流操作时，应注意哪些问题？

3. 为什么在回流装置中要用球形冷凝管而不用直形冷凝管？

评分标准

蒸馏与回流操作技能考试内容及评分标准

一、考试内容：工业乙醇的提纯

1. 蒸馏装置的安装

依次安装好热源、铁圈、石棉网、圆底烧瓶、冷凝管、接受器。

2. 蒸馏操作

（1）加料。

① 把工业乙醇加入蒸馏烧瓶中。

② 加入沸石作止沸剂。

③ 检查装置是否正确及气密性。

（2）加热。

① 向冷凝管中自上而下通入冷凝水。

② 先小火加热，慢慢增大火力使之沸腾。

③ 蒸馏速度控制在每秒流出 1～2 滴馏出液为宜。

（3）蒸馏完毕，先熄火，后停止通水。

（4）拆卸仪器，其程序与安装相反。

二、评分标准

1. 仪器的安装（30 分）

热源、铁圈、石棉网、圆底烧瓶、冷凝管、接受器的安装，每错一个扣 5 分。

2. 蒸馏操作（70 分）

（1）加料。

① 蒸馏液的加入。（8 分）

② 沸石的加入。（4 分）

③ 安装及气密性的检查。（8 分）

（2）加热。

① 向冷凝管中通入冷凝水。（10 分）

② 加热操作。（12 分）

③ 蒸馏速度控制。（8 分）

（3）蒸馏完毕操作。（8 分）

先熄火，后停止通水，每错一步扣 4 分。

（4）善后工作。（8 分）

拆卸仪器，每错一步扣 2 分。

素质拓展阅读

以人为本、安全发展

在蒸馏操作中，仪器的安装、拆卸都要按照一定的顺序进行。安装顺序出错或安装不到位，都可能会导致实验不成功，甚至发生泄漏、爆炸等安全事故。因此，在实验过程中，必须坚持“以人为本”的安全原则。

在生产与安全的关系中，一切以安全为重，安全必须排在第一位。我们在实验过程中要预先分析危险源，预测和评价危险和有害因素，掌握危险出现的规律和变化，采取相应的预防措施，将危险和安全隐患消灭在萌芽状态。

坚持安全发展，在生产中获得安全保障，是劳动者的基本权利，也是保持社会和谐与稳定的必然要求。安全发展的核心体现了发展为了人民。无论在任何时候、任何情况下，都要把维护广大人民群众的生命权和健康权放在首位，把安全生产工作纳入社会发展总体规划和企业的长远发展规划之中。“以人为本”首要的是关爱生命，保障人民群众生命安全是社会的共同责任、社会进步的必要条件。

模块 10　萃取操作

编号 FJC-37-01

学习单元 10-1　萃取的基本知识

学习目标： 完成本单元的学习之后，能够掌握相似相溶、分配定律的基本知识。

职业领域： 化学、石油、环保、医药、冶金、食品等工程。

工作范围： 分析

萃取是用适宜的溶剂把指定物质从固体或液体混合物中提取出来的操作。

萃取分离法包括液液萃取分离法、固液萃取分离法和气液萃取分离法等。目前应用最广泛的是液液萃取分离法，也称溶剂萃取分离法。

溶剂萃取分离法既可用于常量元素的分离，又适用于痕量元素的分离与富集，而且方法简单快速。

一、溶解度影响因素

大量的实践表明，极性化合物易溶于极性溶剂中，非极性化合物易溶于非极性溶剂中，这一规律称为相似相溶规则。如 I_2 是非极性物质，水是极性溶剂，CCl_4 是非极性溶剂，所以 I_2 易溶于 CCl_4 而难溶于水，因此，可用 CCl_4 从碘水中萃取碘。当用等体积的 CCl_4 从碘水溶液中提取 I_2 时，萃取率可达到 98.8%。

二、分配定律

1. 分配比

某一溶质 A 分配在互不相溶的水相和有机相中，在多数情况下，溶质在水相和有机相中以多种形式存在，达到平衡后，溶质在两相中的总浓度之比，叫分配比，用 D 表示：

$$D=\frac{\text{溶质在有机相中的总浓度}}{\text{溶质在水相中的总浓度}}$$

2. 分配系数和分配定律

在一定温度下，某一物质 A 以相同的化学组成分配在互不相溶的水相和有机相中，当分配达到平衡后，该溶质在两相中的浓度比是常数，叫分配系数，用 K_D 表示：

$$K_D=\frac{[A]_{有}}{[A]_{水}}$$

式中，[A] 表示物质 A 的物质的量浓度。从此式看出，分配系数大的物质绝大部分进入有机相中，分配系数小的物质仍留在水中，因而将物质彼此分离，称为分配定律，它是萃取法的基本原理。例如，碘在 CCl_4 和水中的分配系数 K_D 等于 85。

若溶质在两相中存在一种形态，此时分配比等于分配系数。

3. 萃取率

物质萃取效率的大小常用萃取率（E）表示。用一种与水不互溶的有机溶剂去萃取水溶液中的 A 物质，萃取到有机相中 A 物质的量与 A 物质的总量之比，叫萃取率。

$$E=\frac{被萃取物质在有机相中的总量}{被萃取物质总量}\times 100\%$$

当被萃取物质 D 值较小时，通过一次萃取，往往不能满足分离或测定的要求，则可采用连续萃取的办法，以提高萃取效率。每次用 $V_{有}$（mL）有机溶剂，从 $V_{水}$（mL）水溶液中萃取物质，萃取 n 次后，水相中剩余被萃取物的质量 m_n 的计算公式为：

$$m_n=m_0\left(\frac{V_{水}}{DV_{有}+V_{水}}\right)^n$$

式中　m_n——萃取后水相剩余被萃取物质的质量，g；

m_0——萃取前水相中含被萃取物质的质量，g；

$V_{水}$——水溶液的体积，mL；

$V_{有}$——每次用萃取剂的体积，mL；

D——分配比；

n——萃取次数。

显然，用同样体积的有机溶剂，萃取次数越多效果越好；但是萃取次数越多，萃取操作越麻烦。所以要根据萃取率的要求决定萃取次数．萃取次数一般为 3～5 次。在实际生产中，一般对微量元素的分离，要求 E 达到 95%甚至 85%以上就可以了，对常量元素的分离通常要求达到 99.9%以上。

三、萃取剂的选择原则

萃取中，与水不相溶的有机溶剂都可作萃取溶剂。

主要的萃取溶剂有苯、汽油、环己烷、戊醇、环己醇、甲基异丁基酮、丙酮、环己酮、乙醚、乙二醇、二硫化碳、氯仿、四氯化碳、乙酸乙酯、乙酸戊酯等。按性质分为四大类，即酸性溶剂、碱性溶剂、两性溶剂、惰性溶剂。

在选取萃取剂时，应根据被萃取物质的溶解能力及萃取溶剂的性质进行选择。其选择原则如下：

① 根据被萃取物质的水溶性，一般地讲，难溶于水的物质用石油醚等萃取；较易溶于水的物质用苯或乙醚等萃取；水溶性大的物质用乙酸乙酯或类似溶剂来萃取。

② 萃取溶剂对被萃取物质的溶解能力要大而对杂质的溶解度要小。

③ 萃取溶剂的沸点不宜过高，否则溶剂不易回收，并可能使产品在回收溶剂时被破坏。

④ 萃取溶剂的毒性要小或者无毒性。

⑤ 萃取溶剂的稳定性要好，挥发性小，不易燃烧。

⑥ 萃取溶剂的密度与水的密度差别要大，黏度要小。

溶剂萃取分离法设备简单，方法简便，是应用广泛的分离和富集物质的方法。缺点是人工操作的劳动强度大，有些萃取溶剂有一定的毒性且价格较贵，这些问题影响了溶剂萃取分离法的应用，有待于今后研究解决。

进度检查

一、填空题

1. 液液萃取分离的理论依据是________________。萃取率指______________。

2. 选择萃取剂时要根据被萃取物质的水溶性而定，一般难溶于水的物质用________萃取，较易溶于水的物质用____________萃取，水溶性大的物质用__________萃取。

3. 萃取操作中，萃取次数一般为________次。

4. 分配系数越大，则萃取率________，萃取效率________。

二、问答题

1. 什么是分配系数？什么是分配比？

2. 萃取的基本原理。

3. 萃取剂选择原则。

三、计算题

有100mL含I_2 10mg的水溶液，用90mL CCl_4分别按下列情况萃取：(1) 全量一次萃取；(2) 每次用30mL分三次萃取。求萃取率各是多少？(已知$D=85$)

编号 FJC-37-02

学习单元 10-2　萃取操作

学习目标：完成本单元的学习之后，能够利用萃取的方法从水中分离提取碘。

职业领域：化学、石油、环保、医药、冶金、食品等工程。

工作范围：分析

所需仪器、试剂和设备

序号	名称和说明	数量
	球形分液漏斗	1支
1	梨形分液漏斗	1支
2	铁架台(带铁圈)	1台
3	烧杯	1个
4	量筒	1个
5	碘的水溶液及四氯化碳萃取剂	适量

一、萃取装置

1. 分液漏斗的选择

常见的分液漏斗有球形分液漏斗和梨形分液漏斗（见图 10-1）。

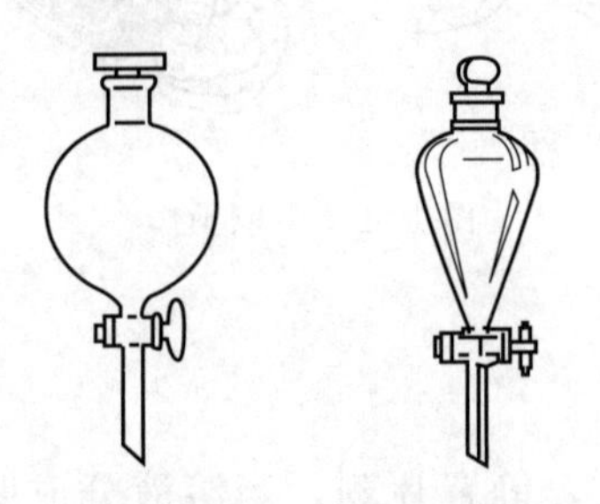

(a) 球形分液漏斗　(b) 梨形分液漏斗

图 10-1　分液漏斗

从球形分液漏斗到长的梨形分液漏斗，其漏斗越长，振摇后，两相分层所需时间越长。故两相密度相近时，宜采用球形分液漏斗。在实际操作中通常使用 60～125mL 的梨形分液漏斗。

使用分液漏斗，加入全部液体的总体积应占其容积的约 1/3，最多也不得超过 2/3。

2. 分液装置的安装

① 检查塞子和活塞是否与分液漏斗配套。

② 检查活塞是否洁净、干燥。

③ 把凡士林均匀地涂在活塞孔的两侧，转动活塞使其均匀透明，注意不要堵塞塞孔。漏斗上口的塞子不得涂凡士林。

④ 在活塞的凹槽处套上橡皮筋，防止操作过程中因活塞的松动而漏液或因活塞的脱落造成实验失败。

⑤ 用橡皮筋将分液漏斗的塞子系在其上口颈上，防止塞子污染或失落打碎。

⑥ 将分液漏斗放在用石棉绳或塑料绳缠扎好的铁圈上，将铁圈牢固固定在铁架台的适当高度，见图 10-2。

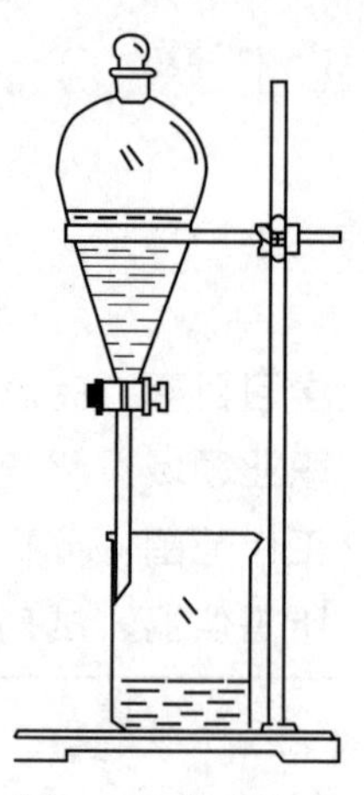

图 10-2 萃取装置

二、萃取操作

1. 萃取的操作步骤

① 在分液漏斗中加入被萃取液和萃取剂，盖上盖子。

② 将分液漏斗从支架上取下，用右手按住玻璃塞，左手握住下端的活塞，如图 10-3 所示。小心振荡，并不时将漏斗尾部向上倾斜。开启活塞排气，放出因振荡而产生的气体，以降低分液漏斗内的压力。重复上述操作，直到放气时压力很小为止。

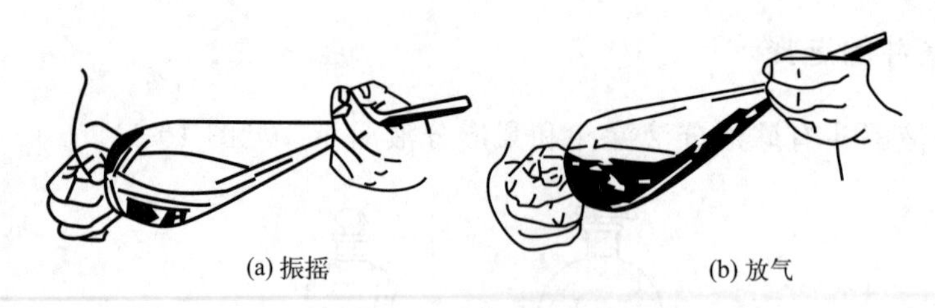

(a) 振摇　　(b) 放气

图 10-3 萃取操作

2. 分液

把分液漏斗放在铁架台上，静置片刻，当溶液分成两层后，先打开上口玻璃塞，再缓缓地旋开下端活塞，将下层液缓缓放出，而上层液则需从漏斗颈上口倒出。

使用分液漏斗，应防止以下几种错误的操作方法。

① 用手拿住分液漏斗进行液体分离。

② 上口玻璃塞未打开就转动活塞。

③ 上层液体也经漏斗的下端放出。

分液漏斗若与 NaOH 或 Na_2CO_3 等碱性溶液接触后，必须冲洗干净。若较长时间不用，玻璃塞与活塞需用薄纸包好后再塞入，否则易粘在漏斗上而扭不开。

3. 多次萃取

将放出的水溶液倒回分液漏斗中，再加入新的萃取剂，用同样的方法进行第二次萃取。萃取次数一般为3～5次。

4. 干燥和纯化

把所有萃取液合并，加入合适的干燥剂干燥，蒸去溶剂。再把萃取所得的物质视其性质用蒸馏、重结晶等方法纯化。

进度检查

一、填空题

在萃取分离时，加入分液漏斗中的全部液体应占其总容积的约__________，最多不能超过____________。

二、问答题

1. 如何选择及装配分液漏斗？

2. 用分液漏斗进行萃取操作时，为什么要振摇其内混合液？使用分液漏斗要注意哪些事项？为什么？

3. 萃取操作应注意哪些问题？

三、操作题

用四氯化碳从碘的水溶液中萃取碘。

评分标准

萃取操作技能考试内容及评分标准

一、考试内容：用 CCl_4 从碘的水溶液中萃取碘

（一）仪器的安装

（1）检查分液漏斗的上口玻璃塞及活塞是否配套。

（2）分液漏斗的洗涤和干燥。

（3）涂凡士林。

（4）将分液漏斗固定在铁架台的铁圈上。

（二）萃取操作步骤

（1）向分液漏斗中加入 I_2 的水溶液及 CCl_4。

（2）小心振荡分液漏斗使液体分层。

（3）排气。

（4）分液。

将分液漏斗置于铁架台上，将下层液缓缓放出，上层液从颈口放出。

（5）善后工作。

仪器的洗涤和放置。

二、评分标准

（一）仪器的安装（40分）

（1）仪器的配套。（6分）

（2）分液漏斗的洗涤和干燥。（12分）

检查分液漏斗是否洁净，如不洁净，洗涤、干燥，错一步扣4分。

（3）涂凡士林。（10分）

涂凡士林，转动活塞使之均匀透明，错一步扣5分。

（4）将分液漏斗固定在铁架台的铁圈上。（12分）

铁圈高度适宜，用塑料绳缠扎铁圈，放置分液漏斗。

（二）萃取操作（60分）

（1）被萃取液及萃取剂的加入。（12分）

（2）分液。（18分）

分液漏斗的拿取，右手按玻璃塞，左手握活塞，振荡操作，错一步扣5分。

（3）排气。（12分）

开启活塞排气，重复操作2～3次，每次4分。

（4）分液。（12分）

分液漏斗高度适宜，玻璃塞打开，下层液的放出，上层液的倒出。错一步扣4分。

（5）善后工作。（6分）

仪器的洗涤和放置，错一步扣4分。

素质拓展阅读

去粗取精、去伪存真

对物质进行提纯和富集可以通过选择合适的溶剂进行萃取操作。那么，对知识的积累也同样如此。每个人对知识的学习和积累要首先选择适合的方法，使用合适自己的方法多看书、广吸收、勤归纳，将各种类型的知识“富集”到自己的知识体系中。

毛主席在《实践论》中提出“要完全地反映整个的事物，反映事物的本质，反映事物的内部规律性，就必须经过思考作用，将丰富的感觉材料加以去粗取精、去伪存真、由此及彼、由表及里的改造制作工夫，造成概念和理论的系统，就必须从感性认识跃进到理性认识”。这里面去粗取精就是除去杂质，留取精华。这就需要我们学会辨别各种信息和观点。

学会辨别信息，要分解与剔除无关的信息，厘清问题的主线。同时绕开障碍，才能直奔核心问题；学会辨别，就要寻找最有效的方法，建立一条最直接的路径。简单直接地去思考和分析问题，找到最省力的解决方案；我们需要把大脑中教条式的思维去除，以提高我们的思考效率。学习方面，也要以科学理性的态度，去其糟粕，取其精华，进行创造性的转化和发展。

模块 11　纯水的制备及检验

编号 FJC-38-01

学习单元 11-1　纯水制备操作

学习目标：完成本单元的学习之后，能够用科学的方法制备纯水。

职业领域：化学、石油、环保、医药、冶金、食品等工程。

工作范围：分析

所需仪器和设备

序号	名称和说明	数量
1	电热蒸馏器	1台
2	水接收器(有机玻璃、塑料石英等材质)	1个
3	乳胶管	若干
4	离子交换装置	1套
5	阴离子交换树脂	若干
6	阳离子交换树脂	若干
7	盐酸溶液(7%)	适量
8	氢氧化钠溶液(8%)	适量
9	电渗析装置	1套

一、实验室用水的基本知识

1. 蒸馏水

蒸馏水是利用水与杂质的沸点不同，用蒸馏器经蒸馏而制得的。蒸馏法制备纯水能除去水中的非挥发性杂质，但不能除去易溶于水的气体。同是蒸馏而得到的纯水，由于蒸馏所用容器的材质不同，所带的杂质也不同。化学分析用蒸馏水，通常是经过一次蒸馏得到的。对高纯物质的分析必须用高纯水，为此，可以增加蒸馏次数，减慢蒸馏速度，采用高纯材料作蒸馏器等。实验室所用的二次、三次蒸馏水等就是通过二次、三次蒸馏而得到的。高纯水应贮存在有机玻璃、塑料、石英等材质的容器内。

2. 纯水的等级（标准）

在分析工作中，根据实际工作的需要，应选用不同的水作为实验用水。根据 GB/

T 6682—2008 规定，分析实验用水共分为三个等级：一级水、二级水、三级水。

（1）一级水

一级水用于有严格要求的分析实验，包括对颗粒有要求的试验。如高效液相色谱用水。

一级水可用二级水经过石英设备蒸馏或离子交换混合床处理后，再经 0.2μm 微孔滤膜过滤来制取。

（2）二级水

二级水用于无机痕量分析等试验，如原子吸收光谱分析用水。

二级水可用多次蒸馏或离子交换等方法制取。

（3）三级水

三级水用于一般化学分析试验。

三级水可用蒸馏或离子交换等方法制取。

3. 纯水的技术规格要求

根据 GB/T 6682—2008 规定，分析实验室用水应符合表 11-1 中所列的规格要求。

表 11-1 分析实验室用水的水质规格

名称	一级	二级	三级
pH 值范围(25℃)	—	—	5.0～7.5
电导率(25℃)/(mS/m)	≤0.01	≤0.10	≤0.50
可氧化物质含量(以 O 计)/(mg/L)	—	≤0.08	≤0.4
吸光度(254nm,1cm 光程)	≤0.001	≤0.01	—
蒸发残渣(105℃±2℃)/(mg/L)	—	≤1.0	≤2.0
可溶性硅(以 SiO_2 计)/(mg/L)	≤0.01	≤0.02	—

注：1. 由于在一级水、二级水的纯度下，难以测定其真实的 pH 值，因此，对一级水、二级水的 pH 值范围不做规定。

2. 由于在一级水的纯度下，难以测定可氧化物质和蒸发残渣，对其限量不做规定。可用其他条件和制备方法来保证一级水的质量。

二、蒸馏法制纯水

1. 电热蒸馏器的构造

蒸馏法制纯水所使用的仪器是电热蒸馏器。目前使用的电热蒸馏器主要是由铜、硬质玻璃、石英等材料制成的。电热蒸馏器由蒸发锅、冷却器、电热装置三部分组成，见图 11-1。

（1）蒸发锅

蒸发锅由薄紫铜板制成，内壁涂纯锡。锅内的水超过水位线时，能自行从排水管溢出。顶盖中央装有挡水帽，锅身与顶盖开启方便，便于洗刷。右侧装有放水龙头，可随时放去存水。

(2) 冷却器

图 11-1 电热蒸馏器

冷却器是由紫铜板和紫铜管制成的。冷凝管内壁涂以纯锡，结构采用拆卸式，以便洗刷内部水垢。水蒸气在冷凝管中冷却成蒸馏水，同时也使冷却水得到预热，冷却水预热后，流入蒸发锅中，这样既充分利用了热量，加快了煮沸速度，又使水在预热时除去部分挥发性杂质，有利于提高蒸馏水的质量。

(3) 电热装置

电热蒸馏器的发热元件是由几支浸入式的电热管组成的，安装在蒸发锅的底部，使用时全部浸没于水中，因与水直接相接触，所以电热管所放出的热量能全部被利用。

2. 电热蒸馏器的操作

① 关闭放水龙头，开启水源龙头，使水源从进水控制龙头进入冷却器，再由回水管流入漏斗，最后流入蒸发锅中，直至水位上升到玻璃水位孔处。待水位停止上升时，暂时关闭水源龙头。

② 打开电源开关，待蒸发锅内的水开始沸腾并且流出蒸馏水时，再开启水源龙头。水源流量不宜过大或过小，调节时可由冷却器外壳的温度来确定水流量的大小，一般底部温度为38～40℃（微温）、中部温度为42～45℃（较热）或上部温度为50～55℃（烫手）时为宜。

③ 导出蒸馏水的橡胶管不宜过长，切勿插入容器内的蒸馏水中，应保持顺流畅通，以防止因蒸汽窒塞而造成漏斗溢水。

3. 蒸馏法制纯水的特点

蒸馏法制纯水操作简单，成本低，效果好（可除去离子杂质和非离子杂质），适用于中、小厂矿和实验室使用。由于蒸馏法制纯水的产量低，水质电阻率较低，因此对于用水量大、水的纯度较高的分析工作，可以采用离子交换法制取纯水。

三、离子交换法制纯水

1. 基本原理

离子交换法是应用离子交换树脂来分离出水中的杂质离子的方法，因此，用此法制得的水通常称为“去离子水”。去离子水的纯度高，一般适用于准确度要求较高的分析工作（特殊用水去 CO_2、O_2 等）。

离子交换树脂是一种半透明或不透明的球状高分子化合物，颜色有浅黄色、黄色、棕色等，不溶于水、醇、酸或碱，对有机溶剂、氧化剂、还原剂及其他化学试剂具有一定的稳定性，其热稳定性也较好。离子交换树脂分为阳离子交换树脂与阴离子交换树脂。

当水流过装有离子交换树脂的交换柱时，水中的杂质离子被离子交换树脂所截留，与树脂中网状骨架上的能与离子起交换作用的活性基团发生交换作用。阳离子交换树脂中的 H^+ 与水中的 Na^+、Ca^{2+}、Mg^{2+} 等阳离子进行交换：

$$R\text{-}SO_3H + Na^+ \longrightarrow R\text{-}SO_3Na + H^+$$

$$2R\text{-}SO_3H + Ca^{2+} \longrightarrow (R\text{-}SO_3)_2Ca + 2H^+$$

$$2R\text{-}SO_3H + Mg^{2+} \longrightarrow (R\text{-}SO_3)_2Mg + 2H^+$$

阴离子交换树脂中的 OH^- 与水中的 Cl^-、SO_4^{2-}、CO_3^{2-} 等阴离子进行交换：

$$R_4NOH + Cl^- \longrightarrow R_4NCl + OH^-$$

$$2R_4NOH + SO_4^{2-} \longrightarrow (R_4N)_2SO_4 + 2OH^-$$

$$2R_4NOH + CO_3^{2-} \longrightarrow (R_4N)_2CO_3 + 2OH^-$$

交换出来的 H^+ 和 OH^- 结合形成水：

$$H^+ + OH^- \longrightarrow H_2O$$

离子交换过程如图 11-2。

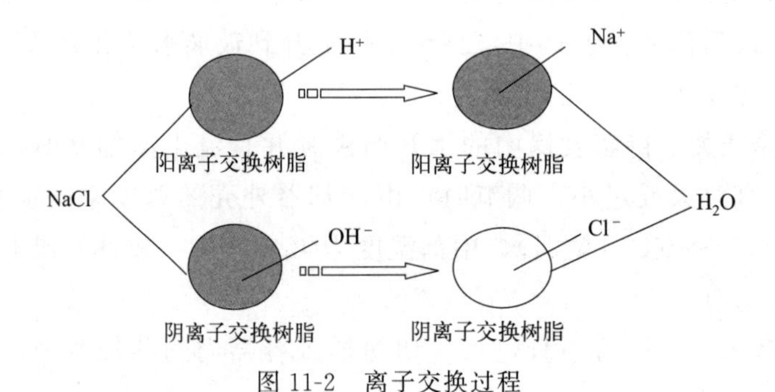

图 11-2　离子交换过程

交换后的阳离子树脂变为钠型，阴离子树脂变为氯型，若分别用 HCl 和稀 NaOH 溶液处理，变换反应向着相反的方向进行，阳离子树脂又转变为氢型，阴离子树脂又转变为氢氧型，这就是离子交换树脂的再生。

2. 离子交换树脂的再生

离子交换树脂使用失效后，可用酸碱再生，重新将其转变为氢型和氢氧型。再生的完全与否关系到出水的水质和出水量。树脂的动态再生法主要有逆洗、再生和洗涤三个步骤。

四、电渗析法制纯水

利用半透膜的选择透过性来分离不同的溶质粒子（如离子）的方法称为渗析。在电场作用下进行渗析时，溶液中的带电的溶质粒子（如离子）通过膜而迁移的现象称为电渗析。利用电渗析进行提纯和分离物质的技术称为电渗析法，最初用于海水淡化，现在广泛用于化工、轻工、冶金、造纸、医药工业，尤以制备纯水和在环境保护中处理三废最受重视，例如用于酸碱回收、电镀废液处理以及从工业废水中回收有用物质等。

1. 基本原理

电渗析过程是电化学过程和渗析扩散过程的结合。在外加直流电场的驱动下，利用离子交换膜的选择透过性（即阳离子可以透过阳离子交换膜，阴离子可以透过阴离子交换膜），阴、阳离子分别向阳极和阴极移动。离子迁移过程中，若膜的固定电荷与离子的电荷相反，则离子可以通过；如果它们的电荷相同，则离子被排斥，从而实现溶液淡化、浓缩、精制或纯化等目的。

实质上，电渗析可以说是一种除盐技术，因为各种不同的水（包括天然水、自来水、工业废水）中都有一定量的盐分，而组成这些盐的阴、阳离子在直流电场的作用下会分别向相反方向的电极移动。如果在一个电渗析器中插入阴、阳离子交换膜各一个，由于离子交换膜具有选择透过性，即阳离子交换膜只允许阳离子自由通过，阴离子交换膜只允许阴离子通过，这样在两个膜的中间隔室中，盐的浓度就会因为离子的定向迁移而降低，而靠近电极的两个隔室则分别为阴、阳离子的浓缩室，最后在中间的淡化室内达到脱盐的目的。如图 11-3 所示。

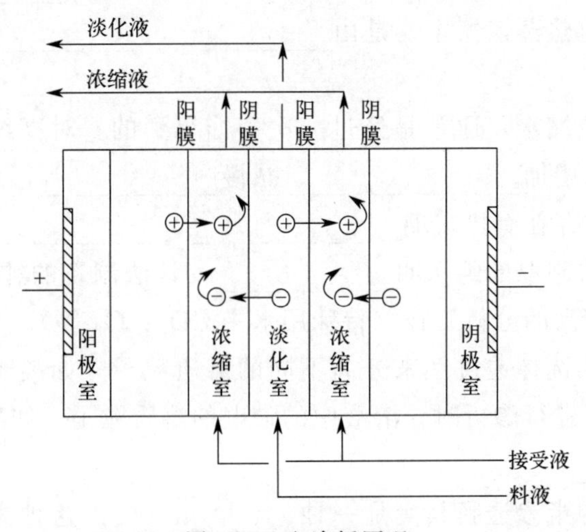

图 11-3 电渗析原理

实际应用中，一台电渗析器并非由一对阴、阳离子交换膜所组成（因为这样做效率很低），而是采用一百对，甚至几百对交换膜，因而大大提高了效率。

2. 应用

目前电渗析器应用范围广泛，它可用于水的淡化除盐，海水浓缩制盐，精制乳制品，果汁脱酸精和提纯，制取化工产品等方面，还可以用于食品、轻工等行业制取纯水，电子、医药等工业制取高纯水的前处理，锅炉给水的初级软化脱盐，将苦咸水淡化为饮用水。

电渗析器适用于电子、医药、化工、火力发电、食品、啤酒、饮料、印染及涂装等行业的给水处理。也可用于物料的浓缩、提纯、分离等物理化学过程。

电渗析还可以用于废水、废液的处理与贵重金属的回收，如从电镀废液中回收镍。

3. 特点

① 可以同时对电解质水溶液起淡化、浓缩、分离和提纯的作用；

② 可以用于蔗糖等非电解质的提纯，以除去其中的电解质；

③ 电渗析器是一个带有隔膜的电解池，可以利用电极上的氧化还原原理，效率更高。

进度检查

一、填空题

1. 蒸馏法制备纯水，能除去水中的________杂质，但不能除去________。同是蒸馏而得到的纯水，由于蒸馏所用容器的材质不同，所带的__________也不同。

2. 目前使用的电热蒸馏器主要是由__________、____________、__________等材料制得的。

3. 化学分析用蒸馏水，通常是经过一次蒸馏得到的。对高纯物质的分析必须用高纯水，为此，可以增加_____________，减慢___________，采用__________作蒸馏器等。高纯水应贮存在有机玻璃、____________、____________等材料的容器内。

4. 用离子交换法制取的纯水叫____________，该法制备的纯水____________高。适用于准确度要求较高的分析工作（特殊用水去 CO_2、O_2 等）。

5. 利用半透膜的选择透过性来分离不同的溶质粒子（如离子）的方法称为________。在电场作用下进行渗析时，溶液中的带电的溶质粒子（如离子）通过膜而迁移的现象称为__________。

6. 电渗析使用的半渗透膜其实是一种____________。这种离子交换膜按离子的电荷性质可分为____________交换膜和__________交换膜两种。

二、问答题

1. 简述蒸馏法制纯水时应注意哪些事项。

2. 离子交换法制纯水有哪些特点？

3. 电渗析法有哪些特点？

三、操作题

1. 用电热蒸馏器制备纯水。

2. 用离子交换法制备去离子水。

3. 用电渗析法制备纯水。

编号 FJC-38-02

学习单元 11-2 纯水检验

学习目标： 完成本单元的学习之后，能够对纯水的水质进行检验。

职业领域： 化学、石油、环保、医药、冶金、食品等工程。

工作范围： 分析

所需仪器、试剂和设备

序号	名称和说明	数量
1	pH 计	1台
2	电导率仪	1台
3	电导电极(电极常数为 $0.01cm^{-1}$～$0.1cm^{-1}$、$0.1cm^{-1}$～$1cm^{-1}$)	适量
4	烧杯	若干
5	硫酸溶液(20%)	适量
6	高锰酸钾标准滴定溶液[$c(1/5KMnO_4)=0.01mol/L$]	适量
7	紫外可见分光光度计	1台
8	石英比色皿(1cm、2cm)	1套
9	旋转蒸发器：配备 500mL 蒸馏瓶	1台
10	恒温水浴	1台
11	蒸发皿：材质可选用铂、石英、硼硅玻璃	1个
12	电烘箱：温度可控制在 105℃±2℃	1台
13	二氧化硅标准溶液(1mg/mL)	适量
14	钼酸铵溶液(50g/L)	适量
15	对甲氨基酚硫酸盐(米吐尔)溶液(2g/L)	适量
16	草酸溶液(50g/L)	适量
17	铂皿(250mL)	适量
18	比色管(50mL)	适量

根据 GB/T 6682—2008 分析实验室用水国家标准，纯水检验方法如下。

1. pH 值

量取 100mL 水样，用酸度计测定其 pH 值。

2. 电导率

① 安装调试电导率仪。

② 一、二级水的测量　将电导池装在水处理装置流动出水口处，调节水流速，赶净管道及电导池内的气泡，即可进行测量。

③ 三级水的测量　取 400mL 水样于锥形瓶中，插入电导池后即可进行测量。

注意，测量用的电导仪和电导池应定期进行检定。

3. 可氧化物质

量取 1000mL 二级水，注入烧杯中，加入 5.0mL 硫酸溶液（20%），混匀。

量取 200mL 三级水，注入烧杯中，加入 1.0mL 硫酸溶液（20%），混匀。

在上述已酸化的试液中，分别加入 1.00mL 高锰酸钾标准滴定溶液[c(1/5$KMnO_4$)=0.01mol/L]，混匀，盖上表面皿，加热至沸并保持 5min。溶液的粉红色不得完全消失。

4. 吸光度

将水样分别注入 1cm 及 2cm 吸收池中，于 254nm 处，以 1cm 吸收池中水样为参比，测定 2cm 吸收池中水样的吸光度。若仪器的灵敏度不够时，可适当增加测量吸收池的厚度。

5. 蒸发残渣

（1）水样预浓缩

量取 1000mL 二级水（三级水取 500mL）。将水样分几次加入旋转蒸发器的蒸馏瓶中，于水浴上减压蒸发（避免蒸干）。待水样最后蒸至约 50mL 时，停止加热。

（2）测定

将上述浓集的水样，转移至一个已于 105℃±2℃ 恒量的蒸发皿中，并用 5～10mL 水样分 2～3 次冲洗蒸馏瓶，将洗液与预浓集水样合并于蒸发皿中，蒸干，并于 105℃±2℃ 的干燥箱中干燥至恒重。

6. 可溶性硅

量取 520mL 一级水（二级水取 270mL），注入铂皿中，在防尘条件下，加热沸腾至约 20mL，停止加热，冷却至室温，加 1.0mL 钼酸铵溶液（50g/L），摇匀，放置 5min 后，加 1.0mL 草酸溶液（50g/L），摇匀，放置 1min 后，加 1.0mL 对甲氨基酚硫酸盐溶液（2g/L），摇匀。移入比色管中，稀释至 25mL，摇匀，于 60℃ 水浴中保温 10min。溶液所呈蓝色不得深于标准比色溶液。

标准比色溶液的制备是取 0.50mL 二氧化硅标准溶液（0.01mg/mL），用水样稀释至 20mL 后，与同体积试液同时同样处理。

进度检查

一、填空题

测定水的电导率时，水的电导率越大，表示水中所含的杂质离子__________，水的纯度____________。

二、问答题

纯水的水质检验时应注意哪些问题?

三、操作题

用电导率仪测水的电导值。

评分标准

纯水的制备操作技能考试内容及评分标准

一、考试内容：离子交换法制纯水

（一）仪器的安装

取三支洁净的玻璃管用乳胶管和T形玻璃管及橡胶塞等连接在一起。

（二）装柱

分别将阳离子交换树脂，阴离子交换树脂，阴、阳离子混合交换树脂依次装入第一支、第二支、第三支玻璃管内。

（三）制取去离子水

打开螺丝夹，使自来水依次流经三个离子交换柱，弃去每支交换柱最初流出的30mL水，控制水流速度，收集每支交换柱下流出的30mL水样，检定合格后，关闭前两根交换柱下的螺丝夹，制取去离子水。

二、评分标准

（一）仪器的安装（30分）

（1）依次用去污粉、自来水、去离子水刷洗三支玻璃管。(6分)

（2）用乳胶管连接玻璃管和T形玻璃管。(4分)

（3）在三个橡胶塞上钻孔，并插入短玻璃管。(8分)

（4）将三支玻璃管分别固定在三个铁架台上。(4分)

（5）用乳胶管将高位水槽及三支玻璃管连接起来，并在乳胶管上安装螺丝夹。(8分)

（二）装柱（30分）

（1）拧紧螺丝夹，在每支玻璃管底部装入少量玻璃纤维，并用水冲洗至流出液无纤维为止。(6分)

（2）向第一支玻璃管内装入阳离子交换树脂（约40cm）。(8分)

（3）向第二支玻璃管内装入阴离子交换树脂（约40cm）。(8分)

（4）向第三支玻璃管内装入阴、阳离子混合交换树脂（约36cm）。(8分)

注意：装树脂时，应使树脂紧密，不得有气泡，否则扣8分。

（三）制取去离子水（40分）

（1）打开高位水槽及各交换柱的螺丝夹。(6分)

（2）调节每支交换柱底部的螺丝夹，调节流出液的流速（25～30滴/min）。(10分)

（3）弃去每支交换柱最初流出的 30mL 水。（6 分）

（4）重新调节每支交换柱底部的螺丝夹，将流出液的流速调为 15～20 滴/min，使分别流出约 30mL 水（收集检定）。（10 分）

（5）关闭两支交换柱底部的螺丝夹，使水流经三支交换柱，制取去离子水，直至需用量。（8 分）

模块 12　分析天平的使用

编号 FJC-39-01

学习单元 12-1　计量检定基础知识

学习目标： 完成本单元的学习之后，能够掌握计量仪器检定的相关知识。

职业领域： 化学、石油、环保、医药、冶金、食品等工程。

工作范围： 分析

一、计量标准

在《中华人民共和国计量法实施细则》第七条中明确规定计量标准器具的使用，必须具备下列条件：经计量检定合格；具有正常工作所需要的环境条件；具有称职的保存、维护、使用人员；具有完善的管理制度。为此，2004 年 12 月 24 日国家质量监督检验检疫总局会议审议通过了《计量标准考核办法》，并于 2005 年 7 月 1 日起施行。另外，JJF 1033—2023《计量标准考核规范》于 2023 年 3 月 15 日发布，并于 2023 年 9 月 15 日施行。

1. 计量标准的命名和类型

我国各种类型的计量标准应按 JJF 1022—2014《计量标准命名与分类编码》来统一、规范其命名。根据该规范，计量标准命名的基本类型分为四类：①计量标准装置；②计量检定装置；③计量校准装置；④工作基准装置。

计量标准的类型主要有：社会公用计量标准、部门计量标准、企事业单位的计量标准。

社会公用计量标准是指县级以上地方人民政府计量行政部门的组织建立的，作为统一本地区量值的依据，并对社会实施计量监督具有公证作用的各项计量标准。

部门的各项计量标准是指省级以上人民政府有关主管部门，根据本部门的专业特点或生产上使用的特殊情况建立，在部门内部开展计量检定，作为统一本部门量值的依据的各项计量标准。

企事业单位的计量标准是指企业、事业单位根据生产、科研和经营管理的需要建立的在本单位开展计量检定，作为统一本单位量值的依据的各项计量标准。

2. 计量标准考核

计量标准的考核是对其用于开展计量检定，进行量值传递的资格的计量认证，即计量标准的考核不仅仅是对计量器具检定合格的考核，而是对计量标准器具及配套设备、操作人员、环境条件和管理制度等四个方面综合考核认证的总称。它是对计量标准考核批准的量值传递范围的资格认定，因此，计量标准考核是对计量标准进行行政批准，建立或法制授权的前提依据。只有经考核合格后，获得《计量标准考核证书》，才具有相应的法律地位。

计量标准考核程序：申请→申请资料审查→考核的组织→现场考核或函审考核→审批。

3. 计量标准的日常管理

建立计量标准的企事业单位须重视计量标准日常管理工作，应建立日常维护管理制度。日常管理制度应包括如下内容：①计量标准装置及主要配套设备是否增加或更换，是否按周期检定等；②计量检定人员是否变化；③计量检定规程是否变化；④计量标准是否有效期满，是否提出复查等申请；⑤计量标准装置及主要配套设备的检定证书是否有效期满等。

将变化的情况填入《计量标准履历书》。对计量标准装置在两次周期检定之间进行运行检查、参加量值比对、计量标准稳定度试验、计量标准测量重复性试验等相关材料进行记录和整理，对整个计量标准档案进行归案管理。

《计量标准考核证书》有效期满之前的 6 个月，建标单位应当向主持考核的计量行政部门申请计量标准复查。超过《计量标准考核证书》有效期仍需继续开展量值传递工作的，应按新建计量标准申请考核。申请计量标准的复查考核合格，由主持考核的计量行政部门确定延长《计量标准考核证书》的有效期限（一般为三年）；复查不合格，由主持考核的计量行政部门通知被复查的单位，办理撤销该计量标准的有关手续。

二、计量检定

计量检定是一项法制性很强的工作。它是统一量值、确保计量器具准确一致的重要措施；是进行量值传递或量值溯源的重要形式；是为国民经济建设提供计量保证的重要条件；是对计量实行国家监督的手段。它是计量学的一项最重要的实际应用，也是计量部门一项最基本的任务。

1. 计量检定基本概念

计量检定是指评定计量器具的计量特性，确定其是否符合法定要求所进行的全部工作。检定是由计量检定人员利用计量标准，按照法定的计量检定规程要求，包括外观检查在内，对新制造的、使用中的和修理后的计量器具进行一系列的具体检验活动，以确定计量器具的准确度、稳定度、灵敏度等是否符合规定，是否可供使用，计量检定必须出具证书或加盖印记及封印等，以标志其是否合格。

计量检定有以下几个特点：①检定对象是计量器具；②检定目的是判定计量器具

是否符合法定的要求；③检定依据是按法定程序审批发布的计量检定规程；④检定结果是检定必须做出是否合格的结论，并出具证书或加盖印记（合格出具“检定证书”，不合格出具“不合格通知书”）；⑤检定具有法制性，是实施国家对测量业务的一种监督；⑥检定主体是计量检定人员。

计量检定术语有校准、测试、计量确认等，必须正确理解其含义并加以区分。

校准是指在规定条件下，为确定测量仪器或测量系统所指示的量值，或实物量具或参考物质所代表的量值，与对应的由标准所复现的量值之间关系的一组操作。校准结果既可赋予被测物以示值，又可确定示值的修正值。校准还可确定其他计量特性，如影响量的作用；校准结果可出具“校准证书”或“校准报告”。从该定义中可看出，校准与检定一样，均属于量值溯源的一种有效合理的方法和手段，目的都是实现量值的溯源性，但二者有如下区别：①检定是对计量器具的计量特性进行全面的评定；而校准主要是确定其量值。②检定要对该计量器具做出合格与否的法制性结论；而校准既不判断计量器具的合格与否，也无法制性。③检定应发检定证书、加盖检定印记或不合格通知书，作为计量器具进行检定的法定依据；而校准是发给校准证书或校准报告，只是一种无法律效力的技术文件。

测试是指具有试验性质的测量。一般认为，计量器具示值的检定或校准，有规范性的技术文件可依，可以通称为测量或计量，而除此以外的测量，尤其是对不属于计量器具的设备、零部件、元器件的参数或特性值的确定，其方法具有试验性质。

计量确认是指为确保测量设备处于满足预期使用要求的状态所需的一组操作。计量确认一般包括校准或检定，各种必要的调整或修理及随后的再校准，与设备预期使用的计量要求相比较以及所要求的封印和标签。只有测量设备已被证实适合于预期使用并形成文件，计量确认才算完成。预期使用要求包括：量值、分辨率、最大允许误差等。计量确认概念完全不同于传统的“校准”，它除了校准含义外，还增加调整或修理、封印和标签等内容。

2. 计量检定的分类

计量检定是一项法制性、科学性很强的技术工作。根据检定的必要程序和我国对依法管理的形式，可将检定分为强制检定和非强制检定；按管理环节分为：出厂检定、进口检定、验收检定、周期检定、修后检定、仲裁检定等；按检定次序分为：首次检定、随后检定；按检定数量又可分为：全量检定、抽样检定。

其中，强制检定是指由政府计量行政主管部门所属的法定计量检定机构或授权的计量检定机构，对社会公用计量标准器具、部门和企事业单位的最高计量标准器具，用于贸易结算、安全防护、医疗卫生、环境监测方面列入国家强制检定目录的工作计量器具，实行定点定期检定。而非强制检定是指由计量器具使用单位自己或委托具有社会公用计量标准或授权的计量检定机构，依法进行的一种检定。强制检定与非强制检定均属于法制检定，是对计量器具依法管理的两种形式，都要受法律的约束。不按规定进行周期检定的，都要负法律责任。

三、计量检定法制管理

1. 计量器具依法管理

我国计量立法的基本原则之一是“统一立法、区别对待”。这一原则体现在计量检定管理上，就是要从我国的具体国情出发，根据各种计量器具的不同用途以及可能对社会产生的影响程度，加以区别对待，采取不同的法制管理形式，进行强制检定和非强制检定。

① 强制检定。由政府计量行政部门强制实行。任何使用强制检定的计量器具的单位或者个人，都必须按照规定申请检定。不按照规定申请检定或者经检定不合格继续使用的，由政府计量行政部门依法追究法律责任，给予行政处罚。强制检定的检定执行机构由政府计量行政部门指定，可以是法定计量检定机构，也可以是政府计量行政部门授权的其他计量检定机构。强制检定的检定周期，由检定执行机构根据计量检定规程，结合实际使用情况确定。

② 非强制检定。是由使用单位对强制检定范围以外的其他依法管理的计量器具自行进行的定期检定。非强制检定则由使用单位自行依法管理，政府计量行政部门只侧重于对其依法管理的情况进行监督检查。非强制检定由使用单位自己执行，本单位不能检定的，可以自主决定委托包括法定计量检定机构在内的任何有权对外开展量值传递工作的计量检定机构检定。非强制检定的检定周期在检定规程允许的前提下，由使用单位自己根据实际需要确定。

2. 强制检定计量器具的范围

强制检定的计量器具的范围根据《中华人民共和国计量法》第九条第一款、《中华人民共和国强制检定的工作计量器具检定管理办法》和《中华人民共和国强制检定的工作计量器具明细目录》（以下简称《目录》），我国实行强制检定的计量器具的范围如下：①社会公用计量标准器具。②部门和企业、事业单位使用的最高计量标准器具。③用于贸易结算、安全防护、医疗卫生、环境监测等四个方面，并列入《目录》的工作计量器具，共计 55 项 111 种。④用于行政执法监督用的工作计量器具。⑤随着国民经济和科学技术的发展，国家明文公布的工作计量器具，如微波辐射与泄漏测量仪等。

强制检定的计量器具主要包括：贸易结算方面强制检定的工作计量器具，是指在国内外贸易活动中或者单位与单位、单位与个人之间直接用于经济结算、并列入《目录》的计量器具；安全防护方面强制检定的工作计量器具，是指为保护人民的健康与安全，防止伤亡事故和职业病的危害，在改善工作条件、消除不安全因素等方面直接用于防护监测，并列入《目录》的计量器具；医疗卫生方面强制检定的工作计量器具，是指为保障人民身体健康，在疾病的预防、诊断、治疗以及药剂配方等方面使用，并且列入《目录》的计量器具；环境监测方面强制检定的工作计量器具，是指为保护和改善人民的生活、工作环境和自然环境，在环境质量因素的分析测定中使用，并且列入《目录》的计量器具。

国家公布的强制检定的工作计量器具目录，是从全国的实际出发并考虑社会的发展制定的。各省、自治区、直辖市政府计量行政部门可以根据当地的具体情况，视其使用情况和发展趋势，制定实施计划，积极创造条件，逐步地对其实行管理。

3. 非强制检定计量器具的范围

根据《目录》中所列各种计量标准和工作计量器具，包括专用计量器具，除了强制检定的以外，其他的均为非强制检定的计量器具。换句话说，就是凡是列入该目录的计量器具，从用途方面考虑，只要不是作为社会公用计量标准、部门和企事业单位的最高计量标准以及用于贸易结算、安全防护、医疗卫生、环境监测四个方面，虽列入强制检定目录，但属于非强制检定的范围。

非强制检定的计量器具是企业事业单位自行依法管理的计量器具。根据计量法律、法规的规定，加强对这一部分计量器具的管理，做好定期检定（周期检定）工作，确保其量值准确可靠，是企事业单位计量工作的主要任务之一，也是计量法制管理的基本要求。为此，各企事业单位应当做好以下基础工作：①明确本单位负责计量工作的职能机构，配备相适应的专（兼）职计量管理人员；②规定本单位管理的计量器具明细目录，建立计量器具的管理台账，制定具体的检定实施办法和管理规章制度；③根据生产、科研和经营管理的需要，配备相应的计量标准、检测设施和检定人员；④根据计量检定规程，结合实际使用情况，合理安排好每种计量器具的检定周期；⑤对由本单位自行检定的计量器具，要制定周期检定计划，按时进行检定；⑥对本单位不能检定的计量器具，要落实送检单位，按时送检或申请来现场检定，杜绝任何未经检定的、经检定不合格的或者超过检定周期的计量器具流入工作岗位。

四、计量检定规程及内容

1. 计量检定规程

计量检定规程属于计量技术法规。它是计量监督人员对计量器具实施监督管理、计量检定人员执行计量检定的重要法定技术检测依据，是计量器具检定时必须遵守的法定文件，所以，《中华人民共和国计量法》中第十条作了明确规定：“……计量检定必须执行计量检定规程……”。

计量检定规程是指评定计量器具的计量特性，由国务院计量行政部门组织、制定并批准颁布，在全国范围内施行，作为确定计量器具法定地位的技术文件。其内容包括计量要求、技术要求和管理要求，即适用范围、计量器具的计量特性、检定项目、检定条件、检定方法、检定周期以及检定结果的处理和附录等。

计量检定规程的主要作用在于统一检定方法，确保计量器具量值的准确一致，它是协调生产需要、计量基准（标准）的建立和计量检定系统三者之间关系的纽带。这是计量检定规程独具的特性。从某种意义上说，计量检定规程是具体体现计量定义的具体保证，不仅具有法制性，而且具有科学性。

部门、地方计量检定规程是在无国家检定规程时，为评定计量器具的计量特性，由国务院有关主管部门或省、自治区、直辖市计量行政主管部门组织制定并批准颁布，在本部门、本地区施行，作为检定依据的法定技术文件。部门、地方计量检定规程如经国家计量行政主管部门审核批准，也可以推荐在全国范围内使用。当国家计量检定规程正式发布后，相应的部门和地方检定规程应即行废止。

2. 计量标准管理

要严格执行建立计量标准中规定的现行有效的计量检定规程的规定，选取计量标准主标准器及主要配套设备。一般选取计量标准器具设备的综合误差（测量不确定度）为被检计量器具允许误差的1/10～1/3。

计量标准主标准器及主要配套设备均要经有关法定计量检定机构或授权检定机构检测合格，即不得超期使用或不送检。使用过程中，有条件的必须做好“检查”，以确保量值准确可靠一致。计量标准主标准器及主要配套设备经检定或自检合格，分别贴上彩色标志。如合格证（绿色）、准用证（黄色）和停用证（红色）。

3. 检定环境条件

计量检定环境条件应符合现行有效的计量检定规程或技术规范中的要求，应该“具有计量标准正常工作所需要的温度、湿度、防尘、防震、防腐蚀、抗干扰等环境条件。”不仅要有正常工作的环境条件和工作场所，还必须符合建立标准中配备的检定规程要求。

4. 检定原始记录

检定原始记录是对检测结果提供客观依据的文件，作为检定过程及检定结果的原始凭证，也是编制证书或报告并在必要时再现检定的重要依据。因此，计量检定人员要在检定过程中如实地记录检定时所测量的实际数据。

检定原始记录由检定人员按一定数量或一定时间，汇集分别装订后，分类管理，由计量管理人员统一保管。计量检定原始记录应保存不少于三个检定周期，即符合《计量标准证书》中有效期内要求，以便用户查询及计量标准复查过程提供必要的检定原始记录。

5. 计量检定印、证

计量检定印、证按《计量检定印、证管理办法》（1987年7月10日国家计量局发布）中有关规定执行。计量器具经检定机构检定后出具的检定印、证，是评定计量器具的性能和质量是否符合法定要求的技术判断和结论，是计量器具能否出厂、销售、投入使用的凭证。

计量检定印、证的种类有检定证书、不合格通知书、检定印记、检定合格证和注销印。

6. 计量检定周期的确定和调整

为了保证计量器具的量值准确可靠，必须按国家计量检定系统表和计量检定规程对计量器具进行周期检定。在计量器具检定规程中，一般对需要进行周期检定的计量器具都规定了检定周期。对于不需进行周期检定的计量器具，如体温计、钢直尺等可以在使用前进行一次性检定，经检定不合格（含超期未检）的计量器具，任何单位或者个人不得使用。

五、量值溯源

1. 量值传递与量值溯源的定义

量值传递是指通过对计量器具的检定或校准，将国家基准所复现的计量单位量值通过各等级计量标准传递到工作计量器具，以保证对被测对象量值的准确一致。

量值溯源是指通过一条具有规定不确定度的不间断的比较链，使测量结果或测量标准的值能够与规定的参考标准，通常是与国家计量标准或国际计量标准联系起来的特性。量值实现这样的过程，即具有溯源性。

量值溯源与量值传递，从技术上说是一件事情，两种说法。过去我们建立标准时常说："建立起来，传递下去。"这是计量部门主动做的事情。现在国际上要求各生产厂的量值都要有溯源性，这是要求生产厂主动将自己的测量结果与相关的国家标准或国际标准联系起来，其目的都是一样。

近年来，各发达国家为了保证量值的溯源，保证量值的统一，对负责校准的实验室开展了认可。获得认可的实验室，不仅对其用于校准的标准、校准的方法及影响标准的各项因素进行了考核，而且有较完整的质量保证体系。因此，由经过认可的实验室对标准进行校准，能获得可靠的溯源性。我国的社会公用计量标准的考核，类似上述的实验室认可。在我国由法定计量技术机构或经计量行政部门授权的技术机构，对其测量仪器进行检定，也就保证了其溯源性。我国的计量法规定要对企事业单位的最高标准进行考核。这是我国保证获得溯源性的一种有效措施。

量值传递是按照计量检定系统将计量基准所复现的量值科学、合理、经济、有效地逐级传递下去，以确保全国的计量器具的量值，在一定允差范围内有可比性，准确一致。量值溯源是通过不间断的比较链，使测量结果能够与国家或国际的标准联系起来。因此，量值传递与量值溯源，本质上没有多大差别。

2. 量值传递的基本方式

目前，实现量值传递（或溯源）的方式有以下 10 种。

① 用实物计量标准进行检定或校准。

② 发放标准物质。

③ 发播标准信号。

④ 发布标准（参考）数据。

⑤ 计量保证方案（MAP）。

⑥ 统一标准方法（参考测量方法或仲裁测量方法）。

⑦ 比率或互易测量。

⑧ 实验室之间比对或验证测试。

⑨ 按国际承认的有关专业标准溯源。

⑩ 按双方同意的互认标准溯源。

其中，用实物计量标准进行检定或校准，是一种传统的量值传递（或溯源）的基本方式，即送检单位将需要检定或校准的计量器具送到建有高一等级实物计量标准的计量技术机构去检定或校准，或者由负责检定或校准的单位派人员将可搬运的实物计量标准带到被检单位进行现场或巡回的检定或校准。对于多数易于搬运的计量器具来说，这种按照检定系统表用实物计量标准进行检定或校准的方式，由于规定具体，易于操作，简单易行，是目前最主要的、应用最广泛的量值溯源方式。

进度检查

一、不定项选择题（将正确答案的序号填入括号内）

1. 误差依据的标准是（　　）。

A. 测量结果　　B. 真实值　　C. 测量的平均值

2. 检定要对该计量器具做出合格与否的结论，具有（　　）。

A. 法制性　　B. 不具有法制性

3. 计量标准主标准器及主要配套设备经检定或自检合格，应贴上的彩色标志是（　　）。

A. 黄色　　B. 绿色　　C. 红色

二、判断题（正确的在括号内画"√"，错误的画"×"）

1. 国家计量标准是指经国家决定承认的计量标准，在一个国家内作为对有关量的其他测量标准定值的依据。（　　）

2. 计量标准的类型主要有：社会公用计量标准、部门计量标准、企事业单位的计量标准。（　　）

3. 计量检定规程的主要作用在于统一检定方法，确保计量器具量值的准确一致。（　　）

4. 为了保证计量器具的量值准确可靠，必须按国家计量检定系统表和计量检定规程，对计量器具进行周期检定。（　　）

三、简答题

1. 什么叫标准物质？

2. 计量器具管理内容有哪些？

3. 什么叫计量器具的检定？

4. 什么叫量值传递和量值溯源？

编号 FJC-39-02

学习单元 12-2 分析天平基本知识

学习目标： 完成本单元的学习之后，能够初步掌握分析天平的基本知识。

职业领域： 化学、石油、环保、医药、冶金、食品等工程。

工作范围： 分析

所需仪器、试剂和设备

序号	名称及说明	数量	序号	名称及说明	数量
1	电光天平(分度值为 0.1mg)	1台	2	电子天平(分度值为 0.1mg)	1台

分析天平是定量分析工作中最重要、最常用的精密称量仪器之一，用来准确称取一定质量的物品。定量分析操作中，分析天平称量的准确度对分析结果有很大的影响。因此，分析人员必须了解分析天平的构造、性能和原理，并掌握正确的使用和维护技术，避免因天平的使用或保管不当影响称量的准确度，从而影响称量的结果。

一、分析天平基本概念

1. 最大称量

最大称量又叫最大载荷，表示天平可称量的最大值，用 Max 表示。分析天平的最大称量必须大于被称量物品可能的质量。在分析工作中常用的分析天平最大称量为 100～220g。

2. 分度值

分度值是指分析天平读数能够读取的有实际意义的最小质量数，用 e 表示。常用最大称量为 100～220g 的分析天平，其分度值一般为 0.1mg，常称为万分之一分析天平。分析天平的分度值越小，灵敏度越高。

二、分析天平的种类

根据是否直接用于检定和传递砝码的质量量值，天平可分为标准天平和工作用天平两类。标准天平是供各级计量部门作标准质量传递和检定砝码使用的天平；其他的天平一律称为工作用天平。工作用天平又分为分析天平、工业天平和托盘天平等。分析天平用于科研和工业微量化学分析及高准确度衡量；工业天平用于工业分析及中等准确度衡量；托盘天平常用于粗称物品的质量。

分析天平按构造原理来分，分为机械式天平和电子天平两大类。机械式天平可分为等臂双盘天平和不等臂单盘天平，常用分析天平的规格及型号见表 12-1。

表 12-1　常用分析天平的规格及型号

种类		型　号	名　　称	规　　格
机械天平	双盘天平	TG-328A TC-328B	全机械加码电光天平 半机械加码电光天平	200g/0.1mg 200g/0.1mg
	单盘天平	DT-100	单盘电光天平	160g/0.1mg
电子天平		BS224S AB204-S	赛多利斯电子天平 梅特勒电子天平	220g/0.1mg 220g/0.1mg

三、分析天平工作原理

1. 双盘电光分析天平的工作原理

双盘电光分析天平分为半自动电光分析天平和全自动电光分析天平两种，它们都是根据杠杆原理设计而成的，如图 12-1 所示。设 AOB 为一杠杆，O 为支点，A 为重点，B 为力点，AO 和 BO 为杠杆的两臂，长度分别为 I_1、I_2，若在左端 A 上放一质量为 m_1 的物体，为使杠杆维持原来的位置，必须在右端 B 上加一质量为 m_2 的砝码。当达到平衡时，根据杠杆原理，支点两边的力矩相等，$F_1I_1=F_2I_2$，因 $I_1=I_2$，可得 $F_1=F_2$，且 $F=mg$，同一地点 g 相同，则 $m_1=m_2$。由此可知，等臂天平达到平衡时，被称量物体质量等于所加砝码质量。显然，分析天平称量的结果是物体的质量而不是重量。

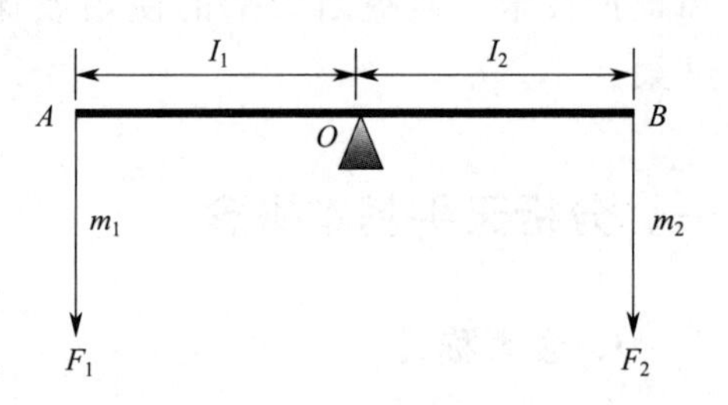

图 12-1　杠杆原理

2. 单盘电光分析天平的工作原理

单盘电光天平只有一个秤盘，横梁上有两把刀，一把支点刀及一把承重刀，全部砝码和秤盘在同一悬挂系统中，作用于承重刀上。横梁的另一端装有固定质量的配重砣和阻尼器，其质量恰好与悬挂系统上的秤盘和分部砝码相平衡。空载时，天平处于平衡状态。称量时，秤盘上放置被称物品，破坏了空载时的平衡，必须从悬挂系统中减去等质量的砝码，才能使天平恢复原来的平衡状态。在此平衡状态下，被称物品的质量等于减去砝码的质量。这就是单盘电光分析天平的替代法称量原理，如图 12-2 所示。

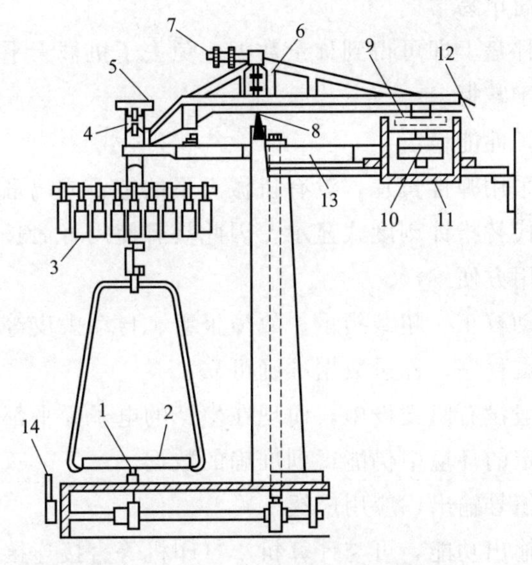

图 12-2　单盘电光分析天平基本结构

1—盘托；2—秤盘；3—砝码；4—承重刀；5—吊耳；6—感量调节螺丝；7—平衡调节螺丝；8—支点刀；9—空气阻尼片；10—平衡锤；11—空气阻尼器；12—光学刻度标尺；13—天平横梁托架；14—升降旋钮

3. 电子天平的工作原理

电子天平是通过电磁力矩（或电磁力）的调节使物体在重力场中实现力矩（或力）平衡的天平。其工作原理为电磁力平衡原理，即在秤盘上放上称量物进行称量时，称量物便产生一个重力，方向向下。线圈内有电流通过，产生一个向上的电磁力，与秤盘中称量物的重力大小相等、方向相反，可维持力的平衡。

称量物品时，将称量物放在秤盘上，由于称量物的重力作用，使秤盘的位置发生了相应的变化，这时位移检测器将此变化量通过前置放大器和 PID 调节器控制流入线圈中的电流大小，即改变电磁力的大小使天平重新平衡，偏差消除。同时，通过模/数转换器变成数字信号给计算机进行数据处理，最后将处理好的数值显示在显示屏幕上，使用人员直接读取数据即可，其原理如图 12-3 所示。

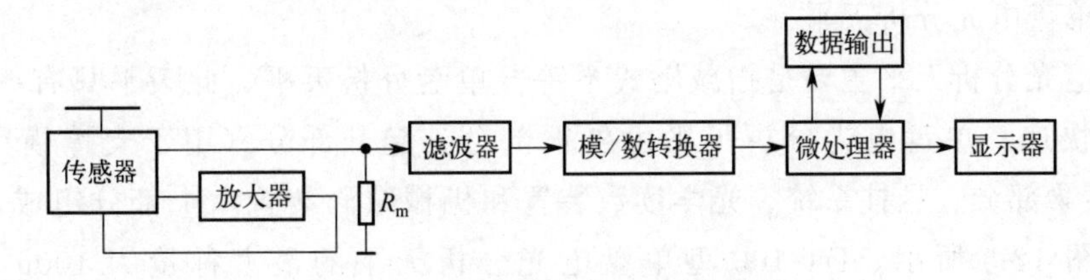

图 12-3　电子天平原理及基本结构

电子天平相较于前两种电光分析天平，主要具有以下特点：

（1）称量速度快，精度高

现在的电子天平多采用了微机系统及 LED 显示，几秒钟即可显示称量数据，耗电少，比机械天平快十几倍，可大大提高工作效率。

（2）操作简便，简单易学

将称量物放置在秤盘上即可得到称量数据，免去了机械天平加减砝码的复杂操作手续，操作简便，易于掌握。

（3）使用寿命长，性能稳定

电子天平支撑点采用弹性簧片，没有机械天平的宝石或玛瑙易损器件，无升降装置，用数字显示方式代替指针刻度式显示，因此具有使用寿命长、性能稳定等特点。

（4）功能多，使用方便

电子天平具有自动校正、超载指示、故障报警、自动去皮等功能。

（5）具有多级防震程序，称量数据准确可靠

机械分析天平一般没有防震设施，而现在生产的电子天平都有防震程序可供用户选择，使得在不太稳定的环境中仍能得到准确的数据。

（6）具有质量电信号输出，应用广泛

具有质量电信号输出功能，可与计算机、打印机等直接连接。

（7）体积小，质量轻

电子天平的体积小，质量轻，运输和携带方便，适用于室内工作，更适用于流动工作。

四、常用分析天平的结构

目前，分析实验室中广泛使用的分析天平有两大类，电光分析天平和电子天平。

1. 电光分析天平

（1）全自动双盘电光分析天平

全自动双盘电光分析天平全部砝码采用机械操作，使用更为方便，其常用型号为TG-328A，最大称量为200g，分度值为0.1mg。其结构主要由外框部分、立柱部分、横梁部分、悬挂系统、制动系统、光学读数装置和机械加码装置七个部分组成。全自动双盘电光分析天平的外形和结构如图12-4所示。

（2）单盘电光分析天平

单盘电光分析天平主要是指减码式不等臂单盘分析天平。此天平只有一个秤盘，操作简便快速。单盘电光分析天平由外框部分、起升部分（用于支撑横梁和悬挂系统）、横梁部分、悬挂系统、光学读数装置和机械减码装置六个部分组成，其外形和结构如图12-5所示。DT-100型单盘电光分析天平的最大称量为100g，分度值为0.1mg。

2. 电子天平

电子天平采用数字显示，不使用砝码，也不存在机械磨损；电子天平的称量快速准确，使用起来极为方便，是分析实验室中最常用的分析天平。电子天平按用途和精

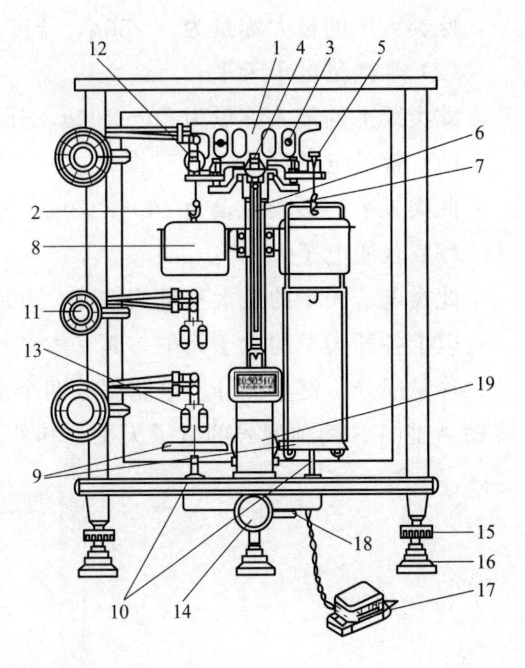

图 12-4　全自动双盘电光分析天平的外形及结构

1—横梁；2—吊耳；3—零点调节螺丝；4—支点刀；5—挂钩；6—天平柱；7—指针；
8—空气阻尼器；9—秤盘；10—盘托；11—加码旋钮；12—圈码；13—吊码；14—旋钮；
15—调水平螺丝；16—底垫；17—变压器；18—微动调节杆；19—投影屏

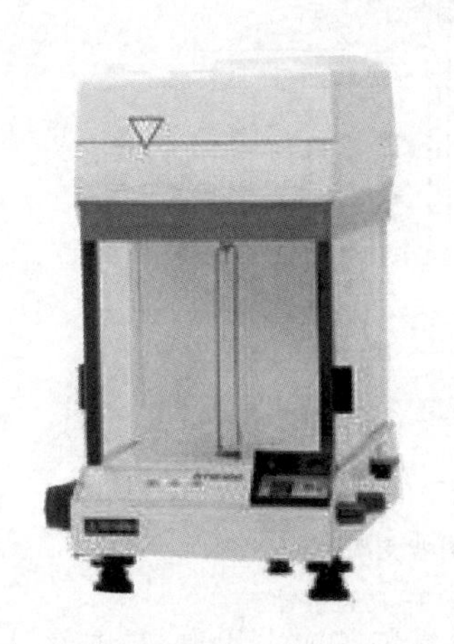

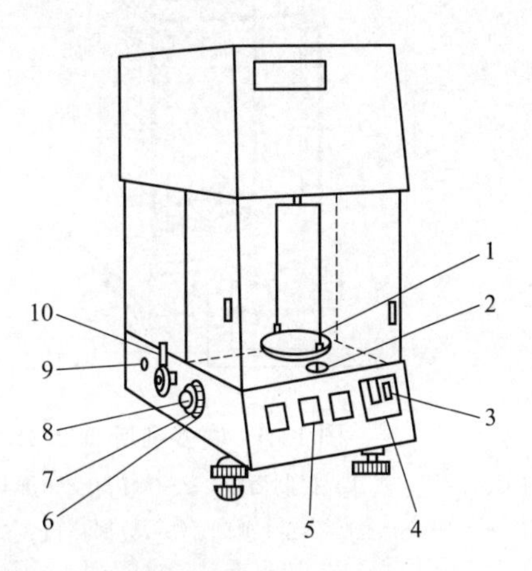

图 12-5　DT-100 型单盘电光分析天平的外形及结构

1—秤盘；2—水准器；3—微读数字窗口；4—投影屏；5—减码数字窗口；6—减码旋钮（10～90g）；
7—减码旋钮（1～9g）；8—减码旋钮（0.1～0.9g）；9—电源开关；
10—停动旋钮（仪器右侧也有一个停动旋钮，并有调微旋钮）

度，主要分为以下几种：

（1）超微量电子天平

此类天平的最大称量为 2～5g，分度值小于最大称量的 10^{-6}。

（2）微量电子天平

此类天平的最大称量为3～50g，分度值小于最大称量的10^{-5}。

（3）半微量电子天平

此类天平的最大称量为20～100g，分度值小于最大称量的10^{-5}。

（4）常量电子天平

此类天平的最大称量为100～220g，分度值小于最大称量的10^{-5}。

（5）普通电子天平

此类电子天平的最大称量为500～2000g，常用于物质的粗略称量。

以上各种类型的电子天平，其基本结构是相同的。电子天平的结构主要由外框部分、称量部分、键盘部分、电路部分四个部分组成。以下介绍赛多利斯BS224S和梅特勒AB204-S两种型号的电子天平，其外形及结构如图12-6及图12-7所示。

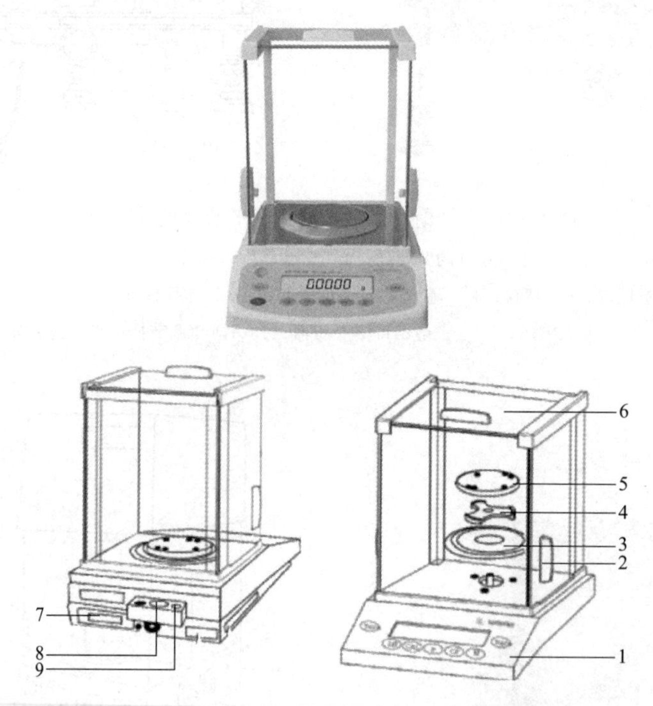

图12-6　赛多利斯BS224S型电子天平的外形及结构

1—控制面板；2—侧门；3—屏蔽环；4—秤盘支架；5—秤盘；6—顶门；7—数据接口；8—水平仪；9—防盗装置

五、天平的选择

选择合适的天平，主要是考虑天平的最大称量和分度值应满足称量工作的要求，其次是天平的结构形式要适应称量工作的特点。

1. 天平精度的要求

天平的精度（分度值）要满足称量结果的要求：一是天平应达到应有的精度；二

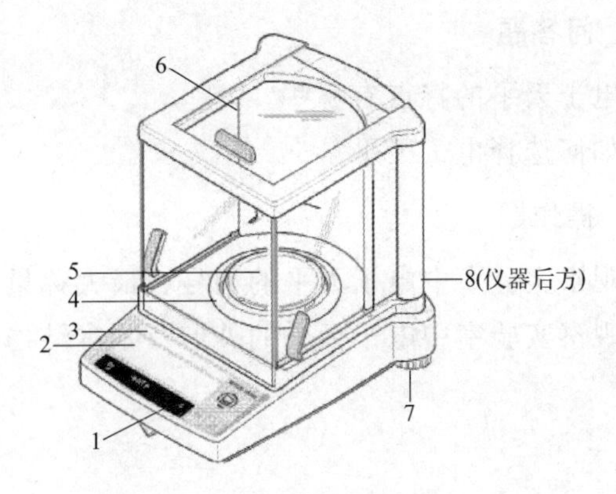

图 12-7　梅特勒 AB204-S 型电子天平的外形及结构

1—操作键；2—显示屏；3—型号标牌；4—防风圈；5—秤盘；
6—防风罩；7—水平调节脚；8—水平仪

是在满足精度的前提下，天平的精度也不宜选得太高。精度不够，会造成误差；精度太高，会造成不必要的浪费。

2. 最大称量的要求

要让天平的最大称量满足称量的要求。被称量物的质量既不能超过天平的最大称量，同时也不能比天平的最大称量小得太多。这样才能保证天平不因超载受损，又能使称量达到必要的准确度。

3. 结构形式的要求

天平的结构形式应适应称量工作的特点，还要考虑称量物的形状、体积，要让其稳当地放置在天平的秤盘上。

进度检查

一、填空题

1. 分析天平是定量分析中的一种精密的＿＿＿＿＿仪器，用来准确称取物质的＿＿＿＿＿。

2. 最大称量表示天平可称取物品的＿＿＿值，待称物质的质量必须＿＿＿天平的最大称量。

3. 常量分析中，常用最大称量为 220g 的分析天平，其分度值一般为＿＿＿＿mg。

4. 按分析天平的构造原理来分，分析天平分为＿＿＿＿＿＿天平和＿＿＿＿＿天平。分析实验室中广泛使用的是＿＿＿＿＿＿＿＿。

5. 电子天平的基本结构分为＿＿＿＿＿部分、＿＿＿＿＿部分、＿＿＿＿部分、＿＿＿＿四个部分。

二、问答题

1. 电子天平的特点有哪些？
2. 如何选择电子天平？

三、操作题

1. 观察实验室中电子天平的型号、最大称量及分度值。
2. 观察实验室中电子天平的外形及基本结构。

编号 FJC-39-03

学习单元 12-3 电子天平操作

学习目标：完成本单元的学习之后，能够规范使用电子天平进行称量操作。

职业领域：化学、石油、环保、医药、冶金、食品等工程。

工作范围：分析

所需仪器、试剂和设备

序号	名称及说明	数量	序号	名称及说明	数量
1	赛多利斯 BS224S 型电子天平	1台	4	表面皿、药匙	各1个
2	100g 标准砝码	1个	5	250mL 锥形瓶、100mL 烧杯	各1个
3	砝码镊子	1个	6	石英砂、无水碳酸钠或其他适宜试剂	少许

以赛多利斯 BS224S 型电子天平为例，介绍电子天平的基本使用方法。首先，应全面了解该电子天平控制面板上的按键功能，如图 12-8 所示。

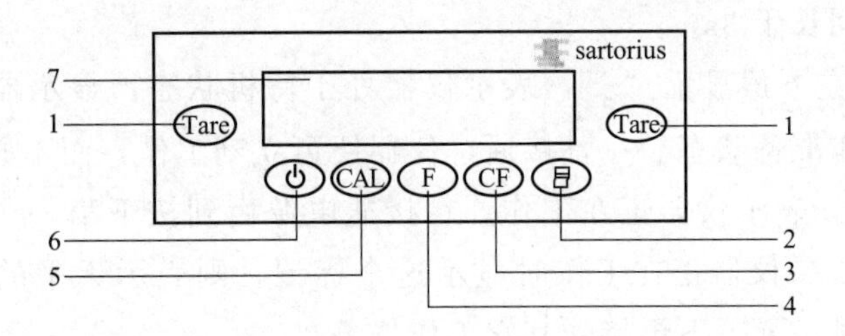

图 12-8 控制面板及其功能

1—去皮键；2—打印键（数据输出）；3—CF 清除键；4—功能键；5—调校键；6—电源键；7—显示屏

一、电子天平使用前的检查与调整

电子天平对工作环境的温度和湿度有较高要求，且电子天平在开机前，应先检查电源是否完好并接地线，并检查电子天平附近是否有震源及电磁干扰。

电子天平在开机前，应使用水平仪调整水平，如图 12-9 所示。在电子天平使用地点调整地脚螺栓的高度，使水平仪内的空气泡正好位于圆环的中央。若需要升高电子天平，则右旋前面地脚螺栓；若需要降低电子天平，则左旋前面地脚螺栓。

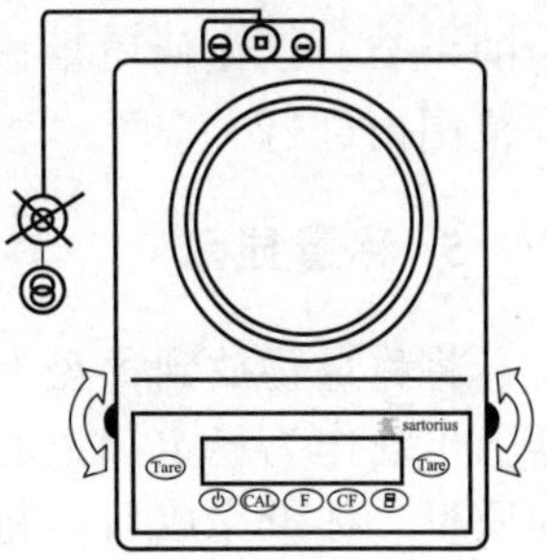

图 12-9 水平仪的调整

二、电子天平的基本操作

1. 预热时间

为了达到理想的测量结果，电子天平在初次接通电源或者在长时间断电之后，至少需要 30min 的预热时间，只有这样，天平才能达到所需要的工作温度。

2. 显示器接通与关断（待机状态）

为了接通或关断显示器，请按下电源键。

3. 仪器自检

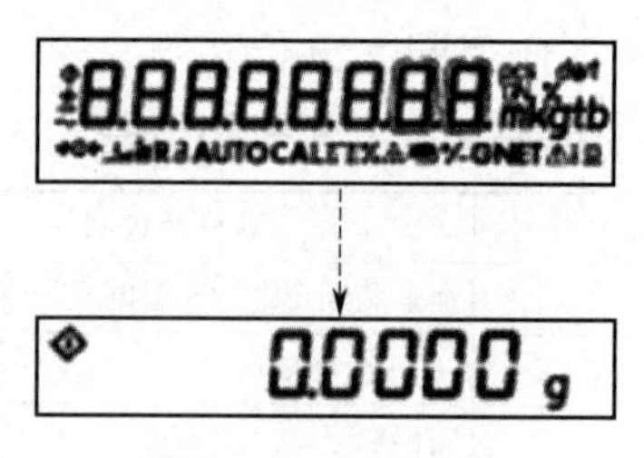

图 12-10　天平自检

在接通电源以后，电子称量系统自动实现自检功能。当显示器显示“0.0000g”时，自检过程结束。此时，天平工作准备就绪，如图 12-10 所示。

天平自检后，在显示屏上还会出现以下三个不同的标记。分别如图 12-11、图 12-12 及图 12-13 所示。

① 在显示屏右上角显示“∘”，表示天平关闭（OFF）。也表示天平曾经断电，重新接电或断电时间长于 3s。

② 在显示屏左下角显示“。”，表示仪器处于待机状态。显示器已通过电源键关断，天平处于工作准备状态。一旦接通，仪器便可立刻工作，而不必经历预热过程。

③ 显示“◈”，表示仪器正在工作。在接通电源后到按下第一个键的时间内，显示此标记“◈”，如果仪器正在工作时显示这个标记，则表示天平的微处理器正在执行某个功能，此时，天平不再接受其它工作任务。

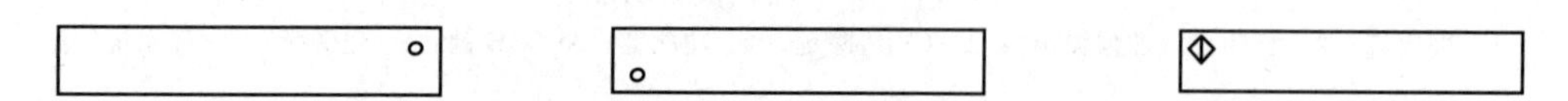

图 12-11　显示屏右上角显示“∘”　图 12-12　显示屏左下角显示“。”　图 12-13　显示屏左上角显示“◈”

4. 清零操作

只有当仪器经过清零之后，才能执行准确的质量测量。称量前应按下两个去皮键中的一个，以便使质量显示为 0.0000g，如图 12-14 所示。清零操作可在天平的全量程范围内进行。

5. 称量显示

将称量物放到秤盘上（应注意称量物的质量不能超过天平的最大称量）。当显示器上出现作为稳定标记的质量单位“g”时，读出质量数值并记录数据，此数值为称样质量。称量完成后，将称量物从秤盘上拿下，轻按去皮键（Tare 键）清零，以备再用。如图 12-15 所示。

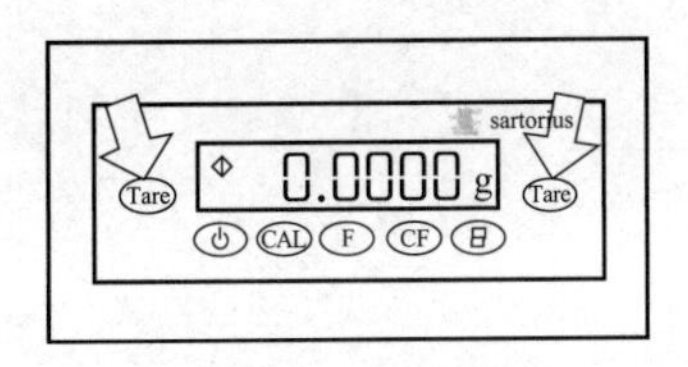

图 12-14　清零操作

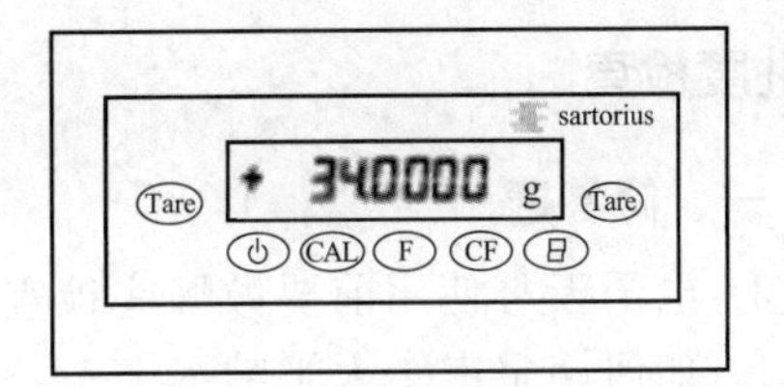

图 12-15　称量显示

6. 关机

称量完毕后，应及时关闭电子天平的开关键，并使电子天平保持通电的待机状态，此操作可延长天平使用寿命。

7. 校正操作

电子天平的工作场所有所改变，或者工作环境（特别是环境温度）发生变化，则都要求进行重新调校。同样，在电子天平被搬动以后，也必须对其重新调校。电子天平在调校时，应考虑电子天平的灵敏度与其工作环境的匹配特性。调校工作应在电子天平的工作场所进行，并在预热过程执行完毕后进行调校。

赛多利斯 BS224S 型电子天平属于外部校正法，如图 12-16 所示。具体校正操作如下：

① 在显示屏幕出现“0.0000g”时按下调校键（CAL 键），校正程序被启动执行；

② 在秤盘中央放入标准砝码，电子天平自动执行调校过程；

③ 当屏幕显示校正砝码的质量值静止不动，且屏幕显示为“200.000g”时，调校过程即已结束。

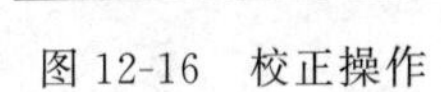

图 12-16　校正操作

若发生错误操作，可以按下清除键（CF 键）中断校正过程，然后再重新进行校正操作。另外，若启动调校程序时出现错误或故障，则在屏幕上显示出“Err02”。在这种情况下必须重复清零操作，并当屏幕显示“0.0000g”时按下调校键（CAL 键）重新进行校正。

三、使用电子天平的注意事项

① 若电子天平要进行长时间多次称量，应让天平一直开启，有利于称量的准确度。

② 若称量粉末状或者液体样品，应先称量容器的质量，再将样品装于容器中进行称量。

③ 若称量易挥发或有腐蚀性的试样时，应将试样放于密闭的容器中再进行称量，以免腐蚀和损坏电子天平。

④ 电子天平操作完毕，应取下秤盘上的称量物才能关闭电源，否则将损坏天平。

⑤ 电子天平在称量过程当中应小心使用，轻按各功能键并保持天平干燥（使用并经常烘干干燥剂）和清洁（秤盘与外壳需经常用软布轻轻地擦拭）。

进度检查

一、简答题

1. 电子天平使用前要做哪些检查？
2. 如何调整电子天平的水平？
3. 电子天平的称量操作要注意哪些问题？

二、操作题

1. 进行电子天平的校准操作。
2. 用电子天平称量三份石英砂样品。

编号 FJC-39-04

学习单元 12-4　称量基本操作

学习目标：完成本单元的学习之后，能够掌握直接称量法、减量称量法及指定质量称量法的基本操作。

职业领域：化学、石油、环保、医药、冶金、食品等工程。

工作范围：分析

所需仪器、试剂和设备

序号	名称及说明	数量	序号	名称及说明	数量
1	BS224S 电子天平（220g，分度值为 0.1mg）	1台	4	药匙、称量瓶（高型）、表面皿	各1个
2	电子台秤（500g，分度值为 0.1g）	1台	5	100mL 烧杯或 250mL 锥形瓶	1个
3	铜片	2～3片	6	$K_2Cr_2O_7$、石英砂、无水碳酸钠或其他适宜试剂	少许

在定量分析中，试样的称取一般有直接称量法、减量称量法及指定质量称量法。这些方法不仅适用于常用的电子天平，也适用于电光分析天平的称量。

一、直接称量法

直接称量法适合于称量分析器皿，以及在空气中没有吸湿性的样品和试剂。如称量小烧杯、坩埚、金属、合金等物质。该法常使用洁净而干燥的表面皿作为称量容器。

1. 直接称量法操作（以称取铜片的质量为例）

① 电子天平的准备工作。接通电源，调整天平水平后，打开天平开关键预热 30min，调整天平显示为“0.0000g”。

② 粗称表面皿的质量。为了保证称量物的质量不超过电子天平的最大负载量，应先用电子台秤粗称称量物的总质量，即表面皿和铜片的总质量。该质量数据只需小于天平最大负载量，无需记录。

③ 精称表面皿的质量。将表面皿轻轻置于电子天平秤盘中央，称量并记录其质量 m_1。

④ 将被称物（铜片）用镊子夹取放于表面皿上，精称铜片及表面皿的总质量并

记录其质量 m_2。

⑤ 称量完毕。将被称物品及表面皿轻轻取出并关好天平玻璃门。

⑥ 称量所得质量。被称量物（铜片）的质量 m 为总质量 m_2 与表面皿质量 m_1 之差。

2. 直接称量法操作的注意事项

① 表面皿的拿取应使用镊子或坩埚钳，也可以戴上干燥洁净的手套后用手拿取。

② 被称物的拿取方法应根据其性状而定。一般情况下，称量小颗粒状的固体样品可使用药匙，称量片状的固体样品可使用镊子。

二、减量称量法

减量称量法也叫递减法或差减法，是分析工作中常用的一种称样方法，尤其是进行平行测定，需要称取几份样品时更为方便。减量称量法称量样品的质量不要求固定的数值，只需在要求的范围内即可。该法适用于称取性质稳定及易吸水、易氧化或是与二氧化碳反应的粉末状物品，而不适于称取块状物品。

减量称量法称取试样的量是以两次称量之差计算的，与天平的初始读数无关，所以减量称量法称取样品时，可以不用调节天平显示为“0.0000g”。称样时，常将样品装于带磨口盖的高型称量瓶中进行，这样既可防潮、防尘，又便于称量操作。

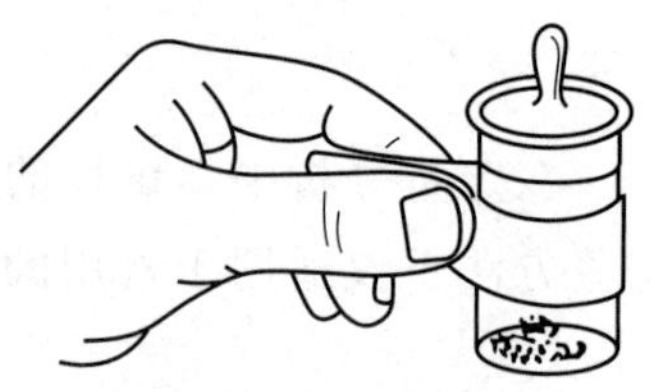

图 12-17　拿取称量瓶的方法

另外，称量过程当中，操作人员可以戴上干燥洁净的棉布手套，直接用手拿取装有样品的称量瓶进行称量操作。若没有使用手套，操作人员还可以用洁净的纸条叠成宽度为 1～2cm 的三层纸带套在称量瓶身的中部，左手捏紧纸带即可方便拿取称量瓶，右手用纸带夹取称量瓶盖柄，打开瓶盖进行称量操作，如图 12-17 所示。

1. 减量称量法操作（以称取三份每份质量为 0.20～0.30g 石英砂为例）

① 将盛放样品的容器（锥形瓶或小烧杯）编号后整齐排在电子天平的左侧。

② 戴上洁净干燥的手套，若无手套，可准备好纸带进行称量瓶的拿取。

③ 将烘干并冷却至室温的石英砂样品约 1～2g 放于称量瓶中，并粗称装有试样（石英砂）的称量瓶质量，使其不超过天平最大称量。

④ 将装有试样（石英砂）的称量瓶置于电子天平秤盘中央，精称并记录其质量 m_1（称量准确至 0.0001g）。

⑤ 倾倒试样。拿取一个编号的容器（锥形瓶或小烧杯）放在电子天平正前方，左手将称量瓶从天平秤盘上取出，拿到盛装试样的容器（锥形瓶或小烧杯）上方，右手打开称量瓶瓶盖，瓶盖不能离开容器（锥形瓶或小烧杯）上方，将瓶身慢慢向下倾

斜，瓶内的试样逐渐移向瓶口，同时用瓶盖边缘轻轻敲击瓶口内缘，并继续将称量瓶倾斜使试样慢慢落入容器中，如图12-18所示。估计倾入容器当中的试样量接近所需量时，一边将称量瓶竖起，一边用瓶盖轻轻敲瓶口，使沾在瓶口的试样落入容器或落回称量瓶中，然后盖好瓶盖。

⑥ 精称并记录倒出试样后称量瓶及剩余试样的质量 m_2。用 m_1-m_2 即为第一份试样的质量。若 m_1-m_2 的质量少于0.20g，可以再倾倒出少量试样。倾倒试样时，一般很难一次倾准，需要几次仔细耐心的同样操作，才能称取一份合乎要求的试样。称量完毕后，将盛有第一份试样（石英砂）的容器（锥形瓶或小烧杯）置于电子天平右侧。

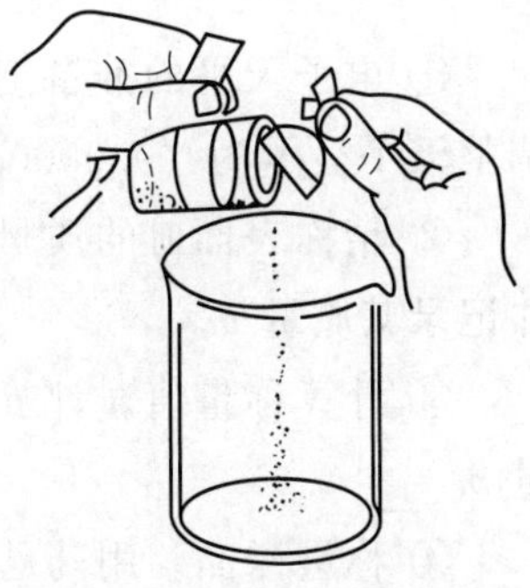

图12-18 倾倒试样的方法

重复⑤、⑥两步操作，称取第二份和第三份试样。

⑦ 称量完毕。将称量数据及时记录在记录本上（可按下面表格的方法记录，并计算各份样品的质量）。最后填写电子天平的称量记录。示例见表12-2。

表12-2 电子天平称量记录示例

称量编号	1#	2#	3#
第一次称取称量瓶与样品质量/g	19.5895	19.2640	18.9562
第二次称取称量瓶与样品质量/g	19.2640	18.9562	18.6411
称量样品的质量/g	0.3255	0.3078	0.3151

2. 减量称量法操作的注意事项

① 用称量瓶盛装试样不宜太多，否则操作不便。

② 倾倒试样，一次倒不准时，每份可倒2～3次。若倒出的试样超出所需范围时，应弃去重做，不能倒回称量瓶内。

③ 沾在称量瓶瓶口的试样应处理干净，以免造成试样丢失，影响称量的准确度。

④ 使用纸带操作时，应注意纸带不能碰触称量瓶瓶口，以免丢失试样。

⑤ 打开或盖上称量瓶盖时，应在盛放试样的容器上方进行，以防试样丢失。

⑥ 称量的每份试样要无损地直接倾入每个容器中，不许倒在容器以外的其他器皿内。

⑦ 若操作错误或发现试样损失，应弃去当前试样重新进行称量。

三、指定质量称量法

在分析工作中，有时需要准确称取某一指定质量的试样。如直接法配制1000mL浓度为 $c\left(\frac{1}{6}K_2Cr_2O_7\right)=0.1000mol/L$ 的 $K_2Cr_2O_7$ 标准溶液，需称取4.903g基准物

$K_2Cr_2O_7$。此法只适用于称取不易吸湿且不与空气中各组分发生作用、性质稳定的粉末状物质。

1. 指定质量称量法操作（以称取 4.903g 重铬酸钾为例）

① 电子天平的准备工作。接通电源，调整天平的水平，打开天平预热 30min 后调整天平显示为“0.0000g”。

② 精称表面皿的质量。将洁净干燥的小烧杯轻轻置于电子天平秤盘中央，称量并记录其质量 m_1。

③ 计算称量值。计算小烧杯的质量与 4.903g 的加和数据即为将要称量的总质量 m_2。

④ 称量样品。用药匙小心加入重铬酸钾粉末于小烧杯上，直到天平显示至所需质量 m_2。

具体操作如下：小心地以左手持盛有试样的药匙，伸向小烧杯中心部分 1～2cm 高处，用左手拇指、中指及掌心拿稳药匙，以食指轻弹或摩擦药匙柄，使药匙里的试样以非常缓慢的速度落入小烧杯中，此时眼睛既要注意药匙，同时也要注视 LED 数显屏上的数据变化。当数据显示为所需质量时，立即停止抖入试样，缓慢取出药匙，关闭天平防风玻璃门，待显示数据稳定至所需质量时即可记录数据。若不慎多加了试样，只能用药匙轻轻取出多余的试样（多余试样不可放回到原试剂瓶中），再重复上述操作，直到显示至所需质量为止。

⑤ 称量完毕，用镊子或戴细纱手套取下小烧杯，关闭天平玻璃门。

2. 指定质量称量法操作的注意事项

① 往小烧杯中加入试样或取出药匙时，试样绝不能撒落在电子天平内；

② 加入试样时，要特别仔细，切勿抖入过多的试样。

进度检查

一、问答题

1. 为何用电子天平称量样品之前要首先调节天平的水平？

2. 什么情况下选用减量称量法？什么情况下选用指定质量称样法？

二、操作题

用电子天平进行如下操作：

1. 称量铜片的质量；

2. 称取三份每份 0.20～0.30g 石英砂的质量；

3. 称取 0.5670g 石英砂（或其他称量练习试样）于小烧杯中。

编号 FJC-39-05

学习单元 12-5 电子天平维护及故障排除

学习目标： 完成本单元的学习之后，能够进行电子天平的日常维护和排除常见故障。

职业领域： 化学、石油、环保、医药、冶金、食品等工程。

工作范围： 分析

所需仪器、试剂和设备： 电子天平 1 台

一、电子天平故障诊断

电子天平故障产生原因及排除方法见表 12-3。

表 12-3 电子天平故障产生原因及排除方法

天平故障	产生原因	排除方法
显示器上无任何显示	—无工作电压 —未接变压器	—检查供电线路及仪器 —将变压器接好
在调整校正之后，显示器无显示	—放置天平的表面不稳定 —未达到内校稳定	—确保放置天平的场所稳定 —防止震动对天平支撑面的影响 —关闭防风罩
显示器显示“H”	—超载	—为天平卸载
显示器显示“L”或“Err54”	—未装秤盘或底盘	—依据电子天平的类型，装上秤盘或底盘
称量结果不断改变	—震动太大，天平暴露在无防风措施的环境中 —防风罩未完全关闭 —在秤盘与天平壳体之间有杂物 —下部称量开孔封闭盖板被打开 —被测物质量不稳定(吸收潮气或蒸发) —被测物带静电荷	—通过“电子天平工作菜单”采取相应措施 —完全关闭防风罩 —清除杂物 —关闭下部称量开孔
称量结果明显错误	—电子天平未经调校 —称量之前未清零	—对天平进行调校 —称量前清零

二、电子天平维护保养

1. 维护

由专业人员定期对电子天平进行维护保养，不仅能延长电子天平的使用寿命，而且将确保其持续的称量精度。

2. 清洗

在对电子天平清洗之前，应先将电子天平与工作电源断开。在清洗时，不能使用强力清洗剂（如溶剂类等），仅应使用中性清洗剂浸湿的毛巾擦洗。一定要注意的是，不要让液体清洗剂渗到电子天平的内部。在用湿毛巾擦完后，应立即用一块干燥的软毛巾擦干。对于试样剩余物或者试剂粉末，必须小心地用刷子或手持吸尘器去除。

3. 安全检查

如果电子天平出现非安全工作隐患，应立即切断电子天平的工作电源，并采取相应安全措施，确保在维修好之前不能再被使用。非安全工作的原因有：①变压器出现人眼可见的破损情况；②变压器不能工作；③长期存放于恶劣的环境中。

在以上这些情况下，应通知专业的维修人员进行检查。恢复仪器的运行工作仅允许由专业人员按照维修文件所述的内容及要求进行检查。

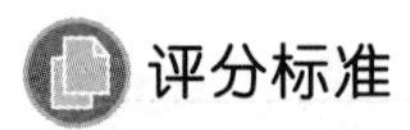

评分标准

电子天平的使用技能考试内容及评分标准

一、考试内容：差减法用电子天平称取三份平行试样

（1）检查电子天平。

（2）通电预热。

（3）调节水平。

（4）清零。

（5）称量称样所用试样及容器并记录数据。

（6）差减法称量试样，平行称取三份。

（7）清零。

（8）进行电子天平结束工作。

（9）断开电源，罩天平罩。

（10）填写使用记录。

二、评分标准（100分）

共10步操作，总分100分。

（1）检查电子天平。（10分）

（2）通电预热。（5分）

（3）调节水平。（10分）

（4）清零。（5分）

（5）称量称样所用试样及容器并记录数据。（5分）

(6) 差减法称量试样，平行称取三份。(40 分)

(7) 清零。(5 分)

(8) 进行电子天平结束工作。(10 分)

(9) 断开电源，罩天平罩。(5 分)

(10) 填写使用记录。(10 分)

模块 13　滴定管的使用及校准

编号 FJC-46-01

学习单元 13-1　滴定管的选择

学习目标：完成本单元的学习之后，能够确认及选择滴定管。

职业领域：化学、石油、环保、医药、冶金、食品等工程。

工作范围：分析

所需仪器、试剂和设备

序号	名称及说明	数量
1	无色 50mL、10mL 酸式滴定管	各 1 支
2	无色 50mL、10mL 碱式滴定管	各 1 支
3	棕色 50mL 酸式滴定管、碱式滴定管	各 1 支
4	无色 50mL 聚四氟乙烯综合滴定管	1 支

一、滴定管及其作用

滴定管是用于滴定分析的内径均匀并具有控制溶液流速装置的细长玻璃管状器具，具有精密容积刻度，属于量出式量器，是滴定分析中的最基本量器之一。滴定管可以放出不固定量液体，主要用于滴定分析中准确测量放出溶液的体积。

二、滴定管的分类、结构及选择

滴定管大致有以下几种分类方式：

① 根据所装溶液性质不同，滴定管分为两种：一种是酸式滴定管，见图 13-1(a)；另一种是碱式滴定管，见图 13-1(b)。酸式滴定管下端有玻璃活塞开关，可以控制滴定速度，主要用于盛装酸性、中性及氧化性溶液，不能盛装碱性溶液（碱性溶液能腐蚀玻璃，使活塞难以转动）；碱式滴定管下端连有一个装有玻璃珠的橡胶管（玻璃珠直径比橡胶管内径略大一些），橡胶管下端再连一尖嘴玻璃管，见图 13-1(c)，用于盛装碱性溶液和无氧化性溶液。凡是能与橡胶管起反应的溶液均不可装入碱式滴定管，如：$KMnO_4$、$K_2Cr_2O_7$、$AgNO_3$、I_2 和酸性溶液等。

② 按其颜色不同，滴定管可分为无色透明滴定管和棕色滴定管。棕色滴定管用于盛装那些需要避光的溶液，如：$KMnO_4$、$K_2Cr_2O_7$、$AgNO_3$、I_2 等，以防溶液在

滴定过程中分解。

③ 按其刻度的分度值及容量大小不同，滴定管分为常量滴定管、半微量滴定管和微量滴定管（见图 13-2）三种。常量分析中采用容积为 50mL、25mL，最小分度值为 0.1mL 的滴定管，读数时可多读一位，精确至 0.01mL；半微量分析采用的是容积为 10mL，最小分度值为 0.05mL 的滴定管，读数时可读至 0.005mL；微量分析采用的是容积为 10mL、5mL、2mL、1mL，最小分度值为 0.01mL 的滴定管，读数时可读至 0.001mL。

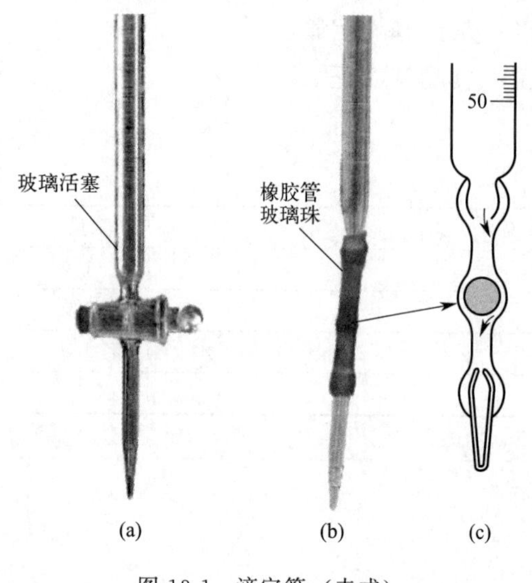

图 13-1 滴定管（夹式）

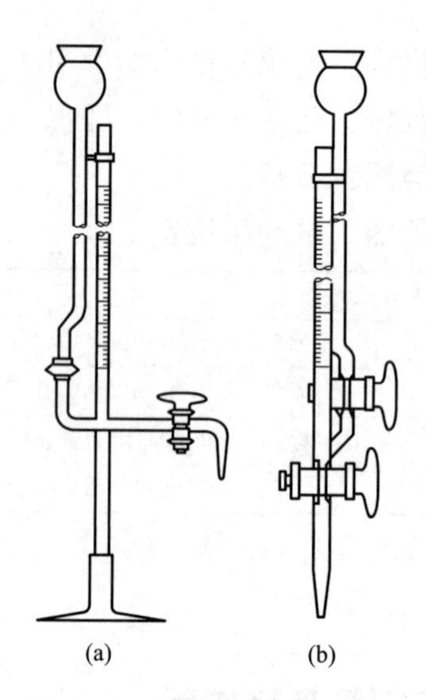

图 13-2 微量滴定管（座式）

④ 按结构不同分为普通滴定管和自动滴定管。

进度检查

一、填空题

1. 滴定管是用于滴定分析的____________的细长玻璃管状器具。

2. 根据所装溶液性质不同，滴定管分为______和______；按其颜色不同，滴定管可分为______和______；按其刻度的分度值及容量大小不同，滴定管分为______、______和______；按结构不同分为______和______。

3. 酸式滴定管通过下端的______来控制滴定速度，主要用于盛装______、______及______溶液，不能盛装碱性溶液（因为____________）；碱式滴定管下端____________（玻璃珠直径比橡胶管内径略______一些），橡胶管下端再连______，用于盛装________和______________。

二、选择题（将正确答案的序号填入括号内）

1. 盛装 HCl、H_2SO_4 标准溶液用______________；
2. 盛装 NaOH、KOH 标准溶液用____________；
3. 盛装 EDTA 标准溶液用______________；
4. 盛装 $KMnO_4$、I_2 标准溶液用______________。

A. 无色酸式滴定管　　B. 无色碱式滴定管

C. 棕色酸式滴定管　　D. 棕色碱式滴定管

编号 FJC-46-02

学习单元 13-2 滴定管的使用

学习目标： 完成本单元的学习之后，能够准备和规范地进行滴定管的操作使用。

职业领域： 化学、石油、环保、医药、冶金、食品等工程。

工作范围： 分析

所需仪器、试剂和设备

序号	名称及说明	数量
1	50mL 酸式滴定管	1支
2	50mL 碱式滴定管	1支
3	铬酸洗液	适量
4	适宜试剂	适量
5	白纸或黑纸	各1张

一、酸式滴定管的准备工作

酸式滴定管的准备工作包括活塞旋转检验及检漏、活塞涂油、洗涤、装溶液和排气泡等环节，步骤如下：

1. 活塞旋转检验及试漏

将酸式滴定管安放在滴定管架上，用手旋转活塞，检查活塞与活塞槽是否配套吻合。

关闭活塞，将滴定管装水至“0.00”刻度线以上，置于滴定管架上，直立静置2min，观察滴定管下端管口有无水滴流出。用滤纸在活塞周围和滴定管尖检查有无水渗出，将活塞转动180°，静置2min，观察是否漏水。

酸式滴定管的活塞与活塞槽应密合不漏水且转动灵活，否则必须涂油。

2. 活塞涂油及安装

将滴定管平放在实验台上，取下活塞上的乳胶圈后再取出活塞，用干净的滤纸将活塞和活塞槽擦干净，用金属丝除去残存的油脂，用食指蘸取少量凡士林，往活塞的粗端及活塞槽的细端内壁均匀地涂抹薄薄一层（见图13-3，注意涂油量不能太多，以免凡士林堵塞住活塞的小孔及滴定管的出口），将涂好凡士林的活塞平行插入活塞槽（见图13-4），压紧活塞，再向同一方向转动几圈（见图13-5），使凡士林分布均匀，呈透明状态，顶住活塞粗端，在细端套上乳胶圈，以防活塞脱落破损。

注意：

① 涂油时，滴定管一定要平放、平拿，不要垂直，以免擦干的活塞又被沾湿。

② 涂好油的活塞应均匀透明，润滑而不漏水，若不呈透明状态，说明水未擦干；若转动不灵活，则说明涂油不足；若油进入活塞孔，则说明涂油位置不当或涂油过多。

③ 若活塞孔和下端管尖被油污堵塞，可用金属丝除掉，然后用热水冲洗干净。

④ 涂油后，必须重新试漏。

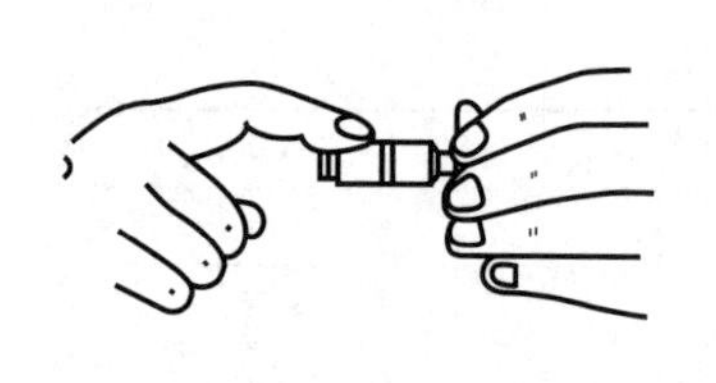

图 13-3　涂油操作

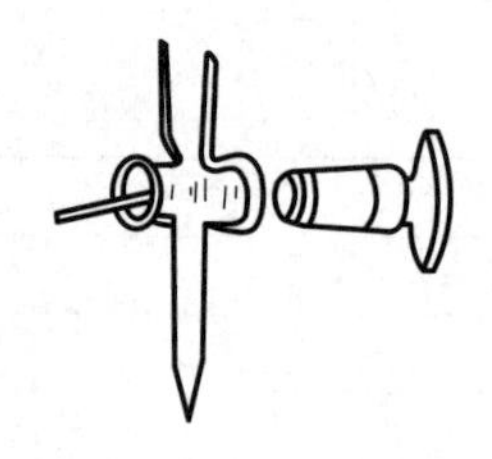

图 13-4　将涂好凡士林的活塞平行插入活塞槽

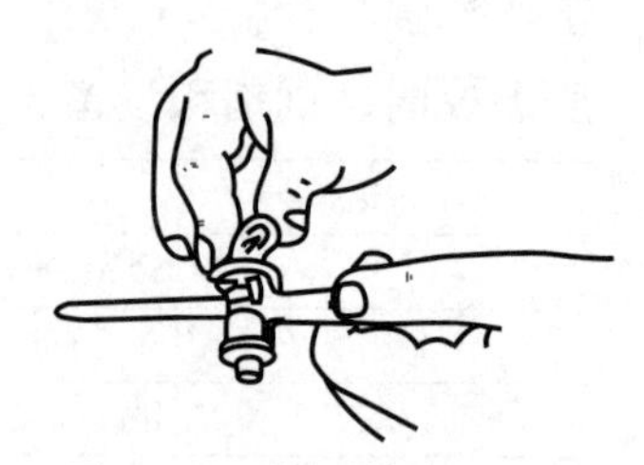

图 13-5　活塞平行插入活塞槽后，向同一方向转动

3. 滴定管的洗涤和润洗

除去管内水，关闭活塞，倒入 10～15mL 铬酸洗液，右手拿住滴定管上部无刻度部分，左手拿住活塞上部无刻度部分，两手端平滴定管，使滴定管转动并向管口倾斜，让洗液布满全管，然后立起滴定管，打开活塞，让洗液从下口流回原洗液瓶内。再用自来水冲洗 3～4 次，将洗液冲洗干净，此时滴定管内壁应完全被水均匀润湿而不挂水珠。最后以此用纯水洗涤 3～4 次，用待装溶液润洗 3～4 次，润洗方式与上述铬酸洗液的洗涤操作相同。

注意：

① 铬酸洗液是用重铬酸钾、水和浓硫酸以 1∶2∶20 比例混合而成，可重复使用且对环境污染较大，洗涤完滴定管后绝对不能直接倒入水槽中。

② 铬酸洗液和后续的每一遍冲洗液都应从滴定管下口流入洗液瓶或废液缸，绝对不能从滴定管上口倒出。

③ 若滴定管比较干净，可只用纯水洗涤；若滴定管污染较轻，可将铬酸洗液换成洗衣粉或肥皂水进行同样操作；若滴定管污染较重，难以洗涤时，可用铬酸洗液充满全管，浸泡一定时间。

④ 铬酸洗液具有强氧化性、强腐蚀性，用时要注意不要弄在身上及衣服上，否则应立即用水冲洗干净。

⑤ 洗涤滴定管时不能用去污粉刷洗，以免划伤内壁，影响体积的准确测量。

⑥ 用待装溶液润洗滴定管时，应先用一只手的食指按住待装标准溶液的瓶塞上部，其余四指拿住瓶颈，另一只手托住瓶底，进行多次振荡将瓶中溶液摇匀，确保待装溶液浓度均匀。

4. 盛装溶液

关闭活塞，用左手前三指拿住滴定管上部无刻度处，并让滴定管倾斜，右手拿住试剂瓶往滴定管中倾倒溶液，使溶液沿滴定管内壁慢慢流下，直到“0.00”刻度以上。

注意：

① 用手拿滴定管进行装液操作时，应拿滴定管上部无刻度处，不许拿有刻度的部位，否则滴定管将会因受热膨胀而造成体积误差。

② 装液时，应将试剂瓶内的溶液直接倒入滴定管中，不得借用其他器皿，如烧杯、漏斗等转移，以免改变溶液浓度或造成污染。

5. 排气泡

用右手拿住滴定管上部无刻度处，并使滴定管倾斜 30°，在其下面放一承接溶液的烧杯，左手迅速打开活塞，溶液急促冲出，排出气泡，出口全部充满溶液。

注意：赶气泡操作若一次不成功，可重复进行多次。

二、酸式滴定管的使用

酸式滴定管的使用工作包括调零、滴定、读数和记录以及洗涤和放置等环节，步骤如下：

1. 调零

排完气泡后，重新补装溶液于滴定管“0.00”刻度线以上，拧动活塞放掉多余的溶液，调节液面到 0.00mL 处。将滴定管垂直夹在滴定管架上，用一干净烧杯（内壁）碰去悬在滴定管尖端的液滴，锥形瓶放在滴定架瓷板上，调节滴定管高度，使滴定管尖端距锥形瓶瓶口 3～5cm 左右高度，备用。

注意：

① 绝对禁止用滴管滴加溶液来调节液面，以免改变溶液的浓度。

② 调节液面时必须使用左手操作，拇指在前，食指和中指在后，握持活塞柄，无名指和小指弯曲在活塞下方和滴定管之间的直角内，转动活塞时，手指微屈，手掌中心要空，见图 13-6。握持活塞柄的手指只能往内压，切忌不能往外顶，以免将活塞顶出而造成漏液。

2. 滴定

用左手控制活塞进行滴定（同调液面时握活塞手势，见图 13-7），右手摇动锥形瓶，迅速混匀两种溶液，使之及时完全反应，眼睛注意观察锥形瓶中溶液颜色的变化。左右两手操作及眼睛观察要同时进行，并密切配合，以便准确地确定滴定终点。

滴定开始时滴落点周围无明显的颜色变化，滴定速度可以快些，边滴边摇瓶；继续滴定，颜色可暂时扩散到溶液，此时应滴一滴摇几下，最后要滴出半滴就需要摇几下，直至终点（颜色变化的突跃点）。

需要注意的是：

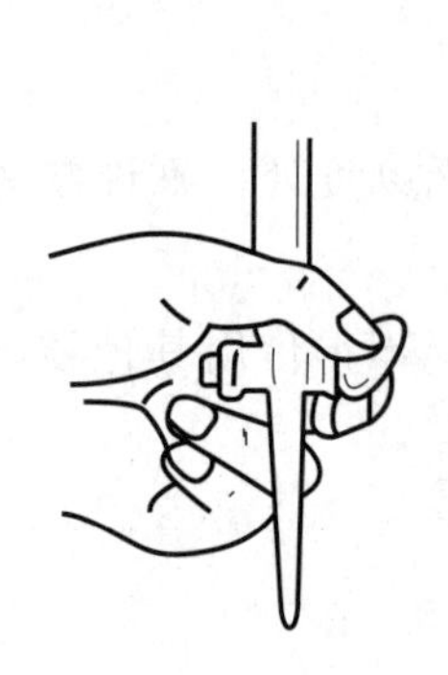

图 13-6　握活塞手势

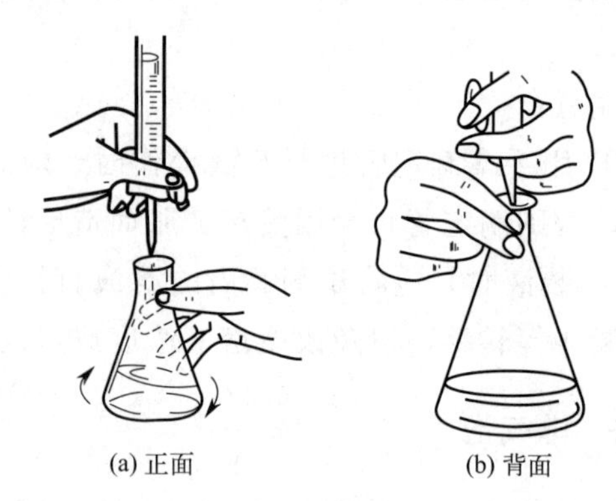

(a) 正面　　(b) 背面

图 13-7　酸式滴定管滴定手势：左手滴定，右手摇瓶

① 右手摇瓶时，应用右手前三指拿住瓶颈，转动腕关节，向同一方向（顺时针方向或逆时针方向）作圆周运动，不能将锥形瓶前后摇动，左右摇晃，以防溶液溅出而造成误差。滴定管插入锥形瓶口约 1～2cm，要边滴边摇瓶。

若使用碘量瓶等有磨口玻璃塞的锥形瓶滴定时，玻璃塞应夹在右手中指和无名指之间，或放在桌面洁净的表面皿上，以防沾污。

② 必须掌握下列三种滴加溶液的技能：Ⅰ逐滴滴加；Ⅱ一滴滴加；Ⅲ半滴滴加（半滴滴加的方法是先控制活塞转动，使半滴溶液悬于管口，用锥形瓶内壁挂触液滴，再淌洗或用纯水吹洗瓶壁；也可用洗瓶直接吹洗悬挂在滴定管管尖的半滴溶液）。

③ 滴定时，应该每次都从“0.00”刻度开始滴定，以确保在同一段体积范围内滴定，减少测量误差。加液后外壁溶液要擦干，以免流下或溶液挥发而使管内溶液降温。

④ 滴定过程中眼睛应看着锥形瓶中颜色的变化，而不能看滴定管。滴定时，左手不允许松开活塞柄放任溶液自行流下。

⑤ 摇动锥形瓶时，要注意勿使溶液溅出、勿使瓶口碰滴定管口，也不要使瓶底碰白瓷板，不要前后振动。

3. 读数和记录

滴定开始前和滴定终了都要读取数值，确定滴定管终点读数并记录数据（读至 0.01mL）。

注意：滴定管的读数不准确是造成滴定分析误差的主要原因之一，为了准确读数，应遵循以下规则。

① 读数前，若滴定管尖悬挂液滴时，应该用锥形瓶外壁将液滴沾去。在读取终读数前，如果出口管尖悬有溶液，此次读数不能取用。

② 注入溶液或放出溶液后，需等待 30s 后才能读数，以使管壁附着的溶液流下来，使读数准确可靠。

③ 读数时滴定管应保持垂直状态（为确保滴定管的垂直状态，尽量不要在滴定管夹在滴定管架上时直接读数，而应该将滴定管取下，仅用手拇指和食指持管内液面上 10～15cm 处），对于无色或浅色透明溶液，应读弯月面下缘实线的最低点，视线应与弯月面下缘实线的最低点相切（因为表面张力及虹吸现象等原因，在滴定管中液面犹如“盆”状，则会看到上下两条弯线，以空气为界的原则，下缘实弯线才是代表真正的弯月面），见图 13-8(a)；对于深色不透明溶液，如 $KMnO_4$、I_2 溶液，因颜色太深而不能准确观察到弯月面，故视线应与液面两侧的最高点相切，见图 13-8(b)。

④ 为了协助读数，更清晰地辨认弯月面，可采用读数卡。读数卡可用黑纸或涂有黑长方形（约 0.3cm×1.4cm）的白纸制成。将读数卡放在滴定管背后，使黑色部分在弯月面下约 1mm 处，此时即可看到弯月面的反射层成为黑色，然后读此黑色弯月面的最低点，见图 13-8(c)。

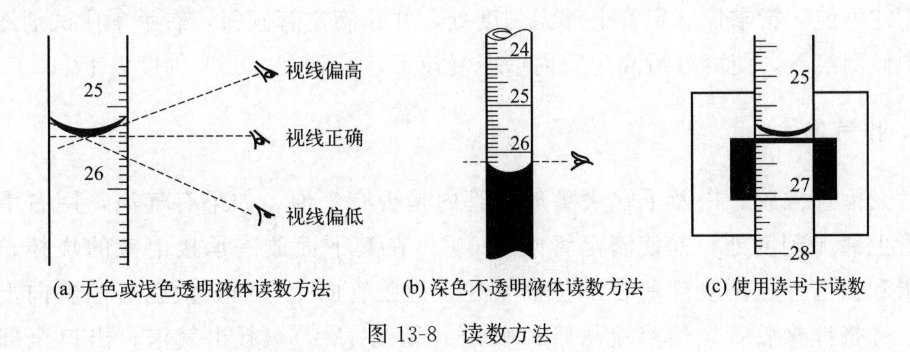

(a) 无色或浅色透明液体读数方法　(b) 深色不透明液体读数方法　(c) 使用读书卡读数

图 13-8　读数方法

⑤ 初读与终读应选用统一标准。常量滴定管必须读到 0.01mL，微量滴定管必须读到 0.001mL，并立即将数据写在记录本上。

4. 洗涤和放置

滴定完毕后，倒出滴定管中剩余溶液，用水将滴定管冲洗干净，倒置夹在滴定管架上或控干水后平放收入滴定管盒子里。

三、碱式滴定管的准备工作

碱式滴定管的准备工作包括检漏、更换玻璃珠及橡胶管、洗涤、装溶液和赶气泡等环节，步骤如下：

1. 检漏

检查碱式滴定管下端的橡胶管是否老化，玻璃珠大小是否合适配套。橡胶管若老化应更换。玻璃珠太小或不圆滑会漏液，太大时操作起来费力不便。

将滴定管装水至“0.00”刻度线以上，置于滴定管架上，直立静置 2min，用滤纸在滴定管尖检查，观察滴定管下端管口有无水渗出。

2. 更换玻璃珠及橡胶管

若漏水，应更换大小合适、圆润光滑的玻璃珠或橡胶管。

3. 滴定管的洗涤和润洗

因碱式滴定管下端连接的是橡胶管，而橡胶管浸泡在铬酸洗液中会加速老化，故应去掉橡胶管，取出玻璃珠和尖嘴管，放于铬酸洗液中浸泡；另将滴定管倒立于铬酸洗液中，用洗耳球吸取洗液充满全管数分钟，再将洗液放回原瓶。然后用水将玻璃珠、橡胶管、尖嘴管和滴定管冲洗干净，装配好，再用纯水洗涤 3 次。最后，用待装溶液润洗 3 次，操作与酸式滴定管的润洗方法相同。

4. 盛装溶液

用左手前三指拿住滴定管上部无刻度处，并让滴定管倾斜，右手拿住试剂瓶往滴定管中倾倒溶液，使溶液沿滴定管内壁慢慢流下，直到“0.00”刻度以上。

5. 排气泡

对光检查橡胶管内及下端尖嘴玻璃管内是否有气泡。如果有气泡，用右手拿住滴定管上部无刻度处，并使滴定管倾斜 30°，在其下面放一承接溶液的烧杯，用左手拇指和食指捏住玻璃珠所在部位稍上处，橡胶管向上弯曲，尖嘴管倾斜向上，用力往一旁挤捏橡胶管，使溶液从管口喷出（见图 13-9），赶出气泡，出口全部充满溶液。

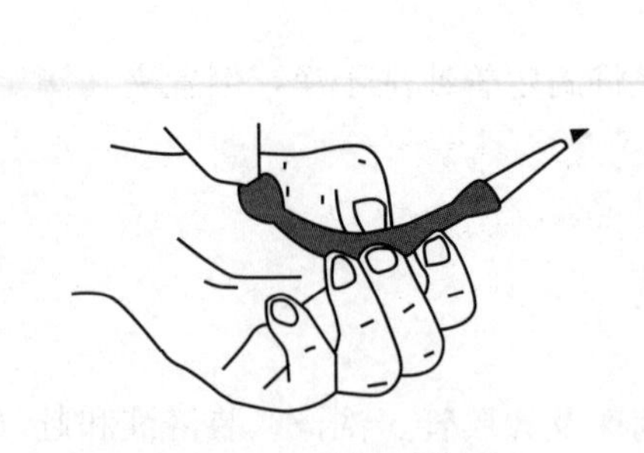

图 13-9　排气泡手势

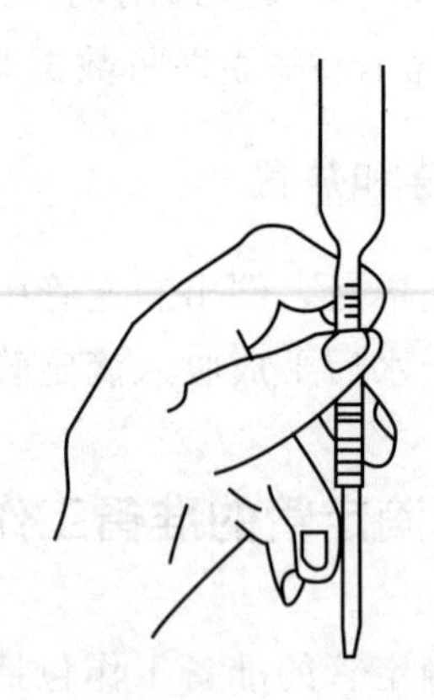

图 13-10　使用碱式滴定管，挤压玻璃珠手势

注意：

① 赶气泡操作若一次不成功，可重复进行多次。

② 当气泡排除后，左手应边挤捏橡胶管，边将橡胶管放直，待橡胶管放直后，才能松开左手的拇指和食指，否则气泡排不干净。

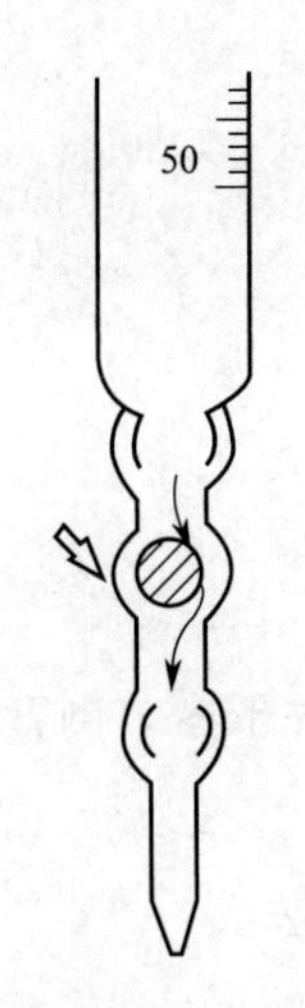

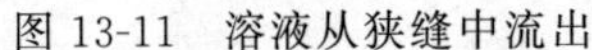

图 13-11　溶液从狭缝中流出

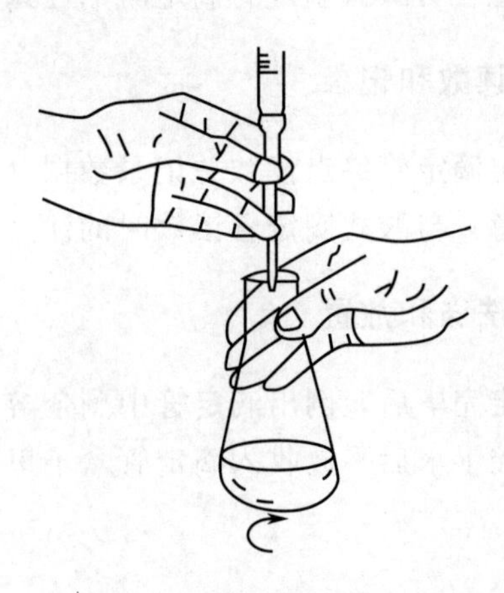

图 13-12　碱式滴定管滴定手势：左手滴定，右手摇瓶

四、碱式滴定管的使用

碱式滴定管的使用工作包括调零、滴定、读数和记录以及洗涤和放置等环节，步骤如下：

1. 调零

赶完气泡后，重新补装溶液于滴定管“0.00”刻度线以上，左手拇指在前，食指、中指在后（以左手手心为内），三指尖固定住橡胶管中玻璃珠，用拇指和食指捏住玻璃珠所在部位稍上处橡胶管，无名指和小指夹住尖嘴管处，使尖嘴管垂直而不摆动（见图 13-10），放掉多余的溶液，调节液面到 0.00mL 处。将滴定管垂直夹在滴定管架上，用一干净烧杯（内壁）碰去悬在滴定管尖端的液滴，锥形瓶放在滴定架瓷板上，调节滴定管高度，使滴定管尖端距锥形瓶瓶口 3～5cm 左右高度，备用。

注意：

① 使用碱式滴定管时用力方向要平，以避免玻璃珠上下移动；不要捏到玻璃珠下侧部分，否则有可能使空气进入管尖形成气泡。挤压橡胶管过程中不可过分用力，以避免溶液流出过快。

② 停止放液时，要先松开拇指和食指，然后松开无名指和小指。

2. 滴定

用左手拇指和食指捏住玻璃珠所在部位稍上处橡胶管（同调液面时挤压玻璃珠手势，见图 13-10），使其与玻璃珠之间形成一条缝隙（见图 13-11），从而放出溶液，右手摇动锥形瓶，迅速混匀两种溶液，使之及时完全反应，眼睛注意观察锥形瓶中溶液颜色的变化。左右两手操作及眼睛观察要同时进行，并密切配合（见图 13-12），以便准确地确定滴定终点。滴定速度控制与酸式滴定管滴定时一致。

注意：与酸式滴定管滴定时的注意事项相同。

3. 读数和记录

确定滴定管终点读数并记录数据（读至0.01mL）。

注意：与酸式滴定管读数时的注意事项相同。

4. 洗涤和放置

滴定完毕后，倒出滴定管中剩余溶液，用水将滴定管冲洗干净，倒置夹在滴定管架上或控干水后平放收入滴定管盒子里。

进度检查

一、填空题

1. 酸式滴定管活塞涂油时，应涂抹活塞的____端和活塞槽的__________。涂油量不宜太多，否则将发生____。

2. 滴定操作的要领是左手持__________，右手持__________，边滴定，边____ ______________，滴定速度先______后______。

3. 滴定过程中眼睛应看着________________________，而不能看__________；滴定时，左手不允许____。

4. 滴定管读数时，若是无色或浅色透明溶液，应读______________________，视线应与____________________________相切；对于深色不透明溶液，如 $KMnO_4$、I_2 溶液，视线应与____________________。

5. 初读与终读应选用______________。常量滴定管必须读到________，微量滴定管必须读到__________。

6. 滴定管注入溶液或放出溶液后，需等待________后才能读数，以使________ ____________________，使读数准确可靠。读数时滴定管应________放置。

二、简答题

1. 简述滴定管每次都应从“0.00”刻度为起点使用的原因。

2. 装溶液时，为什么必须把试剂瓶中的溶液直接倒入滴定管中？

3. 为什么滴定管在使用前要用待装溶液润洗3～4次？

三、操作题

1. 酸式滴定管的操作：①活塞旋转检验及检漏；②活塞涂油；③洗涤；④润洗；⑤装溶液；⑥排气泡；⑦调零；⑧滴定；⑨读数和记录。

2. 进行酸式滴定管的下列操作：①逐滴滴加；②一滴滴加；③半滴滴加。

3. 碱式滴定管的操作：①检漏；②更换玻璃珠及橡胶管；③洗涤；④润洗；⑤装溶液；⑥排气泡；⑦调零；⑧滴定；⑨读数和记录。

4. 进行碱式滴定管的下列操作：①逐滴滴加；②一滴滴加；③半滴滴加。

编号 FJC-46-03

学习单元 13-3　滴定管的校准与检定

学习目标： 完成本单元的学习之后，能够用绝对校准法校准滴定管并按标准进行等级检定。

职业领域： 化学、石油、环保、医药、冶金、食品等工程。

工作范围： 分析

所需仪器、试剂和设备

序号	名称及说明	数量	序号	名称及说明	数量
1	50mL 滴定管	1 支	4	50℃温度计(分度值 0.1℃)	1 支
2	电子天平(分度值为 0.0001g)	1 台	5	烘箱	1 台
3	50mL 具塞锥形瓶	1 个	6	铬酸洗液	100mL

一、滴定管校准的必要性

由于试剂的侵蚀及质量不合格的产品流入市场，使滴定管的实际容量与它所标示的数值不相符合，甚至其误差超过分析所允许的误差范围（见表 13-1）。对于一般的生产控制分析，不必进行校准，但对于测量结果准确度要求比较高的分析，如原材料分析、成品分析、标准溶液的标定、仲裁分析、科研分析等，则必须经校准后才能使用。

表 13-1　滴定管允差范围

标称总容量/mL		1	2	5	10	25	50	100
分度值/mL		0.01		0.02	0.05	0.1	0.1	0.2
容量允差/mL	A	±0.010			±0.025	±0.04	±0.05	±0.10
	B	±0.020			±0.050	±0.05	±0.1	±0.20
水的流出时间/s	A	20～35		30～45		45～70	60～90	70～100
	B	15～35		20～45		35～70	50～90	60～100
等待时间/s		30						
分度线宽度/mm		≤0.3						

二、校准方法

仪器的校准是指用标准器具或标准物对仪器的读数进行测定，以检查仪器的误差。滴定分析仪器的校准方法有绝对校准法、相对校准法和容量比较法。

1. 绝对校准法

绝对校准法也称衡量法或称量法，是通过称取量器某一时刻放出或容纳纯水的质量，然后根据该温度下水的密度将水的质量换算为容积的方法。国产的滴定分析仪器，其标称容量都是以室温（即 20℃）为标准温度进行标定的。

将称出的纯水质量换算为容积时，必须考虑 H_2O 在 20℃时的实际容积的密度、空气浮力、玻璃的膨胀系数三个方面的影响。

① 水的密度随温度的变化而改变，只有在 3.98℃，真空状态下水的密度才是 $1g/cm^3$，高于或低于这个温度，其密度都小于 $1g/cm^3$。

② 温度对玻璃仪器热胀冷缩的影响。

③ 称量一般都是在空气中进行，空气浮力对纯水质量产生影响，在空气中称得的质量小于真空中称量的质量。

在一定温度下，以上三方面因素的校准值为一定值，经综合考虑可得到总校正值，见表 13-2。表中的数字表示玻璃容器中容积为 1mL（20℃时）的纯水在不同温度下于空气中用黄铜砝码称得的质量。利用此校正值可将不同温度下的水的质量换算成 20℃时的体积。

$$V_{20}=m_t/r_t$$

式中 V_{20}——量器在校准温度 20℃时的实际容量，mL；

m_t——t℃时，在空气中称得量器放出或装入纯水的质量，g；

r_t——量器中容积为 1mL 的纯水在 t℃时用黄铜砝码称得的质量，g。

表 13-2 不同温度下玻璃容器 1mL 水在空气中用黄铜砝码称得的质量

温度/℃	质量/g	温度/℃	质量/g	温度/℃	质量/g	温度/℃	质量/g
1	0.99824	11	0.99832	21	0.99700	31	0.99464
2	0.99834	12	0.99823	22	0.99680	32	0.99434
3	0.99839	13	0.99814	23	0.99660	33	0.99406
4	0.99844	14	0.99804	24	0.99638	34	0.99375
5	0.99848	15	0.99793	25	0.99617	35	0.99345
6	0.99850	16	0.99780	26	0.99539	36	0.99312
7	0.99850	17	0.99765	27	0.99569	37	0.99280
8	0.99848	18	0.99751	28	0.99544	38	0.99246
9	0.99844	19	0.99734	29	0.99518	39	0.99212
10	0.99839	20	0.99718	30	0.99491	40	0.99177

也可以换算成综合换算系数值，见表 13-3。表中的数字表示在空气中称得质量为 1g 的纯水在不同温度下体积的综合换算系数。利用此校正值可将不同温度下的水的质量换算成 20℃时的体积。

$$V_{20}=f_t m_t$$

式中 V_{20}——量器在校准温度 20℃时的实际容量，mL；

m_t——t℃时，在空气中称得量器放出或装入纯水的质量，g；

f_t——t℃时，纯水体积的综合换算系数，mL/g。

表 13-3　在不同温度下纯水体积的综合换算系数

t/℃	f/(mL/g)	t/℃	f/(mL/g)	t/℃	f/(mL/g)	t/℃	f/(mL/g)
0	1.00176	11	1.00168	22	1.00321	33	1.00599
1	1.00168	12	1.00177	23	1.00341	34	1.00629
2	1.00161	13	1.00186	24	1.00363	35	1.00660
3	1.00156	14	1.00196	25	1.00385	36	1.00693
4	1.00152	15	1.00207	26	1.00409	37	1.00725
5	1.00150	16	1.00221	27	1.00433	38	1.00760
6	1.00149	17	1.00234	28	1.00458	39	1.00794
7	1.00150	18	1.00249	29	1.00484	40	1.00830
8	1.00152	19	1.00265	30	1.00512		
9	1.00156	20	1.00283	31	1.00535		
10	1.00161	21	1.00301	32	1.00569		

由于滴定分析量器是以标准温度 20℃标定的，而使用温度不一定是标准温度，故量器的容量及溶液的体积都将发生变化。当温度变化不大时，玻璃量器容量变化值很小，可以忽略不计，但溶液体积的变化不可忽略。为了便于校准在其他温度下所测量溶液的体积，不同温度下 1000mL 水或稀溶液从不同温度换算到 20℃时，其体积应增减的校正值（mL）见表 13-4。

表 13-4　不同温度下 1000mL 水或稀溶液从不同温度换算到 20℃ 时的校正值

温度/(℃)	水和0.05mol/L以下的各种水溶液	0.1mol/L 和0.2mol/L各种水溶液	盐酸溶液 $c(HCl)=$ 0.5mol/L	盐酸溶液 $c(HCl)=$ 1mol/L	硫酸溶液 $c(H_2SO_4)=$ 0.25mol/L 氢氧化钠溶液 $c(NaOH)=$ 0.5mol/L	硫酸溶液 $c(H_2SO_4)=$ 0.5mol/L 氢氧化钠溶液 $c(NaOH)=$ 1mol/L	碳酸钠溶液 $c(Na_2CO_3)=$ 0.5mol/L	氢氧化钾-乙醇溶液 $c(KOH)=$ 0.1mol/L
5	+1.38	+1.7	+1.9	+2.3	+2.4	+3.6	+3.3	
6	+1.38	+1.7	+1.9	+2.2	+2.3	+3.4	+3.2	
7	+1.36	+1.6	+1.8	+2.2	+2.2	+3.2	+3.0	
8	+1.33	+1.6	+1.8	+2.1	+2.2	+3.0	+2.8	
9	+1.29	+1.5	+1.7	+2.0	+2.1	+2.7	+2.6	
10	+1.23	+1.5	+1.6	+1.9	+2.0	+2.5	+2.4	+10.8
11	+1.17	+1.4	+1.5	+1.8	+1.8	+2.3	+2.2	+9.6
12	+1.10	+1.3	+1.4	+1.6	+1.7	+2.0	+2.0	+8.5
13	+0.99	+1.1	+1.2	+1.4	+1.5	+1.8	+1.8	+7.4
14	+0.88	+1.0	+1.1	+1.2	+1.3	+1.6	+1.5	+6.5
15	+0.77	+0.9	+0.9	+1.0	+1.1	+1.3	+1.3	+5.2
16	+0.64	+0.7	+0.8	+0.8	+0.9	+1.1	+1.1	+4.2
17	+0.50	+0.6	+0.6	+0.6	+0.7	+0.8	+0.8	+3.1
18	+0.34	+0.4	+0.4	+0.4	+0.5	+0.6	+0.6	+2.1
19	+0.18	+0.2	+0.2	+0.2	+0.2	+0.3	+0.3	+1.0
20	0.00	0.00	0.00	0.00	0.00	0.00	0.00	0.00
21	−0.18	−0.2	−0.2	−0.2	−0.2	−0.3	−0.3	−1.1
22	−0.38	−0.4	−0.4	−0.5	−0.5	−0.6	−0.6	−2.2
23	−0.58	−0.6	−0.7	−0.7	−0.8	−0.9	−0.9	−3.3
24	−0.80	−0.9	−0.9	−1.0	−1.0	−1.2	−1.2	−4.3
25	−1.03	−1.1	−1.1	−1.2	−1.3	−1.5	−1.5	−5.3
26	−1.26	−1.4	−1.4	−1.4	−1.5	−1.8	−1.8	−6.4
27	−1.51	−1.7	−1.7	−1.7	−1.8	−2.1	−2.1	−7.5
28	−1.76	−2.0	−2.0	−2.0	−2.1	−2.4	−2.4	−8.5
29	−2.01	−2.3	−2.3	−2.3	−2.4	−2.8	−2.8	−9.6
30	−2.30	−2.5	−2.5	−2.6	−2.8	−3.2	−3.1	−10.6
31	−2.58	−2.7	−2.7	−2.9	−3.1	−3.5		−11.6
32	−2.86	−3.0	−3.0	−3.2	−3.4	−3.9		−12.6
33	−3.04	−3.2	−3.3	−3.5	−3.7	−4.2		−13.7
34	−3.47	−3.7	−3.6	−3.8	−4.1	−4.6		−14.8
35	−3.78	−4.0	−4.0	−4.1	−4.4	−5.0		−16.0
36	−4.10	−4.3	−4.3	−4.4	−4.7	−5.3		−17.0

注：1. 本表数值是以 20℃为标准温度以实测法测出的；

2. 表中带有“+”、“−”号的数值是以 20℃为分界。室温于 20℃的补正值为“+”，高于 20℃的补正值为“−”。

2. 相对校准法

相对校准法是相对比较两个量器所盛液体的体积比例关系。在分析工作中，相对校准法通常用于容量瓶和移液管的配套校准，可以不必进行两种量器各自的绝对校准。如将一定质量的物质溶解在 250mL 容量瓶中定容，用 25mL 移液管移取进行定量分析，只需要确定 25mL 移液管跟 250mL 容量瓶的容积比例为 1∶10 即可。

其校准方法是用 25mL 移液管吸取纯水，注入洁净而干燥的 250mL 容量瓶中，如此进行 10 次，观察容量瓶中水的弯月面下缘是否与标线相切。若正好相切，说明移液管与容量瓶比例关系为 1∶10；若不相切，则表示有误差。需待容量瓶干燥后再重复操作，若仍不相切，可在容量瓶瓶颈上另做一标记，以新标记为准。

3. 容量比较法

容量比较法需要一套精密的标准量器，将待校准量器跟标准量器容量比较。校准速度较快，但准确度不如衡量法，一般分析室使用较少，多用于计量检定部门。

三、滴定管的校准操作

① 将 50mL 具塞锥形瓶用铬酸洗液洗净，干燥后，在分析天平上称其质量 m_1 并记录。

② 将 50mL 滴定管洗净至内壁不挂水珠，装满纯水，驱赶活塞下气泡，调节液面至“0.00”刻度处。

③ 按滴定时常用的速度（约每秒 3 滴）从滴定管中放出 5mL 纯水于上述具塞锥形瓶中，注意勿将水沾在瓶口上，称其质量 m_2 并记录，则放出纯水质量为 Δm_1（即 m_2-m_1）；同时记录滴定管放出纯水的准确体积 V_1。

④ 继续按相同速度从滴定管中再放出 5mL 纯水于同一具塞容量瓶中，称其质量 m_3 并记录，则二次放出纯水后的具塞锥形瓶中纯水总质量为 Δm_2（即 m_3-m_1）；同时记录滴定管的准确体积 V_2。

⑤ 如此逐段放出纯水，每次均为 5mL，同时记录称得的质量和滴定管放出纯水的准确体积，直到 50mL 刻度处为止。注意最后一次放出纯水时不可超过 50mL 刻度线。

⑥ 将测定数据代入公式计算滴定管各段真实容积。

⑦ 查表 13-1 判断滴定管的等级。

进度检查

一、填空题

1. 绝对校准法校准滴定分析量器，要把某一温度下测得水的质量换算成 20℃时的体积，用公式＿＿＿＿＿＿进行计算。

2. 相对校准法是相对比较两个量器所盛液体的＿＿＿＿＿＿关系。

二、简答题

1. 滴定分析量器为什么要进行校准？

2. 校准滴定分析量器的方法有哪些，分别用于什么情况？

三、计算题

1. 校准滴定管时，在15℃称得滴定管从0.00刻度线放液至10.00mL时放出纯水的质量为9.93g，计算出它在20℃时的实际体积。

2. 在25℃时，由滴定管放出30.09mL水，称其质量为30.10g，计算该段滴定管在20℃时的实际容量。

3. 在10℃时，滴定用去26.00mL 0.1mol/L的标准滴定溶液，在20℃时溶液的体积应为多少？

评分标准

滴定管的操作技能考试内容及评分标准

一、考试内容：酸式滴定管或碱式滴定管的准备及操作（任选其一）

二、评分标准

（一）酸式滴定管的准备及操作

（1）滴定管的检查。（5分）

主要检查滴定管的活塞与活塞槽是否配套。

（2）活塞涂油。（10分）

取下活塞，擦净活塞及活塞槽，除去残存的油脂，涂上凡士林，将活塞装进活塞槽，转动几圈，使油脂均匀透明。

（3）检漏。（5分）

（4）洗涤。（10分）

视滴定管沾污情况选择碱液或铬酸洗液进行洗涤，再分别用自来水和纯水洗涤3～4次。

（5）润洗。（5分）

用滴定液润洗3～4次。

（6）装入滴定液。（5分）

（7）排气泡。（5分）

（8）调液面。（8分）

装入滴定液至最高标线以上，调节液面为“0.00”刻度线。

（9）进行滴定操作。（8分）

(10) 读数和记录。(10 分)

读取弯月面最低点刻度，记录数据，要读至 0.01mL。

(11) 进行逐滴滴加。(8 分)

(12) 进行一滴滴加。(8 分)

(13) 进行半滴滴加。(8 分)

(14) 洗涤并整理所用仪器，做好善后工作。(5 分)

(二) 碱式滴定管的准备及操作

(1) 滴定管的检查。(5 分)

检查滴定管的容积、刻度以及橡胶管是否老化。

(2) 检漏。(7 分)

看是否漏液、滴定操作是否灵活。

(3) 洗涤 (同酸式滴定管)。(10 分)

若用铬酸洗液时，应将橡胶管取下。

(4) 润洗。(7 分)

这步及以下各步与酸式滴定管的操作相同。(用滴定液润洗 3～4 次)

(5) 装入滴定液。(7 分)

(6) 排气泡。(7 分)

按碱式滴定管的要求做。

(7) 调液面。(8 分)

(8) 进行滴定操作。(10 分)

(9) 读数和记录。(10 分)

(10) 进行逐滴滴加。(8 分)

(11) 进行一滴滴加。(8 分)

(12) 进行半滴滴加。(8 分)

(13) 洗涤并整理所用仪器，做好善后工作。(5 分)

滴定管的校准技能考试内容及评分标准

一、考试内容：酸式滴定管的校准或碱式滴定管的校准 (任选其一)

二、评分标准

(一) 酸式滴定管的校准

(1) 将 50mL 具塞锥形瓶用铬酸洗液洗净，干燥后，在分析天平上称其质量 m_1 并记录。(10 分)

(2) 滴定管的准备。(15 分)

包括滴定管的检查、活塞涂油、检漏、洗涤。

(3) 装液。(10 分)

将 50mL 滴定管洗净至内壁不挂水珠，装满纯水，驱赶活塞下气泡，调节液面至“0.00”刻度处。

(4) 校准操作。(50分)

按滴定时常用的速度（约每秒3滴）从滴定管中放出5mL纯水于上述具塞锥形瓶中，注意勿将水沾在瓶口上，称其质量 m_2 并记录，则放出纯水质量为 Δm_1（即 m_2-m_1）；同时记录滴定管放出纯水的准确体积 V_1。

如此逐段放出纯水，每次均为5mL，同时记录称得的质量和滴定管放出纯水的准确体积，直到50mL刻度处为止。注意最后一次放出纯水时不可超过50mL刻度线。

(5) 计算。(10分)

将测定数据代入公式13-1计算滴定管各段真实容积。

(6) 判断等级。(5分)

查表13-1判断滴定管的等级。

(二) 碱式滴定管的校准

(1) 将50mL具塞锥形瓶用铬酸洗液洗净，干燥后，在分析天平上称其质量 m_1 并记录。(10分)

(2) 滴定管的准备。(15分)

包括滴定管的检查、活塞涂油、检漏、洗涤。

(3) 装液。(10分)

将50mL滴定管洗净至内壁不挂水珠，装满纯水，驱赶玻璃珠下气泡，调节液面至“0.00”刻度处。

(4) 校准操作。(50分)

按滴定时常用的速度（约每秒3滴）从滴定管中放出5mL纯水于上述具塞锥形瓶中，注意勿将水沾在瓶口上，称其质量 m_2 并记录，则放出纯水质量为 Δm_1（即 m_2-m_1）；同时记录滴定管放出纯水的准确体积 V_1。

如此逐段放出纯水，每次均为5mL，同时记录称得的质量和滴定管放出纯水的准确体积，直到50mL刻度处为止。注意最后一次放出纯水时不可超过50mL刻度线。

(5) 计算。(10分)

将测定数据代入公式计算滴定管各段真实容积。

(6) 判断等级。(5分)

查表13-1判断滴定管的等级。

模块 14　移液管的使用及校准

编号 FJC-47-01

学习单元 14-1　移液管的选择

学习目标：完成本单元的学习之后，能够确认和正确选择移液管。

职业领域：化学、石油、环保、医药、冶金、食品等工程。

工作范围：分析

所需仪器、试剂和设备

序号	名称及说明	数量
1	10mL、20mL、25mL、50mL 单标线移液管	各 1 支
2	1mL、2mL、5mL、10mL 分度吸量管	各 1 支

移液管是用来准确移取一定体积的具有精确容积刻度的玻璃管状器具，也是滴定分析中最基本的量器之一，属于量出式量器，其外壁应标有“Ex”符号，只用来测量它所放出溶液的体积。

一、移液管的种类及结构

① 移液管按形状不同可分为单标线移液管和分度吸量管。

单标线移液管是一根两端细长而中间膨大的玻璃管，见图 14-1。单标线移液管下端为尖嘴状，缩至很小，以防溶液过快流出而造成损失；其上端管颈处标有一环形刻度线。膨大处标有它的容积及标定时温度，表示在一定温度（一般为 20℃）下移出

图 14-1　单标线移液管　　　　图 14-2　分度吸量管

液体的体积。单标线移液管用于移取较大体积的溶液，常用容积有 10mL、25mL、50mL、100mL。

分度移液管是具有分刻度的玻璃管，见图 14-2。常用的容积为 1mL、2mL、5mL、10mL。它可以准确量取刻度范围内的溶液，但其准确度不如单标线移液管。

② 移液管按其级别分为 A 级、B 级两种，其中吹出式移液管只有 B 级。

移液管的种类及规格见表 14-1。

表 14-1　移液管的种类及规格

<table>
<tr><th colspan="3">移液管的种类</th><th>用法</th><th>准确度</th><th>标称容量/mL(或 cm^3)</th></tr>
<tr><td colspan="3" rowspan="2">单标线移液管</td><td rowspan="9">量出</td><td>A 级</td><td rowspan="2">1、2、3、5、10、15、20、25、50、100</td></tr>
<tr><td>B 级</td></tr>
<tr><td rowspan="7">分度移液管</td><td rowspan="4">完全流出式</td><td rowspan="2">有等待时间 15s</td><td>A 级</td><td rowspan="4">1、2、5、10、25、50</td></tr>
<tr><td>B 级</td></tr>
<tr><td rowspan="2">无等待时间</td><td>A 级</td></tr>
<tr><td>B 级</td></tr>
<tr><td colspan="2" rowspan="2">不完全流出式</td><td>A 级</td><td>0.1、0.2、0.25、0.5</td></tr>
<tr><td>B 级</td><td>1、2、5、10、25、50</td></tr>
<tr><td colspan="2">吹出式</td><td>B 级</td><td>0.1、0.2、0.25、0.5、1、2、5、10</td></tr>
</table>

二、移液管的选择

在分析工作中，当准确移取较大体积溶液时，如移取 20.00mL、25.00mL、50.00mL 的溶液，应选用单标线移液管；当准确移取较小体积的或非整数体积的溶液时，如移取 0.1mL、0.2mL、4mL、6mL 的溶液时，应选用分度移液管。

进度检查

一、填空题

1. 移液管是用来__________一定体积溶液的玻璃__________。
2. 移液管分为______________和__________________两类。
3. 分度移液管分为____________式、____________式、____________式三种。
4. 移取 25.00mL 的试液应选用____________ mL 的________________。
5. 移取 4.00mL 的试液应选用________ mL 的____________。

二、操作题

确认各种种类及规格的移液管。

编号 FJC-47-02

学习单元 14-2　移液管的使用

学习目标： 完成本单元的学习之后，能够使用移液管准确地移取一定体积的溶液。

职业领域： 化学、石油、环保、医药、冶金、食品等工程。

工作范围： 分析

所需仪器、试剂和设备

序号	名称及说明	数量	序号	名称及说明	数量
1	5mL、10mL 分度移液管	各 1 支	5	250mL 烧杯	1 个
2	20mL、25mL、50mL 单标线移液管	各 1 支	6	洗耳球	1 个
3	容量瓶、锥形瓶	各 1 个	7	铬酸洗液	适量
4	100mL 烧杯	2 个			

一、移液管的准备工作

① 使用移液管前，首先要检查移液管标记、准确度等级、刻度标线位置、是否有破损等。

② 若移液管沾附较多污渍，用水冲洗不净时，应先用铬酸洗液润洗，以除去管内壁的油污。在移液管插入铬酸洗液之前，应将管尖贴在滤纸上，用洗耳球吹去残留在管内的水。

③ 用右手的大拇指和中指拿住单标线移液管颈标线以上（分度移液管拿住上端无刻度处）部位，移液管下端插入铬酸洗液中，插入不要太浅或太深，一般为 1～2cm 处，太浅会因液面下降而产生吸空，把溶液吸到洗耳球内弄脏溶液；太深又会在管外沾附溶液过多。左手拿洗耳球，拇指和食指及中指放在球体上方，用手指将球内空气压出，接着把洗耳球的尖嘴接到移液管的上口［见图 14-3(a)］，然后慢慢松开压扁的洗耳球，铬酸洗液便逐渐吸入管内［见图 14-3(b)］，此时移液管尖端应随液面的下降而下降。

④ 吸取铬酸洗液的量应超过上部环形刻度线或最高刻度线，立即用右手的食指按住管口，保持几分钟，再将洗液从移液管的下端口处放回原瓶。重复操作 3 次。

⑤ 准备一个洁净的烧杯，倒入 1/2 体积左右的自来水。当水吸入大约 1/3 体积移液管时，移去洗耳球，迅速用右手食指按紧上管口，将移液管从烧杯中取出，横持，左手扶住管的下端（注意不要接触到液体），松开右手食指，用两手拇指和食指轻轻转动移液管并降低上管口，让水接触到标线以上部分并布满全管内壁。将水从移

液管的下端口放入废液杯。重复洗涤 3～4 次。

⑥ 用纯水冲洗 3 次，使水从移液管上口流入，待水全部充满移液管下部及部分进入移液管的球部时，用食指按住移液管的上口，将管横过来，用两手的拇指及食指分别拿住移液管的两端，转动移液管，并使水布满全管的内壁，当溶液流至距上口 2～3cm 时，将管直立，使水由尖嘴放入废液杯。

⑦ 洗净的移液管要求内壁和下部外壁能够被水均匀润湿而不挂水珠。将洗净的移液管置于洁净的移液管架上备用。

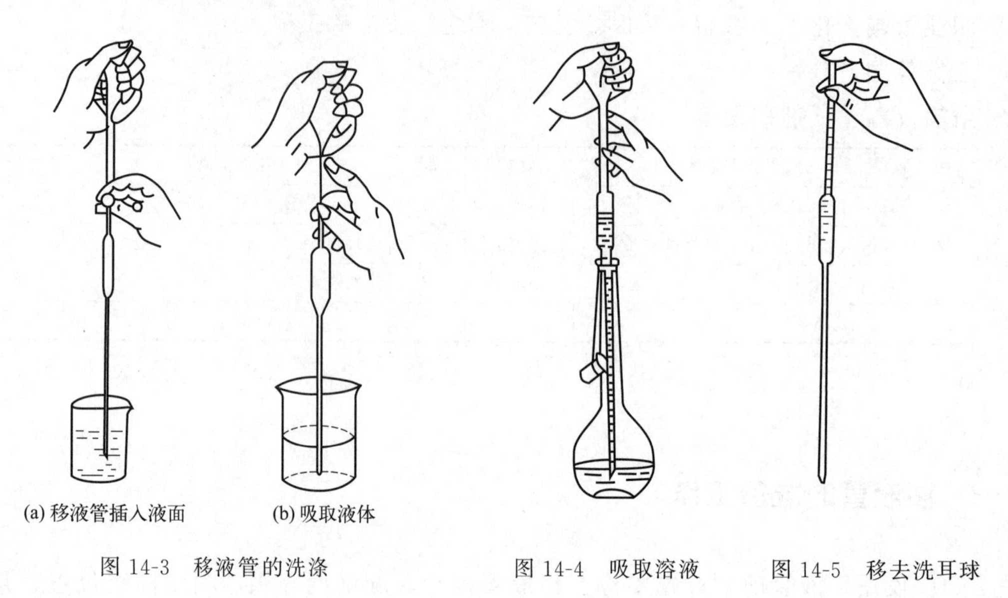

(a) 移液管插入液面　(b) 吸取液体

图 14-3　移液管的洗涤　　图 14-4　吸取溶液　　图 14-5　移去洗耳球

二、移液管的移液操作

以从容量瓶中移取溶液至锥形瓶为例。

① 用滤纸将洗净的移液管尖端内外的水吸净。

② 准备一个洁净的小烧杯，加入 1/4 体积左右的待移取液。吸取移液管 1/3 体积的待移取液润洗移液管，按移液管洗涤步骤进行，利用从移液管的下端口放出的待移取液和烧杯中剩余的待移取液同时润洗小烧杯内壁，润洗后的残液倒入废液杯。重复洗涤 3～4 次，以置换内壁的水分，确保移取液的浓度不变（见图 14-3）。

③ 在已润洗完成的小烧杯中倒入 2/3 体积左右的待移取液，从小烧杯中或直接从容量瓶中，吸取待移取液至标线（或最高刻度线）以上，移去洗耳球，立即用右手的食指按紧管口，大拇指和中指捏住移液管标线（或最高刻度线）的上方（见图 14-4）。

④ 将移液管向上提升离开液面，用滤纸擦拭移液管下端浸入溶液部分的外壁，以除去管外壁上的溶液（图 14-5）。将移液管向上提升离开液面，管下部尖端紧靠在另一洁净小烧杯的内壁，管身保持直立，右手食指微放松，用拇指和中指轻轻转动移液管，让溶液缓慢流出，液面平稳下降，直至溶液的弯月面下缘与标线相切为止，立

即用食指压紧管口（图 14-6）。

⑤ 将移液管尖端的液滴靠壁去掉，移出移液管，插入承接溶液的器皿（如锥形瓶）中。

⑥ 左手持锥形瓶将其倾斜约 30°，移液管尖端紧靠锥形瓶内壁并让其垂直，微微放松食指让溶液沿瓶壁流下，注意不能直接将食指完全松开，见图 14-7。

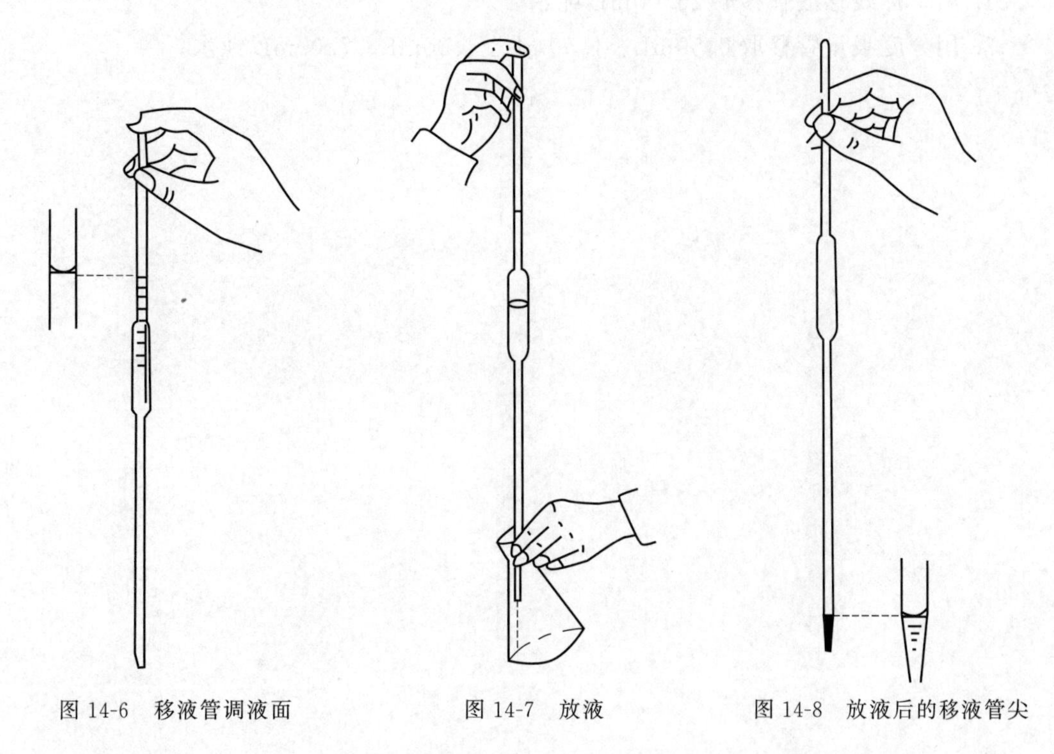

图 14-6　移液管调液面　　图 14-7　放液　　图 14-8　放液后的移液管尖

⑦ 待液面下降到尖端时（此时溶液不流），保持原姿势，让移液管尖端在锥形瓶内壁停靠 15s，取出移液管。不要吹出尖端残留的液滴，因为在校正仪器时已考虑了管尖所留溶液体积，见图 14-8。

注意：

a. 移液管不能在烘箱中烘干，以免改变其容积。

b. 同一分析工作，应使用同一支移液管。

c. 使用分度移液管吸取溶液时，每次都应从最上面的刻度为始点，放出所需的体积，而不是需要放出多少体积就吸取多少体积。

d. 用分度移液管放出溶液时，食指不能抬起，应一直轻轻按住管口，以免溶液流出过快，以至于液面降到所需的刻度时，来不及按住管口。

进度检查

一、问答题

1. 用移液管吸取溶液时，为什么不能将移液管插入液面太深也不能太浅？

2. 移液管为什么不能在烘箱中烘干？

3. 用分度吸量管量取少量的溶液，每次都应从最上面的刻度为起点，放出所需体积，而不是需要放出多少体积就吸取多少体积。为什么？

二、操作题

1. 用单标线移液管移取 25.00mL 纯水。

2. 用分度吸量管移取 0.50mL、1.50mL、4.00mL、7.00mL 纯水。

编号 FJC-47-03

学习单元 14-3 移液管的校准与检定

学习目标： 完成本单元的学习之后，能够校准移液管并按标准进行等级检定。

职业领域： 化学、石油、环保、医药、冶金、食品等工程。

工作范围： 分析

所需仪器、试剂和设备

序号	名称及说明	数量	序号	名称及说明	数量
1	50mL 具塞锥形瓶	1 个	5	温度计(分度值为 0.1℃,量程为 50℃)	1 支
2	25mL 单标线移液管	1 支	6	洗耳球	1 个
3	10mL 分度移液管	1 支	7	铬酸洗液	100mL
4	电子天平(分度值为 0.0001g)	1 台			

一、移液管校准的必要性

由于质量不合格的产品流入市场或长期使用后受到试剂的侵蚀，使移液管的实际容量与它所标示的数值不相符合，甚至其误差超过分析所允许的误差范围（单标线移液管真实容积允差范围见表 14-2，分度吸量管真实容积允差范围见表 14-3）。对于一般的生产控制分析，不必进行校准；但对于测量结果准确度要求比较高的分析，如原材料分析、成品分析、标准溶液的标定、仲裁分析、科研分析等，则必须经校准后才能使用。

表 14-2 单标线移液管真实容积的允差范围

<table>
<tr><td colspan="2">标称总容量/mL</td><td>1</td><td>2</td><td>3</td><td>5</td><td>10</td><td>15</td><td>20</td><td>25</td><td>50</td><td>100</td></tr>
<tr><td rowspan="2">容量允差
/mL</td><td>A</td><td>±0.007</td><td>±0.010</td><td colspan="2">±0.015</td><td>±0.020</td><td>±0.025</td><td colspan="2">±0.030</td><td>±0.05</td><td>±0.08</td></tr>
<tr><td>B</td><td>±0.015</td><td>±0.020</td><td colspan="2">±0.030</td><td>±0.040</td><td>±0.050</td><td colspan="2">±0.060</td><td>±0.10</td><td>±0.16</td></tr>
<tr><td rowspan="2">水的流出
时间/s</td><td>A</td><td colspan="2">7～12</td><td colspan="2">15～25</td><td colspan="2">20～30</td><td colspan="2">25～35</td><td>30～40</td><td>35～45</td></tr>
<tr><td>B</td><td colspan="2">5～12</td><td colspan="2">10～25</td><td colspan="2">15～30</td><td colspan="2">20～35</td><td>25～40</td><td>30～45</td></tr>
<tr><td colspan="2">分度线宽度/mm</td><td colspan="10">≤0.4</td></tr>
</table>

表 14-3 分度吸量管真实容积的允差范围

<table>
<tr><th rowspan="4">标称
总容量
/mL</th><th rowspan="4">分度值
/mL</th><th colspan="3" rowspan="2">容量允差/mL</th><th colspan="6">水的流出时间/s</th><th rowspan="4">分度线
宽度
/mm</th></tr>
<tr><th colspan="3">完全流出式</th><th colspan="2">不完全流出式</th><th rowspan="3">吹出式</th></tr>
<tr><th rowspan="2">A</th><th rowspan="2">B</th><th rowspan="2">吹出式</th><th rowspan="2">有等待时间 15s
A</th><th colspan="2">无等待时间</th><th colspan="2">无等待时间</th></tr>
<tr><th>A</th><th>B</th><th>A</th><th>B</th></tr>
<tr><td>0.1</td><td>0.001
0.005</td><td></td><td>±0.003</td><td>±0.004</td><td rowspan="4"></td><td colspan="2" rowspan="4"></td><td rowspan="4"></td><td rowspan="4">2～7</td><td rowspan="4">2～5</td><td rowspan="10">刻线
A 级
≤0.3

B 级
（印线）
≤0.4</td></tr>
<tr><td>0.2</td><td>0.002
0.01</td><td></td><td>±0.005</td><td>±0.006</td></tr>
<tr><td>0.25</td><td>0.002
0.01</td><td></td><td>±0.005</td><td>±0.008</td></tr>
<tr><td>0.5</td><td>0.005
0.01
0.02</td><td></td><td>±0.010</td><td>±0.010</td></tr>
<tr><td>1</td><td>0.01</td><td>±0.008</td><td>±0.015</td><td>±0.015</td><td rowspan="2">4～8</td><td colspan="4">4～10</td><td rowspan="2">3～6</td></tr>
<tr><td>2</td><td>0.02</td><td>±0.012</td><td>±0.025</td><td>±0.025</td><td colspan="4">4～12</td></tr>
<tr><td>5</td><td>0.05</td><td>±0.025</td><td>±0.050</td><td>±0.050</td><td rowspan="2">5～11</td><td colspan="4">6～14</td><td rowspan="2">5～10</td></tr>
<tr><td>10</td><td>0.1</td><td>±0.05</td><td>±0.10</td><td>±0.10</td><td colspan="4">7～17</td></tr>
<tr><td>25</td><td>0.2</td><td>±0.10</td><td>±0.20</td><td>—</td><td>9～15</td><td colspan="4">11～21</td><td rowspan="2">—</td></tr>
<tr><td>50</td><td>0.2</td><td>±0.10</td><td>±0.20</td><td>—</td><td>17～25</td><td colspan="4">15～25</td></tr>
</table>

二、单标线移液管的校准

① 先将洗净并干燥的具塞锥形瓶放在天平上，称量其质量 m_1，并记录。

② 用洗净的 25mL 单标线移液管吸取纯水，用滤纸擦拭移液管下端浸入溶液部分的外壁，用一洁净的小烧杯调节液面至标线处。

③ 将单标线移液管垂直地移至上述具塞锥形瓶中，管尖靠内壁磨口下，锥形瓶倾斜 45°，放开手指，使水沿瓶壁流下，当流至瓶口不流时，停靠 15s，并使移液管尖端在具塞锥形瓶瓶口处轻轻转动。

④ 将锥形瓶盖上瓶塞后，放于天平上称量瓶加水的总质量 m_2 并记录，则放出纯水质量为（m_1-m_2）。

⑤ 用温度计测量纯水的温度。

⑥ 将测定数据带入公式(13-1)，计算出移液管的真实容积。

⑦ 反复进行上述操作及计算 3～4 次，取其平均值。

⑧ 查表 14-2 判断单标线移液管的等级。

三、分度吸量管的校准

① 先将洗净并干燥的具塞锥形瓶放在天平上，称量其质量 m_1，并记录。

② 用洗净的 10mL 分度吸量管吸取纯水至标线以上，用滤纸擦拭移液管下端浸入溶液部分的外壁，用一洁净的小烧杯调节液面至标线处。

③ 将分度吸量管垂直地移至上述具塞锥形瓶中，管尖靠内壁磨口下，锥形瓶倾斜 45°，右手食指微放松，用拇指和中指轻轻转动移液管，使水沿瓶壁流下，液面平稳下降，准确放出 1.00mL 纯水，注意勿将水沾在瓶口上，称其质量 m_2 并记录，则放出纯水质量为 Δm_1（即 m_2-m_1）；同时记录滴定管的准确体积 V_1。

④ 用分度移液管重新吸取纯水至标线以上并调节液面至标线处，继续按上述方法从移液管中再放出 2.00mL 纯水于同一具塞锥形瓶中，称其质量 m_3 并记录，则第二次放出纯水的质量为 Δm_2（即 m_3-m_2）；同时记录滴定管的准确体积 V_2。

⑤ 如此逐段放出纯水，每次均增加放液 1.00mL，同时记录称得的质量和移液管的准确放液体积，直到一次性放至 10.00mL 刻度处为止。注意最后一次放出纯水时需要等待 15s，并使移液管尖端在具塞锥形瓶瓶口处轻轻转动。

⑥ 将测定数据代入学习单元 13-3 的公式，计算出分度吸量管各段真实容积。

⑦ 查表 14-3 判断滴定管的等级。

进度检查

一、简答题

1. 校准移液管选用分度值为 0.0001g 的电子天平进行称量，可以选择分度值较低的托盘天平吗？为什么？

2. 校准移液管测定水温时，为什么要选用分度值为 0.1℃、量程为 50℃ 的温度计？

二、操作题

用绝对校准法校准单标线移液管和分度吸量管。

评分标准

移液管的操作技能考试内容

一、考试内容

（1）用单标线移液管移取 25.00mL 硫酸溶液；

（2）用分度移液管移取 0.20mL 硫酸溶液。

二、评分标准

（1）检查及选择移液管。（12 分）

（2）洗涤。（16 分）

视移液管沾污情况，选用碱液、铬酸洗液进行洗涤。

（3）置换。（10 分）

（4）吸取待移取液（H_2SO_4）至刻度线以上。（18 分）

（5）调液面。（18 分）

调节液面至所需刻度。

（6）放出溶液。（18 分）

放出溶液至所需刻度。

（7）整理工作。（8 分）

模块 15　容量瓶的使用及校准

编号 FJC-48-01

学习单元 15-1　容量瓶的选择

学习目标：完成本单元的学习之后，能够确认和正确选择容量瓶。

职业领域：化学、石油、环保、医药、冶金、食品等工程。

工作范围：分析

所需仪器、试剂和设备

序号	名称及说明	数量
1	无色 50mL、100mL、250mL 容量瓶	各 1 个
2	棕色 50mL 容量瓶	1 个

一、容量瓶及其使用

容量瓶为量入式容器，即以注入量器中液体的体积为其标称容量，应标有“In”符号。

容量瓶是用来配制标准溶液，颈部细长且有精确体积刻度线的具塞玻璃容器，见图 15-1。颈部有一环形标线刻度，表示在规定的温度下（一般为 20℃），液体充满至标线时，其体积刚好等于瓶壁上的标称容量。

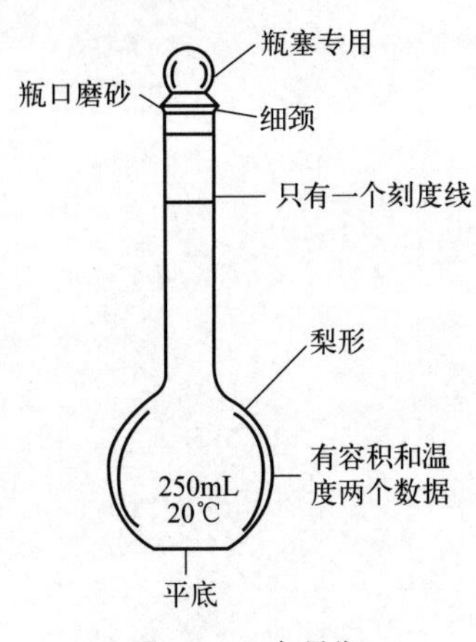

图 15-1　容量瓶

如，容量瓶大肚上标有“In20℃ 250mL”字样，“In”表示量入式，说明这个容量瓶在 20℃下，液体充满至标线时，其液体体积恰好为 250mL。

容量瓶的作用是把某一浓度的浓溶液稀释成一定体积的稀溶液或将一定量的固体物质配制成一定体积的溶液。

二、容量瓶的规格及选择

容量瓶从精度上分有 A 级和 B 级，从颜色上分有无色和棕色，从标称容量上分有 1mL、2mL、5mL、10mL、25mL、50mL、100mL、200mL、250mL、500mL、1000mL、2000mL 等规格。

选择容量瓶时要根据工作精度的要求，溶液性质及所需体积来考虑。

进度检查

一、填空题

1. 容量瓶为__________式量器，应标有__________符号。

2. 容量瓶从精度上分有______级和______级，从颜色上分有______和______，从标称容量上分有______、______、______、______、______、______、______、______、______、______、______、______等规格。

二、简答题

1. 容量瓶的作用是什么？

2. 如何选择容量瓶？

编号 FJC-48-02

学习单元 15-2　容量瓶的使用

学习目标：完成本单元的学习之后，能够规范使用容量瓶配制一定体积的溶液。

职业领域：化学、石油、环保、医药、冶金、食品等工程。

工作范围：分析

所需仪器、试剂和设备

序号	名称及说明	数量	序号	名称及说明	数量
1	250mL 容量瓶	1个	4	胶头滴管	1个
2	洗瓶	1个	5	250mL 烧杯	1个
3	玻璃棒	1根	6	滤纸	若干

一、容量瓶的准备

① 检查容量瓶的容积，与所需要的体积是否一致。

② 检查容量瓶的标线位置离瓶口远近如何，若太近则不宜使用。

③ 检查容量瓶的瓶塞是否用橡胶圈或塑料绳系在瓶颈上，若没有应系上。

④ 向容量瓶中注入自来水，至最高标线，盖紧瓶塞。用左手食指按紧瓶塞，右手指尖握住平底边缘，颠倒 10 次，每次颠倒时在倒置状态下至少停留 10s，见图 15-2。用滤纸在瓶塞与瓶口周围查看是否漏水。应不漏水，若不漏水将容量瓶直立，转动容量瓶塞子 180°，盖紧容量瓶塞再颠倒 10 次，每次颠倒时在倒置状态下至少停留 10s，用滤纸在瓶塞与瓶口周围查看是否漏水。应不漏水，若漏水则不能使用。

⑤ 若容量瓶不太脏时，用自来水冲洗干净，再用纯水洗涤 3 次，则可备用。若容量瓶较脏，应将瓶中残留水倒净，再倒入容量瓶 1/10 体积左右的铬酸洗液，盖上瓶塞，缓缓摇动并颠倒数次，让铬酸洗液布满容量瓶内壁，浸泡一段时间。将铬酸洗液倒回原瓶，倒出时，边转动容量瓶边倒出洗液，让洗液布满瓶颈内壁，同时用洗液冲洗瓶塞。用自来水将容量瓶及瓶塞冲洗干净，冲洗液倒入废液缸。用纯水洗涤容量瓶及瓶塞 3 次，控干水，盖好瓶塞，备用。

二、容量瓶的使用及操作

用容量瓶把一定浓度的浓溶液稀释成一定体积的稀溶液或将一定量的固体物质配制成一定体积的溶液，其操作如下。

① 将准确称量的固体物质（或准确量取的浓溶液）置于小烧杯中。

② 用水或其他溶剂将上述溶质溶解，放置至温度降为室温。

注意：

a. 若固体物质溶解（如碳酸钙溶于盐酸）时有气体产生，应先加少量的纯水使之湿润，然后盖好表面皿，沿烧杯嘴滴加盐酸并不断晃动烧杯，使碳酸钙与盐酸充分反应。待反应完毕，用洗瓶吹洗表面皿，并使冲洗液顺烧杯壁流入杯中。

b. 若液体物质溶解（如浓硫酸的溶解）有大量热放出时，应先在烧杯中加入适量的水，然后将准确量取的浓硫酸沿烧杯内壁慢慢倒入烧杯。并用玻璃棒不断搅拌，溶解后放置，冷却至室温。

③ 转移试液。一手拿玻璃棒伸入容量瓶内，使其下端靠着容量瓶瓶颈内壁，上端不能碰瓶口；另一手拿烧杯，让烧杯嘴紧贴玻璃棒，慢慢倾斜烧杯，使溶液沿玻璃棒和容量瓶内壁流入，见图 15-3。

④ 溶液流完后，将烧杯沿玻璃棒轻轻提起，同时将烧杯直立，使附在玻璃棒和烧杯嘴之间的液滴流回烧杯，并将玻璃棒放回烧杯。

注意：不要使溶液流到烧杯或容量瓶的外壁而引起误差。

⑤ 用纯水将玻璃棒和烧杯内壁冲洗 5 次，每次冲洗液均需转移到容量瓶中。

⑥ 加纯水至容量瓶的 3/4 体积，用左手食指和中指夹住容量瓶瓶塞的扁头，右手指尖托住容量瓶将容量瓶拿起，水平方向旋摇几周，做初步混匀，见图 15-4。

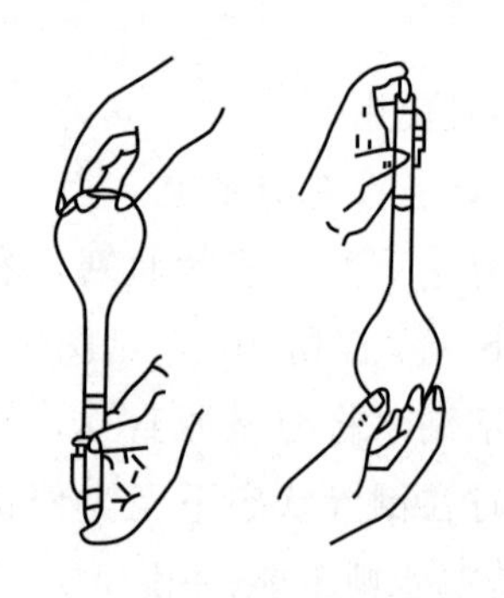

图 15-2　容量瓶试漏

图 15-3　溶液转入容量瓶操作

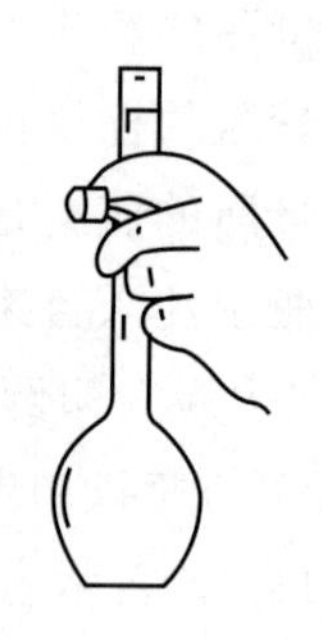

图 15-4　持瓶和平摇操作

⑦ 继续加纯水至容量瓶标线以下 1cm 处，放置 1～2min。用滴管逐滴滴加纯水，直至与容量瓶标线相切[见图 15-5(a)]。

⑧ 盖紧瓶塞，用左手食指按住瓶塞，其余四指拿住瓶颈标线以上部分，右手指尖托住瓶底边缘，将容量瓶倒转[见图 15-5(b)]，使气泡上升至顶部，同时将容量瓶振荡数次，然后将容量瓶直立，让溶液完全流下至标线处。重复上述操作 10～15 次，将容量瓶直立，转动容量瓶塞子 180°，再重复上述操作 10～15 次。可视作溶液已混合均匀。

⑨ 将容量瓶直立，打开瓶塞，将溶液转入试剂瓶。

注意：

a. 容量瓶不能用任何方式加热，以免改变其容积而影响测量的准确度。

b. 向容量瓶中转移溶液，应让溶液温度跟室温一致时才能进行。

c. 配制的溶液应及时转移到试剂瓶中，容量瓶内不能长久贮存溶液，不能将容

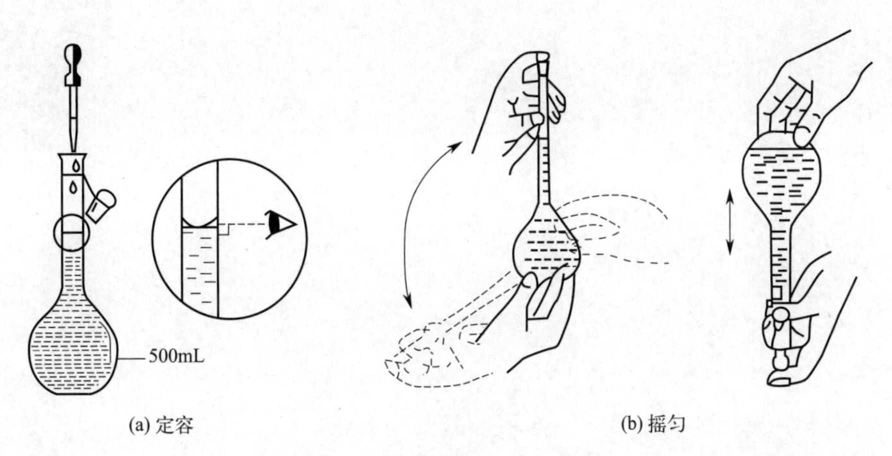

图 15-5　容量瓶的定容和摇匀

量瓶当作试剂瓶使用。

d. 容量瓶用完后应立即用水冲洗干净。若长期不用，磨口塞处应衬有纸片，以免放置时间过长使瓶塞打不开。

进度检查

一、填空题

1. 向容量瓶中转移溶液，应让溶液＿＿＿＿＿＿＿＿＿＿时才能进行。

2. 容量瓶用完后应＿＿＿＿＿＿＿＿＿。若长期不用，磨口塞处应＿＿＿＿＿＿，以免放置时间过长瓶塞打不开。

二、问答题

1. 如何进行容量瓶的试漏、洗涤操作？

2. 怎样进行容量瓶的定容、摇匀、转移操作？

三、操作题

1. 配制 250mL 0.1mol/L 的氯化钠溶液。

2. 移取上题中配制的氯化钠溶液 25.00mL，稀释到 250mL。

编号 FJC-48-03

学习单元 15-3 容量瓶的校准与检定

学习目标：完成本单元的学习之后，能够校准容量瓶并按标准进行等级检定。

职业领域：化学、石油、环保、医药、冶金、食品等工程。

工作范围：分析

所需仪器、试剂和设备

序号	名称及说明	数量	序号	名称及说明	数量
1	电子台秤(最大称量为 2000g)	1台	5	玻璃棒	1根
2	250mL 容量瓶	1个	6	温度计(分度值为 0.1℃)、胶头滴管	各1支
3	250mL 烧杯	1个	7	铬酸洗液	100mL
4	25mL 单标线移液管	1支	8	滤纸	若干

一、容量瓶校准的必要性

质量不合格的产品流入市场及长期使用后试剂的侵蚀，使容量瓶的实际容量与它所标示的数值不相符合，甚至其误差超过分析所允许的误差范围（容量瓶真实容积允差范围见表 15-1）。对于一般的生产控制分析，不必进行校准；但对于测量结果准确度要求比较高的分析，如原材料分析、成品分析、标准溶液的标定、仲裁分析、科研分析等，则必须经校准后才能使用。

表 15-1 容量瓶真实容积的允差范围

标称总容量/mL		1	2	5	10	25	50	100	200	250	500	1000	2000
容量允差/mL	A	±0.01	±0.015	±0.02	±0.02	±0.03	±0.05	±0.10	±0.15	±0.15	±0.25	±0.40	±0.60
	B	±0.02	±0.030	±0.04	±0.04	±0.06	±0.10	±0.20	±0.30	±0.30	±0.50	±0.80	±1.20
分度线宽度/mm		≤0.4											

二、绝对法校准容量瓶

① 用电子台秤称取洁净而干燥的 250mL 容量瓶的质量 m_1（称准至 0.1g），并记录。

② 将 250mL 烧杯内与室温平衡的纯水沿玻璃棒倒入 250mL 容量瓶中至标线下 1cm 处（见图 15-3），停留 1～2min，用滴管逐滴加水至标线。用滤纸吸干瓶颈内壁

的水珠，随即盖紧瓶塞，并仔细将瓶外壁擦干。

③ 用电子台秤称取容量瓶加水的总质量 m_2，容量瓶所容纳纯水的质量即为 (m_2-m_1)。

④ 用温度计测量纯水的温度。

⑤ 将测定数据代入式(13-1)，计算出容量瓶的真实容积。

⑥ 反复进行上述操作及计算 3～4 次，取其平均值。

⑦ 查表 15-1，判断容量瓶的等级。

三、相对法校准容量瓶和移液管

① 用洁净的 25.00mL 单标线移液管吸取纯水至标线以上，并调节好液面。

② 将移液管中调节好液面的纯水放入洁净而干燥的 250mL 容量瓶中，停留 10～15s。

③ 重复以上操作，共进行 10 次。

④ 观察容量瓶中水的弯月面下缘的位置与容量瓶标线是否相切。若正好相切，该移液管与容量瓶容积关系比例为 1∶10，可配套使用；若不相切，将容量瓶中纯水倒出，干燥（不可加热干燥）后，重新用该 25.00mL 单标线移液管准确移取 10 次纯水放入容量瓶中，再次确定容量瓶标线的位置。若跟原标线不相切，应另做标记，以新标记的标线为准。

进度检查

一、简答题

1. 校准 250mL 容量瓶时，为什么不用分析天平称量而用电子台秤称量？

2. 校准 250mL 容量瓶时，往容量瓶中加入纯水至标线下 1cm 处停留 1～2min 后，再用滴管调节液面，为什么？

二、计算题

1. 在 15℃时，以黄铜砝码称量某 250mL 容量瓶所容纳的纯水的质量为 249.52g，则该容量瓶在 20℃容积为多少？

2. 欲使容量瓶在 20℃容积为 500mL，则在 16℃于空气中以黄铜砝码称量时应称纯水多少克？

三、操作题

1. 用绝对法校准容量瓶。

2. 用相对法校准容量瓶和移液管。

评分标准

容量瓶的操作技能考试内容及评分标准

一、考试内容

配制 250mL 0.1mol/L 的氯化钠溶液。

二、评分标准

(1) 容量瓶的检查。(8 分)

检查容量瓶的容积，标线位置是否合适，瓶塞是否系上绳子或橡胶圈等。

(2) 试漏。(10 分)

(3) 容量瓶的洗涤。(10 分)

视容量瓶沾污情况，决定需用碱液或铬酸洗液洗涤。

(4) 称取所需质量的氯化钠。(8 分)

(5) 氯化钠的溶解。(8 分)

(6) 将溶解的氯化钠溶液转移至容量瓶。(10 分)

(7) 加纯水至容量瓶 2/3 体积，进行初步摇匀。(10 分)

(8) 加纯水至刻度线下 1cm，逐滴加水定容。(10 分)

(9) 摇匀操作。(10 分)

(10) 将配制的溶液转移到试剂瓶，贴好标签。(10 分)

(11) 整理仪器，做好善后工作。(6 分)

容量瓶的校准技能考试内容及评分标准

一、考试内容

绝对法校准容量瓶或相对法校准容量瓶和移液管。

二、评分标准

(一) 绝对法校准容量瓶 (40 分)

(1) 称取容量瓶的质量 m_1 (称准至 0.1g)。(10 分)

(2) 在容量瓶中装入纯水至刻度线。(10 分)

(3) 称取容量瓶加水的总质量 m_2。(5 分)

(4) 测定温度，计算。(10 分)

(5) 校准结果，判断等级。(5 分)

(二) 相对法校准容量瓶和移液管 (60 分)

1. 移液 (25 分)

用洁净的 25.00mL 单标线移液管吸取纯水至标线以上，并调节好液面。

2. 放液 (20 分)

将移液管中调节好液面的纯水放入洁净而干燥的 250mL 容量瓶中。

重复第1～2步操作，共进行10次。

3. 校准结果并判断（15分）

观察容量瓶中水的弯月面下缘的位置与容量瓶标线是否相切。若正好相切，该移液管与容量瓶容积关系比例为1∶10，可配套使用；若不相切，将容量瓶中纯水倒出并干燥（不可加热干燥）后，重新用该25.00mL单标线移液管准确移取10次纯水放入容量瓶中，再次确定容量瓶标线的位置。若跟原标线不相切，应另做标记，以新标记的标线为准。

模块 16　标准溶液的制备

编号 FJC-49-01

学习单元 16-1　法定计量单位及应用

学习目标：完成本单元的学习之后，能够正确进行法定计量单位的使用和换算。

职业领域：化学、石油、环保、医药、冶金、食品等工程。

工作范围：分析

一、法定计量单位的组成

法定计量单位是指由国家法律承认、具有法定地位的计量单位。《中华人民共和国计量法》第三条规定："国家实行法定计量单位制度。国际单位制计量单位和国家选定的其他计量单位，为国家法定计量单位。"我国现行的法定计量单位等效采用国际标准 ISO1000：1992《SI 单位及其倍数单位和一些其他单位的应用推荐》，参照采用国际计量局《国际单位制（SI）》（2019 年 5 月 20 日）制定，法定计量单位系统完整、结构简单、科学性强、使用方便、易于推广。法定计量单位简称为法定单位。

国际单位制是在米制的基础上发展起来的一种一贯单位制，其国际通用符号为"SI"。它由 SI 基本单位、SI 导出单位、SI 单位的倍数单位三部分组成，并具有统一性、简明性、实用性、合理性和继承性等特点。

国际单位制（SI）以 SI 基本单位为基础，而 SI 导出单位是用 SI 基本单位以代数形式表示的单位（其符号中的乘和除采用数学符号），SI 单位的倍数单位用于构成倍数单位（包括 SI 单位的十进倍数单位和分数单位），但不得单独使用。

SI 单位是我国法定计量单位的主体，所有 SI 单位都是我国的法定计量单位；同时也选用了一些非 SI 的单位，作为国家法定计量单位。

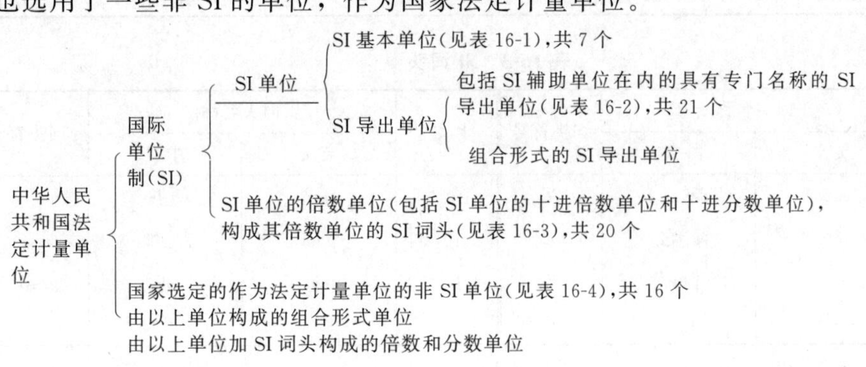

表 16-1 SI 基本单位

量的名称	单位名称	单位符号	量的名称	单位名称	单位符号
长度	米	m	热力学温度	开[尔文]	K
质量	千克(公斤)	kg	物质的量	摩[尔]	mol
时间	秒	s	发光强度	坎[德拉]	cd
电流	安[培]	A			

表 16-2 包括 SI 辅助单位在内的具有专门名称的 SI 导出单位

量的名称	SI 导出单位		
	名称	符号	用 SI 基本单位和 SI 导出单位表示
[平面]角	弧度	rad	1rad=1m/m=1
立体角	球面度	sr	$1sr=1m^2/m^2=1$
频率	赫[兹]	Hz	$1Hz=1s^{-1}$
力	牛[顿]	N	$1N=1kg\cdot m/s^2$
压力、压强、应力	帕[斯卡]	Pa	$1Pa=1N/m^2$
能[量],功,热量	焦[耳]	J	$1J=1N\cdot m$
功率,辐[射能]通量	瓦[特]	W	1W=1J/s
电荷[量]	库[仑]	C	$1C=1A\cdot s$
电压,电动势,电位,(电势)	伏[特]	V	1V=1W/A
电容	法[拉]	F	1F=1C/V
电阻	欧[姆]	Ω	1Ω=1V/A
电导	西[门子]	S	$1S=1\Omega^{-1}$
磁[通量]	韦[伯]	Wb	$1Wb=1V\cdot S$
磁通[量]密度,磁感应强度	特[斯拉]	T	$1T=1Wb/m^2$
电感	亨[利]	H	1H=1Wb/A
摄氏温度	摄氏度	℃	1℃=1K
光通量	流[明]	lm	$1lm=1cd\cdot sr$
[光]照度	勒[克斯]	lx	$1lx=1lm/m^2$
[放射性]活度	贝可[勒尔]	Bq	$1Bq=1s^{-1}$
吸收剂量/比授[予]能/比释动能	戈[瑞]	Gy	1Gy=1J/kg
剂量当量	希[沃特]	Sv	1Sv=1J/kg

表 16-3 SI 词头

因数	词头名称		词头符号	因数	词头名称		词头符号
	英文	中文			英文	中文	
10^{24}	yotta	尧[它]	Y	10^{12}	tera	太[拉]	T
10^{21}	zetta	泽[它]	Z	10^{9}	giga	吉[咖]	G
10^{18}	exa	艾[可萨]	E	10^{6}	mega	兆	M
10^{15}	peta	拍[它]	P	10^{3}	kilo	千	k

续表

因数	词头名称		词头符号	因数	词头名称		词头符号
	英文	中文			英文	中文	
10^2	hecto	百	h	10^{-9}	nano	纳[诺]	n
10^1	deca	十	da	10^{-12}	pico	皮[可]	p
10^{-1}	deci	分	d	10^{-15}	femto	飞[母托]	f
10^{-2}	centi	厘	c	10^{-18}	atto	阿[托]	a
10^{-3}	milli	毫	m	10^{-21}	zepto	仄[普托]	z
10^{-6}	micro	微	μ	10^{-24}	yoct	幺[科托]	y

表 16-4　可与国际单位制单位并用的我国法定计量单位

量的单位	单位名称	单位符号	与 SI 单位的关系
时间	分	min	1min=60s
	[小]时	h	1h=60min=3600s
	日,(天)	d	1d=24h=86400s
[平面]角	度	°	$1°=(\pi/108)$rad
	[角]分	′	$1'=(1/60)°=(\pi/10800)$rad
	[角]秒	″	$1''=(1/60)'=(\pi/648000)$rad
体积	升	L,(l)	$1L=1dm^3=10^{-3}m^3$
质量	吨	t	$1t=10^3kg$
	原子质量单位	u	$1u \approx 1.660540\times10^{-27}kg$
旋转速度	转每分	r/min	$1r/min=(1/60)s^{-1}$
长度	海里	n mile	1n mile=1852m(只用于航行)
速度	节	kn	1kn=1nmile/h=(1852/3600)m/s(只用于航行)
能	电子伏	eV	$1eV \approx 1.602177\times10^{-19}J$
级差	分贝	dB	
线密度	特[克斯]	tex	$1tex=10^{-6}kg/m$
面积	公顷	hm^2	$1hm^2=10^4m^2$

注：1. 平面角单位度、分、秒的符号，在组合单位中应采用（°）、（′）、（″）的形式。例如，不用°/s 而用（°）/s。

2. 升的符号中，小写字母 l 为备用符号。

3. 公顷的国外习用符号为 ha。

非国家法定计量单位应当废除，未经国务院计量行政部门批准，不得制造、销售和进口非法定计量单位的测量仪器。《计量法》的颁布是新中国成立后，国家第一次以法律的形式统一全国的计量单位制度。

二、法定计量单位的使用

1. 计量单位的名称

① 组合单位的中文名称与国际符号表示的顺序一致。符号中的乘号没有对应的名称，除号的对应名称为“每”字，无论分母中有几个单位，“每”字只出现一次。

如：比热容单位的国际符号是J/（kg·K），其单位名称是“焦耳每千克开尔文”。

② 在初中、小学课本和普通书刊中有必要时，可将单位的简称（包括带有词头的单位简称）作为符号使用，这样的符号称为“中文符号”。

③ 乘方形式的单位名称，其顺序应是指数名称在前，单位名称在后。如果长度的2次和3次幂是面积和体积，则相应的指数名称为“平方”和“立方”，否则应称为二次方和三次方。

如：体积单位 m^3 的名称是“立方米”，而断面系数单位 m^3 的名称是“三次方米”。

④ 书写单位名称不加乘或除的符号。

由两个以上单位相乘构成的组合单位，可用居中圆点代表乘号或直接省略，如：N·m、Nm。但其中文符号只用一种形式，即用居中圆点代表乘号。例如，动力黏度单位“帕斯卡秒”的中文符号是“帕·秒”，而不是“帕秒”“帕［秒］”“帕·［秒］”“帕-秒”“（帕）（秒）”“帕斯卡·秒”等。

若组合单位符号中某单位的符号同时又是某词头的符号，并有可能发生混淆时，则应尽量将它置于右侧。例如，力矩单位“牛顿米”的符号应写成Nm，而不宜写成mN，以免误解为“毫牛顿”。

由两个以上单位相除所构成的组合单位，其符号可用下列三种形式之一：mol/L、$mol \cdot L^{-1}$、$mol\ L^{-1}$。当可能发生误解时，应尽量用居中圆点或斜线（/）的形式。例如，速度单位“米每秒”的法定符号用 $m \cdot s^{-1}$ 或m/s，而不宜用 ms^{-1}，以免误解为“每毫秒”。但其中文符号采用以下两种形式之一：千克/米^3、千克·米$^{-3}$。

在用斜线表示相除时，单位符号的分子和分母都与斜线处于同一行内。当分母中包含两个以上单位符号时，整个分母一般应加圆括号。在一个组合单位的符号中，除加括号避免混淆时，斜线不得多于一条。例如，热导率单位的符号是W/(K·m)，可不是W/K·m或W/K/m。

⑤ 法定单位的符号，不论拉丁字母或希腊字母，一律用正体；单位符号的字母一般用小写体，若单位名称来源于人名，对其符号的第一个字母用大写体。例如，物质的量单位“摩尔”的符号是mol；压力、压强的单位“帕斯卡”的符号是Pa。

⑥ 词头符号的字母当其所表示的因数小于 10^6 时，一律用小写体，大于或等于 10^6 时用大写体。

词头的符号和单位的符号之间不得有间隙，也不加表示相乘的任何符号。单位和词头的符号应按其名称或者简称读音，而不得按字母读音。

摄氏温度的单位“摄氏度”的符号℃，可作为中文符号使用，可与其他中文符号构成组合形式的单位。

非物理量的单位（如件、台、人等）可用汉字与符号构成组合形式的单位。

⑦ 分子无量纲而分母有量纲的组合单位即分子为1的组合单位的符号，一般不用分式而用负数幂的形式。例如，波数单位的符号是 m^{-1}，一般不用1/m。

2. 计量单位和词头的使用规则

① 单位与词头的名称，一般只在叙述性文字中使用。

② 单位的名称或符号必须作为一个整体使用，不得拆开。如：摄氏温度单位摄氏度表示的量值应写成并读成“20 摄氏度”，不得写成并读成“摄氏 20 度”。

③ 不要将单位的符号和名称混在一起使用。如：应写作“千米每小时”，而不应写作“每小时 km”或“千米/小时”（此式中：“千米”是中文符号，“小时”不是简称所以是名称，“/”是符号）。

④ 不得使用重叠的 SI 词头。如：不应该用 mμm，应该用 nm；不应该用 μμF，应该用 pF。

⑤ 乘方形式的倍数单位或分数单位的指数，属于包括词头在内的整个单位。如：$1cm^2=1\times(10^{-2}m)^2=1\times10^{-4}m^2$；$1\mu s^{-1}=1\times(10^{-6}s)^{-1}=10^6s^{-1}$。

⑥ 将 SI 词头的中文名称置于单位名称之前构成中文符号时，应注意避免引起混淆，必要时用圆括号。如：体积的量值不得写成 2 千米^3；如果要表示二立方千米，则应写成 2（千米）^{3}；如要表示二千立方米，则应写成 2 千（米）^{3}。

⑦ 选用的 SI 单位的倍数单位，一般应使量的数值处于 0.1～1000 范围内。如：0.012MN 应为 12kN，0.011401MPa 应为 11.401kPa。

⑧ 不应使用非标准化的缩略词代替单位符号。如：用“sec”代替“s”（秒），用“mins”代替“min”（分），用“hrs”代替“h”（小时），用“cc”代替“cm^3”（立方厘米），用“lit”代替“L”（升），用“amps”代替“A”（安培）等都是错误的。

⑨ 不应通过增加下脚注或其他信息修改标准化的单位符号。如：“$U_{max}=500V$”，不应改变为“$U=500V_{max}$”。V 作为电压单位，变为 V_{max} 后，使人无法理解。

⑩ 不要将单位符号与其他符号或文字混合使用。如：“含水量 20mL/kg”不应表示为“20mL H_2O/kg”；“酸值 KOH 15mg/g”不应表示为“15mgKOH/g”。

⑪ 只是通过相乘构成的组合单位在加词头时，词头应加在组合单位中的第一个单位前。如：力矩的单位 mN·m，不应写成 N·mm。

三、计量单位的换算

1. 准确值的单位换算

在科学技术中，有一些准确值，也有一些在一定的历史时期为非准确值，后来通过国际协议成为准确值（如升的量值从 $1L=1.000028dm^3$ 变为 $1L=1dm^3$）。不论属于哪一类型的准确值，在进行计量单位换算时，必须保持其准确性；而不可按一般数值修约规则修约，因为不管哪种修约方式，其结果中都将出现修约误差而不再是准确值了。如：标准重力加速度，$g_n=9.80665m/s^2$；标准大气压，1atm=101325Pa；水的三相点热力学温度，$T=273.15K$。

2. 近似值的单位换算

测量得到的结果均为近似值。在给出测量结果换算成法定计量单位时，可以按下面方法取近似值。

（1）近似值单位换算时的有效位数

对测量近似值法定计量单位换算后的量值的有效位数，应正确确定，过多地给出有效位数，会造成虚假的过高准确度；太少则会白白地丢失准确度。换算后的量值的有效位数，可按下列方法确定。

设换算前、后的两个数分别为 M 与 N，两个数有效部分的前两位数（按一般修约规则确定，且不带“±”号和小数点），数值分别为 m 和 n。

当 $\frac{m}{n} \geqslant \sqrt{10}$（$m>n$），则换算后的量值有效位数比换算前的量值有效位数多一位；

当 $\frac{n}{m} \geqslant \sqrt{10}$（$n>m$），则换算后的量值有效位数比换算前的量值有效位数少一位；

当 $\frac{m}{n}<\sqrt{10}$ 或 $\frac{n}{m}<\sqrt{10}$，则换算前、后量值的有效位数相同（$\sqrt{10} \approx 3.16227766 \approx 3.2$）。

【例 16-1】原测量量值为 4.78mmHg，换算成以 Pa 为单位，确保位数换算后的量值有效。

解：按 1mmHg＝133.3224Pa 的换算关系，得

4.78mmHg＝4.78×133.3224Pa＝637.281072Pa；

$m=47$，$n=63$，则 $\frac{n}{m}=\frac{63}{47}=1.34<\sqrt{10}$；

故换算前、后量值有效位数应相同，即 4.78mmHg≈637Pa。

（2）带有测量不确定度的近似值的换算

对测量结果近似值带有测量不确定度的单位进行换算时，测量结果修约间隔应与测量不确定度的修约间隔一致，而测量不确定度的有效位数，据《测量不确定度表达指南》中规定为 1～2 位，一般采用如下办法：测量不确定度的第一个有效数字为 1 或 2 时，取两位有效数字；第一个有效数字≥3 时，取一位有效数字。

【例 16-2】对测量结果为 $L=(7.07 \pm 0.05)$ in（英寸），换算成以 mm 为单位，如何保留其换算后的有效位数？

解：按换算关系 1in＝25.4mm，有 U＝0.05in＝0.05×25.4mm＝1.27mm，按上述原则，保留两位有效数字，即 U＝1.3mm（修约间隔为 0.1mm）；

又 7.07in＝7.07×25.4mm＝179.578mm，将计算后的量值按 0.1mm 修约间隔修约，修约结果为 179.6mm，故

$$L=(7.07 \pm 0.05)\text{in}=(179.6 \pm 1.3)\text{mm}$$

（3）极限值的单位换算

极限值是指极大值（max）和极小值（min），它们均属于不可逾越的界限值，在有些技术测量中，在单位换算以后根据需要的修约方向修约。对于极大值（max），

只舍不入（不能更大）；对于极小值（min），只入不舍（不能更小）。

【例 16-3】 极小值 4.7in，若换算成以 mm 为单位，确定换算后的量值。

解： 按换算关系 1in＝25.4mm，则有

$$4.7\text{in}=4.7\times 25.4\text{mm}=119.38\text{mm}$$

$$m=47，n=12，则\frac{m}{n}=\frac{47}{12}=3.92>\sqrt{10}$$

故换算后量值有效位数比换算前应多保留一位有效位数，即

$$(4.7\text{in})_{\min}=120\text{mm}(只入不舍)$$

（4）单位换算中确定有效位数的方法

① 数一般应当用正体印刷，数从小数记号向左或向右读时，每三位数一组，用空$\frac{1}{4}$个汉字同前一位数或后一位数分别隔开。大于三位数的整数，每三位数之间也应间空，但不得用逗、圆点或其他方式。表示年份的四位数除外。

例如：23456　　2345　　2.345　　2.34567　　2018 年

② 数值相乘时，应使用乘号（×），而不使用圆点来表示数值相乘。

例如：写成 1.8×10^{-3}，不得写成 $1.8\cdot 10^{-3}$。

③ 表示量的数值，应使用阿拉伯数字，后边写上国际单位符号。

④ 数据的修约规则依据《有关量、单位和符号的一般原则》（GB/T 3101—1993）。常有两种不同的规则可以选用：选取偶数整数倍作为修约数或取较大的整数倍作为修约数。通常按“选取偶数整数倍作为修约数”较为可取，可使修约误差最小，而“取较大的整数倍作为修约数”广泛用于计算机。分析检验主要应用“选取偶数整数倍作为修约数”的修约规则，具体表述就是“四舍六入五成双”法则。用上述规则作多次修约时，可能会发生误差，因此应当一次完成修约。

进度检查

一、填空题

1. 国际单位制的构成包括______、________和________。

2. 国际单位制基本单位有______个。

3. 摩尔质量的 SI 制单位是______；物质的量浓度 SI 制单位是________。

4. 把体积 12.223mL 按 0.1mL 的修约区间修约，其修约数为__________。

二、判断题（正确的在括号内画“√”，错误的画“×”）

1. 国际单位制基本单位米可以用符号 M 表示。（　　）

2. min 是我国选定的法定计量单位。（　　）

3. 量的符号都必须用斜体印刷。（　　）

4. 单位符号一律用正体字母，除来源于人名的单位符号第一字母要大写外，其余均为小写字母。（　　）

5. 摩尔气体常数（R）单位的符号是 J/（mol·K），其单位名称读作“焦耳每摩尔开尔文”。（　　）

6. 质量分数和体积分数无单位。（　　）

7. 速度单位“米每秒”的法定符号可以用 ms^{-1} 表示。（　　）

三、计算题

1. 将热力学温度 T＝293.15K 的单位“K”，换算成摄氏温度 t 的单位“℃”。

2. 把测量量值 6.78mmHg，换算成以 Pa 为单位的值。

编号 FJC-49-02

学习单元 16-2　基本单元概念及相关计算

学习目标：完成本单元的学习之后，能够掌握物质基本单元的确定，能够进行浓度、分析结果的相关计算。

职业领域：化学、石油、环保、医药、冶金、食品等工程。

工作范围：分析

一、分析检验中常见的量和单位（基本单元）

1. 物质 B 的质量分数

样品中物质 B 的质量与总质量之比，称为物质 B 的质量分数，无量纲，用符号“w_B”表示：

$$w_B=\frac{m_B}{m_s}\times 100\%$$

式中　w_B——物质 B 的质量分数；

m_B——物质 B 的质量，kg；

m_s——样品总质量，kg。

2. 物质的量浓度

标准溶液中所含溶质 B 的物质的量除以溶液的体积即为物质的量浓度，单位为 mol/L，以符号 c_B 表示：

$$c_B=\frac{n_B}{V}$$

式中　c_B——溶液中溶质 B 的物质的量浓度，mol/L；

n_B——溶液中溶质 B 的物质的量，mol；

V——溶液的体积，L。

物质的量正比于基本单元的数目，基本单元可以是原子、分子、离子、电子及其他粒子，或是这些粒子的某种特定组合。例如高锰酸钾的基本单元可以是 $KMnO_4$，也可以是$\frac{1}{5}KMnO_4$。当用 $KMnO_4$ 作基本单元时，158.034g 的高锰酸钾，其基本单元数与 0.012kg ^{12}C 的原子数目相等，因而 $n(KMnO_4)$ 为 1mol；而用$\frac{1}{5}KMnO_4$ 作基本单元时，158.034g 的高锰酸钾，其基本单元数是 0.012kg ^{12}C 的原子数目的五倍，因而 $n(\frac{1}{5}KMnO_4)$ 为 5mol。可见同样质量的物质，其物质的量随所选的基本单元不同而不同，因此在表明溶液的摩尔浓度时，必须指明基本单元，如 $c(\frac{1}{5}KMnO_4)=$ 0.1000mol/L。

3. 滴定度

在药物分析中，常用“滴定度”表示标准溶液的浓度。滴定度是指每毫升标准溶液相当于被测物质的质量，单位为 g/mL，用 $T_{被测物/滴定剂}$ 表示。

例如用来测定双氧水含量的 $KMnO_4$ 标准溶液，其浓度可用 $T_{H_2O_2/KMnO_4}$ 表示。若 $T_{H_2O_2/KMnO_4}=0.003401g/mL$，则表示 1mL 的 $KMnO_4$ 溶液相当于 0.003401g 双氧水，即 1mL 的 $KMnO_4$ 标准溶液能把 0.003401g H_2O_2 氧化成 H_2O。

用滴定度计算被测物的含量时，只需将滴定度乘以所消耗标准溶液的体积即可求得被测物的质量，计算十分方便。

二、等物质的量规则

在直接滴定分析中，设滴定 A 与被测组分 B 发生下列反应：

$$aA+bB\longrightarrow cC+dD$$

则被测组分 B 与滴定剂 A 的物质的量之间的关系可用以下两种方式求得。

1. 化学计量数比关系

根据滴定 A 与被测组分 B 的化学反应式可得：

$$n_A : n_B = a : b$$

故

$$n_A=\frac{a}{b}n_B \text{ 或 } n_B=\frac{b}{a}n_A$$

例如，用 HCl 标准溶液滴定 Na_2CO_3 时，滴定反应为：

$$2HCl+Na_2CO_3\longrightarrow 2NaCl+CO_2\uparrow+H_2O$$

则有

$$n(Na_2CO_3)=\frac{1}{2}n(HCl)$$

2. 等物质的量关系

等物质的量规则是指对于一定的化学反应，如选定适当的基本单元，那么在任何时候所消耗的反应物和生成物的物质的量均相等，因此在滴定分析中，只要基本单元选择合适，在化学计量点时就一定有如下关系：

$$n\left(\frac{1}{Z_A}A\right)=n\left(\frac{1}{Z_B}B\right)$$

式中，滴定剂和被测组分的基本单元分别为 A 和 B，Z_A 和 Z_B 分别是滴定剂 A 和被测组分 B 在反应过程中转移的质子数或得失的电子数。

例如，HCl 给出的质子数是 1，以 HCl 为基本单元；Na_2CO_3 接受的质子数为 2，以 $\frac{1}{2}Na_2CO_3$ 为基本单元。则有

$$n\left(\frac{1}{2}Na_2CO_3\right)=n(HCl)$$

$$或\ n(Na_2CO_3)=\frac{1}{2}n(HCl)$$

例如，重铬酸钾测定铁矿石中铁的含量时，滴定剂 $K_2Cr_2O_7$ 得到的电子数是 6，以 $\frac{1}{6}K_2Cr_2O_7$ 为基本单元，被测物质中 Fe^{2+} 失去的电子数是 1，以 Fe^{2+} 为基本单元，则有

$$n\left(\frac{1}{6}K_2Cr_2O_7\right)=n(Fe^{2+})$$

在间接法滴定中涉及两个或两个以上的反应，应从所有发生的反应中找出滴定剂与被测组分之间的物质的量关系。

例如，在酸性溶液中，以 $K_2Cr_2O_7$ 为基准物标定 $Na_2S_2O_3$ 溶液的浓度，反应分两步进行：

$$Cr_2O_7^{2-}+6I^-+14H^+\longrightarrow 2Cr^{3+}+3I_2+7H_2O$$

$$I_2+2S_2O_3^{2-}\longrightarrow 2I^-+S_4O_6^{2-}$$

根据上述反应式可知

$$n\left(\frac{1}{6}K_2Cr_2O_7\right)=n\left(\frac{1}{2}I_2\right)\qquad n\left(\frac{1}{2}I_2\right)=n(Na_2S_2O_3)$$

因而被测组分 $Na_2S_2O_3$ 与基准物 $K_2Cr_2O_7$ 之间的物质的量关系为：

$$n(Na_2S_2O_3)=n\left(\frac{1}{6}K_2Cr_2O_7\right)$$

例如，用高锰酸钾法测定血液中钙含量时，经过以下过程：

$$Ca^{2+}\xrightarrow{C_2O_4^{2-}}CaC_2O_4\downarrow\xrightarrow{H^+}C_2O_4^{2-}\xrightarrow{KMnO_4}CO_2\uparrow$$

根据各反应过程的反应式可知

$$n(Ca^{2+})=n(C_2O_4^{2-})\qquad n\left(\frac{1}{2}C_2O_4^{2-}\right)=n\left(\frac{1}{5}KMnO_4\right)$$

因而滴定剂与被测组分之间的物质的量关系为：

$$n\left(\frac{1}{5}KMnO_4\right)=n\left(\frac{1}{2}Ca^{2+}\right)$$

3. 物质的量浓度与质量分数的换算

溶质质量分数为 w（%），密度为 ρ（g/mL）的某溶液中，其溶质的物质的量浓

度的表达式为：

$$c=\frac{\rho w\times 1000}{M}$$

溶液中溶质的物质的量浓度为 c，溶液的密度为 ρ（g/mL），其质量分数的表达式为：

$$w=\frac{cM}{\rho\times 1000}\times 100\%$$

进度检查

一、填空题

1. 样品中物质B的质量与总质量之比称为______________，标准溶液中所含溶质B的物质的量除以溶液的体积称为________。

2. 滴定度是指____________________________________，单位为__________，用________________表示。

二、计算题

1. 现有 0.1200mol/L 的 NaOH 标准溶液 200mL，欲使其浓度稀释到 0.1000mol/L，需要加水多少毫升？

2. 若 $T_{Na_2CO_3/HCl}=0.005300$g/mL，试计算 HCl 标准溶液的物质的量浓度。

3. 现有 0.1782mol/L 的 NaOH 溶液 500.0mL，欲将其稀释成 0.1000mol/L，应向溶液中加多少毫升水？

4. 欲配制 20g/L 亚硫酸钠溶液 100mL，需要称取亚硫酸钠固体多少克？

编号 FJC-49-03

学习单元 16-3　标准溶液的制备

学习目标： 完成本单元的学习之后，能够掌握标准溶液的基本知识和制备标准溶液。

职业领域： 化学、石油、环保、医药、冶金、食品等工程。

工作范围： 分析

所需仪器、试剂和设备

序号	名称及说明	数量	序号	名称及说明	数量
1	托盘天平(最大称量为 2000g)	1 台	5	玻璃棒	1 根
2	250mL 容量瓶	1 个	6	温度计(分度值为 0.1℃)、滴管	各 1 支
3	250mL 烧杯	1 个	7	滤纸	2 张
4	25mL 单标线移液管	1 支	8	铬酸洗液	100mL

一、标准溶液的要求

标准溶液是用基准物质标定或直接配制的已知准确浓度的溶液。滴定分析中必须使用标准溶液，最后要通过标准溶液的浓度和用量来计算待测组分的含量，因此正确地配制标准溶液，准确地标定标准溶液，对于提高滴定分析的准确度具有重大意义。

二、标准溶液的配制

1. 标准溶液配制方法

标准溶液的配制方法有直接法和标定法两种。

(1) 直接法

准确称取一定量的物质，溶解后，定量转移到一定体积的容量瓶中，加水至刻度，摇匀即可，然后根据溶质的质量和容量瓶的体积计算出该溶液的准确浓度。通常用直接法配制标准溶液的物质是基准物质，可用于直接配制标准溶液或标定溶液浓度。直接法配制标准溶液操作如图 16-1 所示。

但是用来配制标准溶液的物质大多不能满足上述条件，如酸碱滴定法中所用的

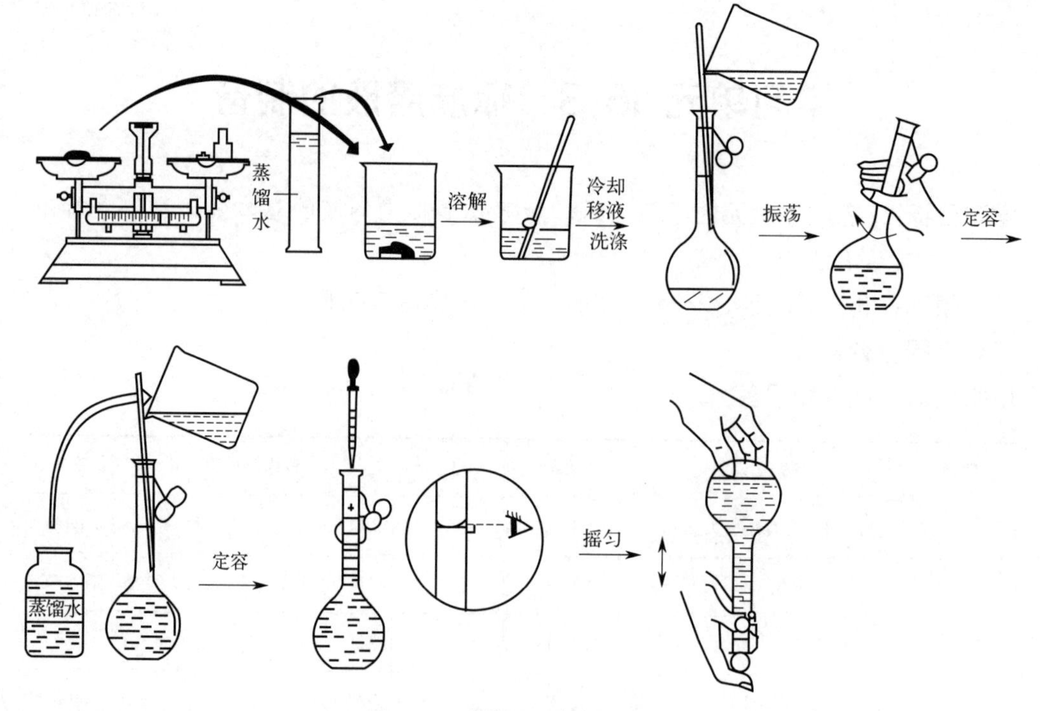

图 16-1　直接法配制标准溶液

NaOH 极易吸收空气中的 CO_2 和水分，称得的质量不能代表纯 NaOH 的质量。因此，对这一类物质，不能用直接法配制标准溶液，而要用间接法配制。

（2）标定法

先粗略地称取一定量物质或量取一定量体积溶液，配制成接近于所需要浓度的溶液。这样配制的溶液，其准确浓度还是未知的，必须用基准物质标定或用另一种已知浓度标准溶液测定其准确浓度。这种确定浓度的操作，称为标定。

要计算被标定溶液浓度，必须知道滴定物与被滴定物之间物质的量的关系，即反应方程式。如配制 0.1mol/L HCl 标准溶液，先配制成浓度约为 0.1mol/L 的溶液，然后用该溶液滴定经准确称量的无水碳酸钠基准物质，由于

$$2HCl + Na_2CO_3 \longrightarrow 2NaCl + CO_2\uparrow + H_2O$$

根据两者完全反应时 HCl 溶液的用量和无水碳酸钠的质量，即可算出 HCl 标准溶液的准确浓度。

2. 标准溶液浓度的调整

① 配成的标准溶液的浓度大于规定浓度时，补水稀释，应补加水的体积：

$$c_{原} V_{原} = c_{需}(V_{原} + V_{水})$$

② 配成的标准溶液的浓度太小时，补加浓标准溶液，应补加浓标准溶液的体积：

$$c_{原} V_{原} + c_{高浓度} V_{补加} = c_{需}(V_{原} + V_{补加})$$

注意：标准溶液的平行测定误差应不大于 0.1%，超过此值应重新标定。

$$平行测定误差=\frac{最大值-最小值}{平均值}\times 100\%$$

按照容量大小，滴定管有常量、半微量和微量之分。常量滴定管有 50mL 和 25mL 两种规格，其最小刻度为 0.1mL，最小刻度间可以估读到 0.01mL，因此滴定用量的读数应达到小数点后第二位，精确至±0.01mL，因而产生约 0.02mL 的读数误差。为确保分析的准确度，设计操作规程时宜使滴定用量大于 20mL。

3. 配制溶液注意事项

① 酸性物质用玻璃瓶装，碱性物质用塑料瓶装。

② 试剂瓶上必须标明试剂名称、浓度和时间（有有效期的要注明）。

③ 配制盐酸、硫酸、硝酸、磷酸等溶液时，对于溶解时放热较多的试剂，不可在试剂瓶中配制，以免炸裂。

④ 熟悉一些常用溶液的配制方法。如碘溶液应将碘溶解于较浓的碘化钾水溶液中，才可以稀释。配制易水解的盐类的水溶液应先加酸溶解后，再以一定浓度的稀酸稀释。

⑤ 不能用手接触腐蚀性及剧毒的溶液。剧毒废液应做解毒处理，不可直接倒入下水道。

附　几种浓酸的浓度：盐酸 12mol/L；硫酸 18mol/L；硝酸 16mol/L；磷酸 15mol/L；高氯酸 12mol/L；氢氟酸 22mol/L。

4. 标准溶液配制过程中的误差分析

常见标准溶液配制过程中的误差分析见表 16-5 所示。

表 16-5　常见标准溶液配制过程中的误差分析

	能引起误差的一些错误操作	因变量		c_B
		n_B(或 m_B)	V	
称量	使用托盘天平称量时,称量试剂、砝码左右位置颠倒,且称量中用到游码	偏小	无	偏小
	称量易潮解物质(如 NaOH)的时间过长	偏小	无	偏小
	用滤纸称量易潮解的物质(如 NaOH)	偏小	无	偏小
量取	用量筒量取液态溶质时俯视读数	偏小	无	偏小
	量取液态溶质时量筒内有水	偏小	无	偏小
溶解、转移、洗涤	转移时有溶液溅出	偏小	无	偏小
	未洗涤烧杯和玻璃棒	偏小	无	偏小
	洗涤量取浓溶液的量筒并将洗涤液转移到容量瓶	偏大	无	偏大
	溶液未冷却至室温就转移到容量瓶	无	偏小	偏大
	容量瓶中原本有水	无	无	无
定容	定容时,水加多了,用滴管吸出	偏小	无	偏小
	定容后,经振荡、摇匀、静置,液面下降再加水	无	偏大	偏小
	定容时,俯视刻度线	无	偏小	偏大
	定容时,仰视刻度线	无	偏大	偏小

三、基准物质

作为基准物质必须具备下列条件：

① 物质必须具有足够的纯度，即含量>99.9%，其杂质的含量应低至滴定分析所允许的误差限度以下，一般可用基准试剂或优级纯试剂。

② 物质的组成与化学式应完全相符，若含有结晶水，其含量也应与化学式相符。如 $Na_2B_4O_7 \cdot 10H_2O$，结晶水应恒定为 10 个。

③ 性质稳定，干燥时不分解，称量时不吸潮，不吸收二氧化碳，不被空气氧化，放置时不变质。

④ 容易溶解，最好具有较大的摩尔质量，降低称量误差。

常用的基准物质见表 16-6 所示。

表 16-6 常用的基准物质

名称	化学式	摩尔质量/(g/mol)	标定对象	使用前的干燥条件
无水碳酸钠	Na_2CO_3	105.99	HCl、HNO_3、H_2SO_4	270～300℃干燥 2～2.5h
邻苯二甲酸氢钾	$KHC_8H_4O_4$	204.22	NaOH、KOH	110～120℃干燥 1～2h
草酸钠	$Na_2C_2O_4$	134.00	$KMnO_4$	130～140℃干燥 1～1.5h
氧化锌	ZnO	81.39	EDTA	800～900℃干燥 2～3h
重铬酸钾	$K_2Cr_2O_7$	294.18	$Na_2S_2O_3$	110～130℃干燥 3～4h
氯化钠	NaCl	58.44	$AgNO_3$	500～650℃干燥 40～45min
氯化钾	KCl	74.55	$AgNO_3$	500～650℃干燥 40～45min
草酸	$H_2C_2O_4 \cdot 2H_2O$	126.07	NaOH、KOH	
碘酸钾	KIO_3	214.00	$Na_2S_2O_3$	120～140℃干燥 1.5～2h
金属铜、锌	Zn、Cu	65.39、63.546	EDTA	

注：烘干后的基准物，除说明者外，一律存放在硅胶干燥器中备用。

四、标准溶液的配制和标定

1. 0.1mol/L HCl 标准溶液的配制和标定

（1）0.1mol/L HCl 标准溶液的配制

市售浓 HCl 为无色透明的 HCl 水溶液，HCl 质量分数为 36%～38%，相对密度约为 1.18。由于浓 HCl 易挥发出 HCl 气体，若直接配制准确度差，因此配制 HCl 标准溶液时需用间接配制法，即先配成近似浓度的溶液，然后用基准物标定。

配制方法：用量筒量取 9mL 浓 HCl，加适量水并稀释至 1000mL，混匀后，转入试剂瓶中，贴上标签，待用。

（2）0.1mol/L HCl 标准溶液的标定

精密称取约 0.15g 在 270～300℃干燥至恒重的基准无水碳酸钠，置于 250mL 锥形瓶中，加 50mL 纯水使之溶解，加 10 滴溴甲酚绿-甲基红混合指示剂，用待标定的 HCl 溶液滴至溶液由绿色变为暗红色后，煮沸 2min，冷却至室温，继续滴定至溶液再呈暗红色即为终点。

平行测定三次，同时完成空白实验。

根据 Na_2CO_3 的质量和所消耗的 HCl 体积，可以计算出 HCl 的准确浓度。

反应原理为：$2HCl + Na_2CO_3 \longrightarrow 2NaCl + H_2O + CO_2 \uparrow$

注：由于反应过程中产生的 H_2CO_3 会使滴定突跃不明显，致使指示剂颜色变化不够敏锐，因此，接近滴定终点之前，应该将溶液加热煮沸，并摇动以赶走 CO_2，冷却后再滴定。

2. 0.1mol/L NaOH 标准溶液的配制和标定

（1）0.1mol/L NaOH 标准溶液的配制

NaOH 有很强的吸水性，同时也会吸收空气中的 CO_2，因而，市售 NaOH 中常含有 Na_2CO_3。由于 Na_2CO_3 的存在，对指示剂的使用影响较大，应设法除去。除去 Na_2CO_3 最常用的方法是将 NaOH 先配制成饱和溶液（质量分数约 52%），由于 Na_2CO_3 在饱和 NaOH 溶液中几乎不溶解，会慢慢沉淀出来，因此，可用饱和氢氧化钠溶液配制不含 Na_2CO_3 的 NaOH 溶液。

配制方法：用小烧杯在台秤上称取 120g 固体 NaOH，加水 100mL，振摇使之溶解成饱和溶液，冷却后转移至聚乙烯塑料瓶中，密闭，放置数日。澄清后，准确移取饱和 NaOH 溶液的上层清液 5.6mL 至 1L 无 CO_2 的纯水中，摇匀，贴上标签。

（2）0.1mol/L NaOH 标准溶液的标定

精密称取约 0.6g 在 105～110℃干燥至恒重的基准邻苯二甲酸氢钾，置于 250mL 锥形瓶中，加 50mL 无 CO_2 纯水使之溶解，加 2～3 滴酚酞指示剂，用待标定的 NaOH 溶液滴定至溶液由无色变为浅粉红色后，30s 内不褪色即为终点。

平行测定三次，同时完成空白实验。

根据邻苯二甲酸氢钾的质量和所消耗的 NaOH 溶液体积，可以计算出 NaOH 溶液的准确浓度。

五、常用指示剂溶液的配制

1. 酸碱指示剂

一般用体积分数表示，配制方法比较简单。常用的几种指示剂如下：

① 甲基橙指示剂：0.1g 溶于 100mL 水。

② 甲基红指示剂：0.1g 溶于 100mL 60%乙醇溶液。

③ 酚酞指示剂（0.5%酚酞乙醇溶液）：取 0.5g 酚酞，用乙醇溶解，并稀释至 100mL。

④ 溴甲酚绿-甲基红指示剂：称取 0.1g 溴甲酚绿，溶于 95%乙醇，稀释至 100mL，配成 0.1%溴甲酚绿溶液；另称取 0.2g 甲基红，溶于 95%乙醇，稀释至

100mL，配制成0.2%甲基红；将0.1%溴甲酚绿溶液和0.2%甲基红按3∶1（体积比）混合即可。

2. 氧化还原滴定指示剂

（1）氧化还原型指示液

① 二苯胺磺酸钠（5g/L）：称取0.5g二苯胺磺酸钠，溶于100mL水中，必要时过滤备用，用时现配。

② 邻苯氨基苯甲酸（2g/L）：称取0.2g/L邻苯氨基苯甲酸加热溶于100mL的0.2% Na_2CO_3 溶液中，过滤后可保存和使用几个月。

（2）专属指示液

例如在碘量法中使用的淀粉指示液。5g/L淀粉指示液：称取0.5g可溶性淀粉于烧杯中，加10mL水调匀，缓缓倒入90mL沸水中，微沸2min，静置，取上层清液加1mg HgI_2，以抑制细菌作用。如果使用时配制则可不加 HgI_2。

3. 金属指示剂

① 铬黑T（5g/L）：称0.5g铬黑T和2.0g盐酸羟胺，溶于15mL三乙醇胺中，用乙酸稀释至100mL。可保存6个月不分解。或与干燥的NaCl按1∶100的质量比例研磨混匀。保存在干燥器中可长期使用。

② 钙指示剂：它的水溶液和乙醇溶液都不稳定。常与干燥NaCl按1∶100的比例研细混匀，密闭保存可长期使用。

③ 二甲（苯）酚橙：1g二甲酚橙与100g干燥 KNO_3 混合研细，密闭、干燥保存。可长期使用。

进度检查

一、填空题

1. 标准溶液的配制方法有________和________，其中，前者要求________________。

2. 标准溶液的作用是____。

二、简答题

1. 基准物质必须具备哪些条件？

2. 配制溶液注意事项有哪些？

三、操作题

1. 配制100mL $c\left(\frac{1}{6}K_2Cr_2O_7\right)=0.1mol/L$ 重铬酸钾标准溶液。

2. 配制250mL 0.1mol/L NaOH标准溶液。

评分标准

$c\left(\frac{1}{6}K_2Cr_2O_7\right)$=0.1mol/L 重铬酸钾标准溶液配制的操作技能考试内容及评分标准

一、考试内容

配制100mL 0.1mol/L的 $c\left(\frac{1}{6}K_2Cr_2O_7\right)$标准溶液。

二、评分标准

(1) 容量的检查。(8分)

检查容量瓶的容积，标线位置是否合适，瓶塞是否系上绳子或橡胶圈等。

(2) 试漏。(10分)

(3) 容量瓶的洗涤。(10分)

视容量瓶沾污情况，决定需用洗衣粉、碱液或铬酸洗液洗涤。

(4) 称取所需质量的氢氧化钠。(8分)

(5) 重铬酸钾的溶解。(8分)

(6) 将重铬酸钾溶液转移至容量瓶。(10分)

(7) 加少许水，进行摇匀。(10分)

(8) 加水至刻度线，定容。(10分)

(9) 摇匀操作。(10分)

(10) 将配制的溶液转移到试剂瓶，贴上标签。(10分)

(11) 整理仪器、做好善后工作。(6分)

0.1mol/L NaOH标准溶液配制的操作技能考试内容及评分标准

一、考试内容

配制250mL 0.1mol/L的氢氧化钠溶液。

二、评分标准

(1) 容量的检查。(8分)

检查容量瓶的容积，标线位置是否合适，瓶塞是否系上绳子或橡胶圈等。

(2) 试漏。(10分)

(3) 容量瓶的洗涤。(10分)

视容量瓶沾污情况，决定需用洗衣粉、碱液或铬酸洗液洗涤。

(4) 称取所需质量的氢氧化钠。(8分)

(5) 氢氧化钠的溶解。(8分)

(6) 将氢氧化钠溶液转移至容量瓶。(10分)

(7) 加少许水，进行摇匀。(10分)

(8) 加水至刻度线，定容。(10分)

（9）摇匀操作。（10 分）

（10）将配制的溶液转移到试剂瓶，贴上标签。（10 分）

（11）整理仪器、做好善后工作。（6 分）

素质拓展阅读

标准引领

标准溶液的配制是以国家标准 GB/T 601—2016 及 GB/T 602—2002 为依据，而标准是企业生产、经营、检验产品的行为准则，是企业生存、发展的重要技术基础；标准是推动技术进步的杠杆，是产品不被淘汰的保证，有利于企业技术进步；标准是各行各业加强管理，建立现代企业制度的重要技术依托；标准是政府宏观调控经济的重要技术手段。

“无规矩将不成方圆”！在我们的生活中，沟通交流的文字是语言经结绳、图画、书契发展而成的标准；货币作为商品交换统一媒介，是一种公平交易的特殊标准；吃符合卫生标准要求的食品，健康才有保障；吃符合药品质量标准要求的药品，才能满足人民防治疾病的需要；住符合相关标准要求的房子，住着才踏实；乘符合相关标准的交通工具，坐着才放心；按交通规则行走，交通才畅通、安全。所以，标准与人们的生活是息息相关的，我们要时刻维护标准在生活当中带给大家的便利和保障。

标准促进经济发展，提高经济效益。比如标准应用于科学研究，可以避免在研究中的重复劳动；应用于产品设计，可以缩短设计周期；应用于生产，可使生产在科学的和有秩序的基础上进行；应用于管理，可促进统一、协调、高效率等。标准可以搭建起科研、生产、使用三者之间的桥梁。科研成果一旦纳入相应标准，就能迅速得到推广和应用。因此，标准化可使新技术和新科研成果得到推广应用，从而促进技术进步。随着科学技术的发展，生产的社会化程度越来越高，生产规模越来越大，技术要求越来越复杂，分工越来越细，生产协作越来越广泛，这就必须通过制定和使用标准，来保证各生产部门的活动，在技术上保持高度的统一和协调，以使生产正常进行。标准还能够保证产品质量，维护消费者利益，同时，标准也可在社会生产组成部分之间进行协调，确立共同遵循的准则，建立稳定的秩序。标准还能够最大程度地保障人民的身体健康和生命安全。我国大量的环保标准、卫生标准和安全标准制定发布后，用法律形式强制执行，对保障人民的身体健康和生命财产安全具有重大作用。最后，标准还能够促进自然资源的合理利用，保持生态平衡，维护人类社会当前和长远的利益。

参考文献

[1] 赵晓波．基础化学实验技术．北京：化学工业出版社，2019.

[2] 刘丹赤．基础化学实验．北京：中国轻工业出版社，2017.

[3] 楼书聪，杨玉玲．化学试剂配制手册．南京：江苏科学技术出版社，2002.

[4] 王英建．基础化学实验技术．大连：大连理工大学出版社，2011.

[5] 刘珍．化验员读本．4 版．北京：化学工业出版社，2004.

[6] 顾晓梅．基础化学实验．北京：化学工业出版社，2007.

[7] 曾泳淮，林树昌．分析化学．2 版．北京：高等教育出版社，2004.

[8] 徐晓强，刘洪宇，魏翠娥．基础化学实验．北京：化学工业出版社，2013.

[9] 蔡自由．基础化学实训教程．北京：科学出版社，2015.

[10] 徐昌华．化验员必读．6 版．南京：江苏科学技术出版社，2008.

[11] 钟佩珩，郭璇华，黄如秋．分析化学．北京：化学工业出版社，2001.

[12] 李华昌，符斌．化验员手册．北京：化学工业出版社，2020.

[13] 夏玉宇．化验员实用手册．3 版．北京：化学工业出版社，2012.

[14] 沈磊，季剑波．化学实验室技术：世界技能大赛赛项指导书．北京：化学工业出版社，2021.

[15] 王炳强，谢茹胜．世界技能大赛化学实验室技术培训教材．北京：化学工业出版社，2020.

[16] 王艳玮，马兆立．分析化学实验．北京：化学工业出版社，2020.

[17] 夏玉宇．化学实验室手册．3 版．北京：科学出版社，2015.

[18] 曾鸽鸣，李庆宏．化验员必备知识与技能．北京：化学工业出版社，2011.

[19] 李云巧．实验室溶液制备手册．北京：化学工业出版社，2021.

[20] 杨剑．检测实验室管理．2 版．北京：中国轻工业出版社，2019.

[21] 牛洪波．无机及分析化学综合实训．北京：中国轻工业出版社，2015.

[22] 王建梅，曾莉．化验员实用操作指南．北京：化学工业出版社，2020.